W0267876

ALLE·ZEIT·WACH
1842

Zusammenarbeit von Klinik und Klinischer Chemie

Aktuelle Probleme der Pathobiochemie

Herausgeber
H. Lang · W. Rick · L. Róka

Mit 109 Abbildungen und 45 Tabellen

Deutsche Gesellschaft für Klinische Chemie
Merck-Symposium 1977

Springer-Verlag Berlin · Heidelberg · New York 1978

Dr. Hermann Lang, Biochemische Forschung E. Merck, Darmstadt

Prof. Dr. Wirnt Rick, Institut für Klinische Chemie
und Laboratoriumsdiagnostik der Universität Düsseldorf

Prof. Dr. Ladislaus Róka, Institut für Klinische Chemie
an den Universitätskliniken Gießen

Merck-Symposium
der Deutschen Gesellschaft für Klinische Chemie
Mainz, 27.–29. Januar 1977
Leitung: L. Róka

Das Symposium wurde von der Merck'schen Gesellschaft für Kunst
und Wissenschaft unterstützt

ISBN-13:978-3-540-08688-8 e-ISBN-13:978-3-642-81227-9
DOI: 10.1007978-3-642-81227-9

Library of Congress Cataloging in Publication Data. Merck-Symposium, 4th, Mainz, Ger., 1977. Aktuelle Probleme der Pathobiochemie. (Zusammenarbeit von Klinik und klinischer Chemie) „Das Symposium wurde von der Merck'schen Gesellschaft für Kunst und Wissenschaft unterstützt." 1. Connective tissues--Diseases--Congresses. 2. Lipid metabolism disorders--Congresses. 3. Physiology, Pathological--Congresses. I. Lang, Hermann, 1926-, II. Rick, Wirnt. III. Róka, Ladislaus, 1919-. IV. Deutsche Gesellschaft für Klinische Chemie. V. Title. RC924.M46. 1977. 616.07. 78-1965.

2127/3130-543210

Begrüßung

Meine sehr verehrten Damen und Herren!

Im Namen des Vorstandes und der Mitglieder der Deutschen Gesellschaft für Klinische Chemie möchte ich die Teilnehmer des diesjährigen Merck-Symposiums herzlich begrüßen und gleichzeitig gegenüber den Veranstaltern, insbesondere aber auch der Merck'schen Stiftung für Kunst und Wissenschaft, den Dank für die vielfältigen Vorbereitungsarbeiten und die finanzielle Unterstützung zum Ausdruck bringen.

Wir sind dankbar, daß durch diese Tagung wiederum Gelegenheit gegeben ist, den für unsere Arbeit so unabdingbaren Dialog zwischen Klinik und Klinischer Chemie zu intensivieren. Es ist immer gut, einmal aus der Alltagsarbeit herausgenommen zu sein und sich in Vor- und Rückschau über den derzeitigen Stand zu orientieren und aus der Vielfalt der Meinungen und Erfahrungen der hier Versammelten Anregungen für die weitere Arbeit zu erhalten. Es scheint mir wichtig, daß durch die Publikation dieser Gespräche die Diskussion nicht auf den Teilnehmerkreis des Symposiums beschränkt bleibt, sondern an vielen Orten aufgenommen und fortgeführt werden kann. Das Gespräch zwischen Klinik und Klinischer Chemie kann nicht intensiv genug geführt werden, anderenfalls der Fortschritt der wissenschaftlichen Erkenntnis in Frage gestellt würde. Das in diesem Jahr zur Diskussion gestellte Thema "aktuelle Probleme der Pathobiochemie" führt in besonderer Weise an die Nahtstelle von Klinik und Klinischer Chemie. Ich bin überzeugt, daß alle Teilnehmer dieses 4. Merck-Symposiums bereichert in ihre tägliche Arbeit zurückkehren werden und sei es nur mit dem Wissen um neue, noch ungelöste Probleme und Fragestellungen.

Mit nochmaligem Dank, insbesondere an Herrn LANG, wünsche ich ein gutes Gelingen dieser Tagung.

A. DELBRÜCK

Begrüßung

Sehr verehrte Gäste, liebe Kollegen und Freunde!

Im Namen der Organisatoren und des Sponsors begrüße ich Sie herzlich zum vierten Merck-Symposium der Deutschen Gesellschaft für Klinische Chemie.

Im Gegensatz zu der praxisbezogenen Thematik der früheren Veranstaltungen haben wir diesmal ein rein wissenschaftliches, sogar ein wissenschaftspolitisches Thema vor uns. Zentraler Punkt des Symposiums ist die Diskussion am heutigen Nachmittag; die Modelle, die vor und nach dieser Diskussion präsentiert werden, sollen als Beispiele die Möglichkeiten der Klinischen Chemie aufzeigen, auf dem Gebiet der Pathobiochemie tätig zu werden. Ich hoffe, daß unsere Diskussion dazu beiträgt, Selbstverständnis und Standort der Klinischen Chemie zu verdeutlichen, so daß sie sich noch konzentrierter als bisher ihrer wichtigsten Aufgabe widmen kann, die biochemischen Veränderungen im kranken Organismus aufzuklären und als meßbare Parameter für Diagnose sowie Therapiekontrolle nutzbar zu machen.

Noch eine weitere Änderung ist gegenüber den früheren Jahren eingetreten: wir Veranstalter haben die Referenten für die Modelle nicht selbst verpflichtet, sondern die Gestaltung der Sachthemen in die Hände zweier Fachleute gelegt. Den Herren GREILING und KATTERMANN bin ich zu großem Dank verpflichtet, daß sie diese Mühe auf sich genommen haben und ich wünsche Ihnen, daß die Präsentation der Gebiete Bindegewebs- und Lipid-Stoffwechsel in sich selbst ein voller Erfolg wird.

Hiermit wünsche ich allen Teilnehmern zwei angenehme, interessante und erfolgreiche Tage in Mainz und bitte Herrn RÓKA, die Leitung der Tagung zu übernehmen.

H. LANG

Inhaltsverzeichnis

Teilnehmerverzeichnis

ASSMANN, G., Priv.-Doz. Dr.
Abteilung für Klinische Chemie der Universitätskliniken
Köln

BÄßLER, K.H., Prof. Dr.
Physiologisch-chemisches Institut II der Universität
Mainz

BETHGE, H., Prof. Dr.
Klinische Forschung E. Merck
Darmstadt

BRAND, K., Prof. Dr.
Institut für Physiologische Chemie der Universität
Erlangen

BÜTTNER, H., Prof. Dr.Dr.
Institut für Klinische Chemie der Medizinischen Hochschule
Hannover

CANTZ, M., Prof. Dr.
Universitäts-Kinderklinik
Mainz

DELBRÜCK, A., Prof. Dr.
Institut für Klinische Chemie, Abteilung II
Zentrallabor Krankenhaus Oststadt der Medizinischen Hochschule
Hannover

DEUS, B., Prof. Dr.
Hauptlaboratorium der Medizinischen Universitätsklinik
Freiburg/Br.

EGGSTEIN, M., Prof. Dr.
Medizinische Klinik IV
Lehrstuhl für Klinische Chemie der Universität
Tübingen

GABL, F., Prof. Dr.
Zentrallaboratorium der Medizinischen Universitätsklinik
Wien

GEROK, W., Prof. Dr.
Medizinische Klinik der Universität
Freiburg/Br.

GREILING, H., Prof. Dr.Dr.
Klinisch-chemisches Zentrallaboratorium
Medizinische Fakultät der Technischen Hochschule
Aachen

GRESSNER, A.M., Dr.
Klinisch-chemisches Zentrallaboratorium
Medizinische Fakultät der Technischen Hochschule
Aachen

GRIES, F.A., Prof. Dr.
Klinische Abteilung des Diabetes-Forschungsinstitutes
der Universität
Düsseldorf

GUDER, W., Priv.-Doz. Dr.
Klinisch-chemisches Institut des Krankenhauses Schwabing
München

HARTMANN, F., Prof. Dr.
Medizinische Klinik der Medizinischen Hochschule
Hannover

KATTERMANN, R., Prof. Dr.
Klinisch-chemisches Institut der Städtischen Krankenan-
stalten
Mannheim

KNEDEL, M., Prof. Dr.
Klinisch-chemisches Institut
Klinikum Großhadern der Universität
München

KÖTTGEN, E., Priv.-Doz. Dr.
Hauptlaboratorium der Medizinischen Universitätsklinik
Freiburg/Br.

KRÜSKEMPER, H.-L., Prof. Dr.
II. Medizinische Klinik der Universität
Düsseldorf

KÜHN, K., Prof. Dr.
Max-Planck-Institut für Biochemie
Martinsried

LANG, H., Dr.
Biochemische Forschung E. Merck
Darmstadt

LASCH, H.G., Prof. Dr.
Medizinische Klinik und Poliklinik der Universität
Gießen

LAUE, D., Dr.
Institut für Klinische Chemie und Nuklearmedizin
Köln

MATTENHEIMER, H., Prof. Dr.
Department of Clinical Chemistry
Rush Medical College
Chicago

NEUMANN, S., Dr.
Biochemische Forschung E. Merck
Darmstadt

NEUMEIER, D., Dr.
Klinisch-chemisches Institut
Klinikum Großhadern der Universität
München

OETTE, K., Prof. Dr.
Abteilung für Klinische Chemie der Universitätskliniken
Köln

PONTZ, B., Dr.
Universitäts-Kinderklinik
Mainz

PRELLWITZ, W., Prof. Dr.
Zentrallaboratorium der Medizinischen Universitätskliniken
Mainz

RICK, W., Prof. Dr.
Institut für Klinische Chemie und Laboratoriumsdiagnostik
der Universität
Düsseldorf

RÓKA, L., Prof. Dr.
Institut für Klinische Chemie der Universität
Gießen

ROMMEL, K., Prof. Dr.
Department für Klinische Chemie der Universität
Ulm

SCHMÜLLING, R.M., Dr.
Medizinische Universitätsklinik IV
Tübingen

SCHNEIDER, W., Prof. Dr.
Medizinische Klinik der Universität
Homburg/Saar

SCHÖLMERICH, P., Prof. Dr.
II. Medizinische Klinik der Universität
Mainz

SEIDEL, D., Prof. Dr.
Chemisches Laboratorium der Medizinischen Universitäts-
klinik
Heidelberg

SPRANGER, J., Prof. Dr.
Universitäts-Kinderklinik
Mainz

STAMM, D., Prof. Dr. Dr.
Klinisch-chemische Abteilung
Max-Planck-Institut für Psychiatrie
München

STROHMEYER, G., Prof. Dr.
II. Medizinische Klinik und Poliklinik der Universität
Düsseldorf

TRAUTSCHOLD, I., Prof. Dr.
Institut für Klinische Biochemie und Physiologische Chemie
der Medizinischen Hochschule
Hannover

WEIS, H., Prof. Dr.
I. Medizinische Klinik und Poliklinik der Universität
Mainz

WISSER, H., Priv.-Doz. Dr. Dr.
Zentrallaboratorium des Robert-Bosch-Krankenhauses
Stuttgart

WOLF, H.P., Prof. Dr.
Medizinische Forschung E. Merck
Darmstadt

Einleitung

Meine sehr verehrten Damen, sehr geehrte Kollegen aus Klinik und Klinischer Chemie!

Das Grundmotiv aller unserer Symposien lautet: Zusammenarbeit von Klinik und Klinischer Chemie. Wohl von keiner Seite wird angezweifelt, daß zur Betreuung des einzelnen Patienten eine Arbeitsteilung zwischen dem behandelnden Arzt und der von ihm zur Unterstützung von Diagnostik und Therapie eingesetzten technischen Medizin, zu der ja auch die Klinische Chemie gehört, notwendig ist. Heute stellen wir die Frage, ob auch beim Fortschritt der Medizin auf dem Wege zu neuen Erkenntnissen mit dem Ziel, bessere diagnostische und therapeutische Möglichkeiten einzusetzen, die beiden Partner Klinik und Klinische Chemie sich die Arbeit teilen können, oder sollen, und welche Form der Kooperation in der patientenbezogenen medizinischen Forschung wünschenswert, nützlich (vielleicht sogar notwendig) ist.

Die patientenorientierte medizinische Forschung versucht, die den einzelnen Krankheiten zugrundeliegenden Störungen besser zu verstehen in der Überzeugung, auf diese Weise die Krankheiten erfolgreicher beheben oder vermeiden zu können. Mit diesem Ziel vor Augen erhält die präventive Medizin einen höheren Rang als die kurative, denn wo eine Krankheit vermieden werden kann, braucht sie nicht mehr geheilt zu werden. Dadurch erhält auch die Analyse der Krankheitsursachen einen Vorrang gegenüber der Analyse der Krankheitsmechanismen.

Wenn es eines Tages gelungen sein wird, die Poliomyelitis-Erreger zu vernichten, bevor sie eine Krankheit auslösen, sei es, daß wir diese Viren ganz ausmerzen oder einen hundertprozentigen Impfschutz erreichen, dann brauchen wir uns um die Pathobiochemie und Pathophysiologie des Krankheitsvorganges Poliomyelitis nicht mehr zu kümmern und die riesigen Bestände der in Jahrzehnten angehäuften Erkenntnisse über die Krankheitsmechanismen können eingemottet werden und brauchen von den zukünftigen Ärzten nicht mehr zur Kenntnis genommen zu werden. Krankheiten, die wir vergessen können oder die unbedeutend sind, kommen zum größten Teil aus dem Bereich der Infektionskrankheiten. Offenbar liegt hier die Stärke der prophylaktischen Medizin, d.h. wenn ein Krankheitserreger erst bekannt ist, dann gelingt es auch, ihn unschädlich zu machen, bevor er eine Krankheit auslöst. Daher ist es verständlich, daß die medizinische Forschung auch bei den Krankheiten, bei denen wir bisher noch keine Ursache kennen, versucht, dafür Erreger verantwortlich zu machen; immer in der Hoffnung, daß auf diese Weise ein Zugang gefunden wird, um diese Krankheiten zu bekämpfen. Ich denke hier nicht nur an die malignen Tumoren, sondern auch an die verschiedenen Slow Virus-verdächtigen Erkrankungen wie z.B. die Schizophrenie.

Gewissermaßen als anderes Extrem möchte ich die genetisch fixierten angeborenen Erkrankungen erwähnen, bei denen man in ferner Zukunft vielleicht auch auf eine kausale Therapie rechnen darf, nämlich dann, wenn es gelingt, diese genetischen Defekte zu ersetzen, d.h. etwa durch Hybridisierung von körpereigenen Zellen mit Spenderzellen, die genetisch intakt sind, oder durch Transplantation von Geweben, die das beim Empfänger verlorengegangene Enzym synthetisieren können.

Zwischen diesen beiden Extremen liegen die multifaktoriell bedingten Erkrankungen, z.B. die Aufbrauchkrankheiten oder diejenigen, die durch ein Zusammentreffen und eine Anhäufung ungünstiger Umweltbedingungen zustandekommen. Hierbei wird man vielleicht gar keine kausale Therapie anwenden wollen, sondern versuchen, zwischen den nur in ihrer Summe schädlichen Umwelteinflüssen und der jeweiligen Reaktionslage des Organismus einen Kompromiß zu finden, der es ermöglicht, ein erträgliches Leben zu führen, ohne auf all die vielen positiven Reize der Umwelt verzichten zu müssen und dafür bereit sein, den Anspruch aufzugeben, daß man eine absolute Gesundheit erreichen möchte. Bei multifaktoriellen Erkrankungen wird die Erforschung der Pathobiochemie und Pathophysiologie des Krankheitsgeschehens gegenüber der Krankheitsursache sicherlich eine große Bedeutung behalten. Hier wird es unser Bestreben sein, etwa einen überforderten Regelkreis wieder funktionstüchtig zu machen oder einen gestörten Regelkreis so zu umgehen, daß man eine funktionell verbesserte Situation erreichen kann.

Meine Kollegen, solche allgemeinen Überlegungen und Zielansprachen sind meiner Ansicht nach nur berechtigt im Zusammenhang mit der konkreten Forschungsarbeit. So möchte ich auch unser jetziges Symposium verstanden wissen, d.h. auch wenn wir über solche allgemeinen Probleme diskutieren, insbesondere, welchen Beitrag die Klinik und die Klinische Chemie leisten können, um die unmittelbare Forschungsarbeit zu verbessern und auf diese Weise unser Ziel, mehr Krankheiten zu vermeiden und mehr Patienten besser helfen zu können, rascher, ökonomischer und zuverlässiger zu erreichen, dann müssen wir uns klar sein, daß diese Diskussion zum konkreten Ziel hat, die unmittelbare Forschungsarbeit zu verbessern. Daher haben wir diese Diskussion eingebettet in zwei Darstellungen konkreter Forschungsarbeiten, und ich glaube, Sie werden mir alle zustimmen, daß es sich hierbei um sehr aktuelle Arbeitsgebiete handelt, deren Ergebnisse uns von bekannten Fachleuten interpretiert und zur Diskussion gestellt werden.

L. RÓKA

Bindegewebs-Stoffwechsel

Moderator: F. Hartmann

Den Aufgaben, die Herr RÓKA genannt hat, möchte ich eine weitere hinzufügen, nämlich: die Folgen bisher unvermeidbarer Krankheiten zu verhindern. Und damit sind wir beim Bindegewebe, das ja 2 Geheimnisse in sich birgt, die bei dem Spektrum der ausgewählten Krankheiten, die heute morgen eine Rolle spielen, auch schon angesprochen werden können: nämlich das Geheimnis der chronischen, sich selbst unterhaltenden Entzündung und zweitens die Frage der Folgen solcher chronischen Entzündungen an Bindegeweben mit den Schrumpfungsfolgen an Lunge, Leber, Niere usw., die Sie kennen. Die Bindegewebe haben ja lange Zeit ein Stiefmütterchendasein geführt. Erst in jüngster Zeit hat sich dieses Gewebe dem Interesse der Biochemiker erschlossen. Es ist eines unserer ältesten Gewebe, man kann gewissermaßen Paläopathobiochemie an ihm studieren von frühesten Anfängen an. Was das Faszinierende an diesem Gewebe ist, ist seine Vielgestaltigkeit, weswegen wir besser von den Bindegeweben sprechen. Herr DELBRÜCK wird sicher darauf zu sprechen kommen. Man braucht sich nur einmal zu vergegenwärtigen, was Gerichtsmediziner in den letzten Jahren an unterschiedlich gestalteter Textur allein des Hautbindegewebes an den verschiedenen Partien der Haut in Abhängigkeit von den örtlichen mechanischen Bedingungen, die dort herrschen, gezeigt haben. Insofern könnte man sich überlegen, was ist an diesem Gewebe eigentlich faszinierender im Sinne dieses Symposiums: das Kunstvolle oder die Wissenschaft? Wir werden heute, da kein Pathologe bei uns ist, keinen Einblick in die wunderschönen Strukturen und Texturen dieser Bindegewebe bekommen; aber ich möchte zu Beginn doch daran erinnern, welch kunstvolle Gebilde - eigentlich das kunstvollste und gestaltenreichste von allen Geweben, die wir kennen - wir hier vor uns haben. Ein weiterer Glücksfall ist, glaube ich, daß dieses Gewebe nicht nur das breite Interesse von Biochemikern gefunden hat, sondern daß wir heute hier auch Repräsentanten dieses Interesses unter uns haben, die sich auf eine besondere Weise dieser sehr schwierigen Probleme angenommen haben, und das mit Erfolg.

Einführung in die Pathobiochemie der Bindegewebe

A. Delbrück

Von den Veranstaltern unseres Symposiums wurde ein Thema für den ersten Halbtag gewählt, das wie kaum ein anderes als Grundlage für ein Gespräch zwischen Klinischen Chemikern und den einzelnen Disziplinen der Klinik zu dienen geeignet ist. ASBOE-HANSEN charakterisiert die biologische Funktion der Bindegewebe wie deren Stellenwert in der medizinischen Wissenschaft sehr treffend mit den folgenden Worten:

> "Connective tissue connects the numerous branches of medical science. Without connective tissue medicine would come to pieces, even non-viable pieces, just like the cells of the human body."

Entsprechend diesen vielfältigen Beziehungen, die zwischen Bindegewebe und den einzelnen anderen Körperstrukturen bestehen, überdeckt die Pathobiochemie einen sehr breiten Raum, der an vielen Stellen fliessend in andere Bereiche der medizinischen Forschung übergreift. Wenn heute in Klinik und Pathobiochemie von Bindegewebskrankheiten gesprochen wird, so müssen trotz der Vielfalt ihrer morphologischen Erscheinungsbilder den Bindegeweben morphologische und funktionelle Grundstrukturen gemeinsam sein, die eine solche globale Betrachtung rechtfertigen. In der Tat lassen sich solche, allen Bindegeweben gemeinsamen, morphologischen und funktionellen Eigenschaften nachweisen. Es nimmt daher nicht wunder, daß, bei aller Vielfalt krankhafter Veränderungen von Bindegeweben, die Pathobiochemie Reaktionsformen der Bindegewebe aufzeigen kann, die genereller Natur sind.

1. Das Bindegewebe als Organ

Als Arbeitshypothese hat sich uns die Definition der Bindegewebe als eines Organes, welches als ein Rahmenwerk die biologische Organisation der Lebewesen vermittelt, erhält und bei Schädigungen wieder herstellt, als so fruchtbar erwiesen, daß es erlaubt erscheint, diese Hypothese auch der heutigen Diskussion zugrunde zu legen.

Die Betrachtung des Bindegewebes als eines Organes mit definierten Aufgaben im Gesamtorganismus erleichtert es uns, in den bei der pathobiochemischen Analyse erkrankter Organe oder Organsysteme gebräuchlichen Kategorien zu denken und zu sprechen. Stellt man den Begriff Organ auf die spezielle Funktion oder Leistung der entsprechenden Parenchymzellen ab, so ist u.a. die Synthese der tragenden Zwischenzellsubstanz durch die Bindegewebszelle der Sekretion von exokrinen oder endokrinen Sekreten gleichzusetzen. Das Rahmenwerk der tragenden Elemente (Abb. 1) des Organismus schafft als Skelett, Sehnen, Faszien und Bänder funktionelle Zuordnungen und vermittelt schließlich als feinste Bindegewebsfibrillen den Zusammenhalt der systematisch angeordneten

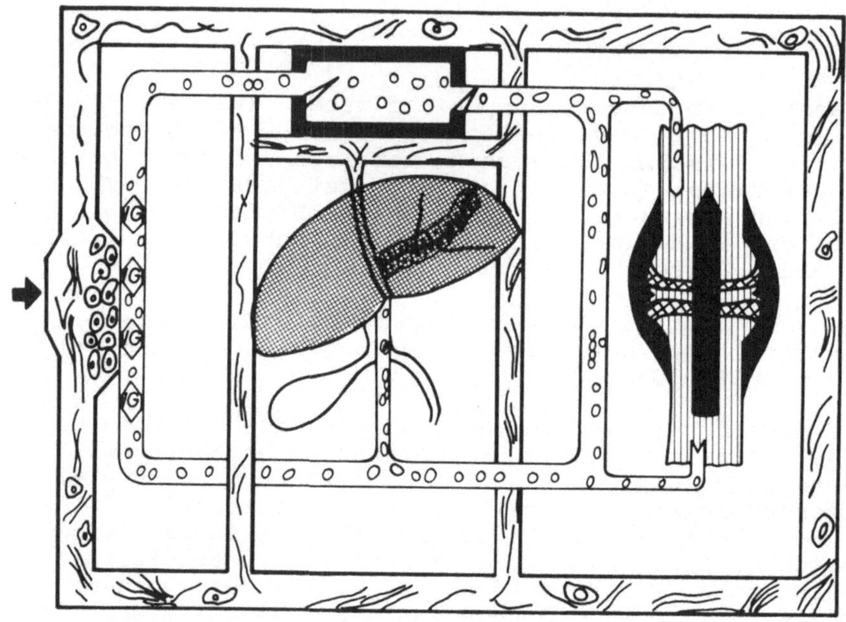

Abb. 1. Funktion der Bindegewebe: tragende Elemente, gerichtete Bewegung, Schutz und Abwehr

Parenchymzellen. Das Skelettsystem mit den knöchernen und Weichteil-Anteilen der Gelenke ermöglicht darüberhinaus die Umsetzung der Muskelkraft in definierte Körperbewegungen. Die Umsetzung mechanischer Kräfte in gerichtete Bewegung durch die Gelenkfunktionen findet eine Entsprechung im Blutkreislauf. Das Transportsystem Blut könnte ohne die gerichtete Wegbahnung durch die Gefäße und die Funktion der Herzklappen seine Aufgaben im Organismus nicht ausführen.

Ferner ist für die biochemische und pathobiochemische Betrachtung die bindegewebige extravasale Transitstrecke in der Ver- und Entsorgung des Zellstoffwechsels von Bedeutung. Es seien hier als Beispiele die gefäßlosen Herzklappen, die Versorgung der Gelenkknorpelzelle über die Synovia oder die Versorgung der Corneazellen genannt.

2. Stoffwechsel des Bindegewebes

Die tragenden Elemente der lebendigen Organisation unterliegen der ständigen Erneuerung, um ihre Funktionsfähigkeit zu erhalten. Sie sind also kein statisches System, sondern Ausdruck eines dynamischen Gleichgewichtes aus Synthese und Abbau. Sie müssen selber vor Schädigungen von außen bewahrt bleiben bzw. im Verletzungsfalle repariert werden können. Gegen mechanische Krafteinwirkungen schützen z.B. Gelenkknorpel und Synovia die Gelenkflächen. Das Unterhautbindegewebe des Integuments schirmt den Gesamtorganismus nach außen ab. Das Bindegewebe nimmt also nicht nur die Abwehr- und Reparaturfunktion den eigenen Elementen gegenüber wahr, sondern erfüllt diese Aufgabe auch für den Gesamtorganismus. Dringen Schadstoffe in oder durch das Integument in den Organismus ein, so antworten die Bindegewebe mit einer aktiven Abwehr. Deren Ziel ist es, die eindringenden Stoffe unschädlich zu machen und die Unversehrtheit des Organismus wieder herzustellen. Zur Erreichung dieses Zieles ist das Zusammenwirken zellulärer Reaktionen wie Phagocytose und Proliferation mit humoralen Faktoren z.B. der Antikörpersynthese und Antigen-Antikörper-Reaktion notwendig. Es sei ausdrücklich hervorgehoben, daß diese Abwehr- und Reparaturfunktion eine physiologische Aufgabe der Bindegewebe ist, die ihrerseits wie alle anderen Funktionen der Bindegewebe krankhaften Veränderungen unterworfen sein kann (Abb. 2).

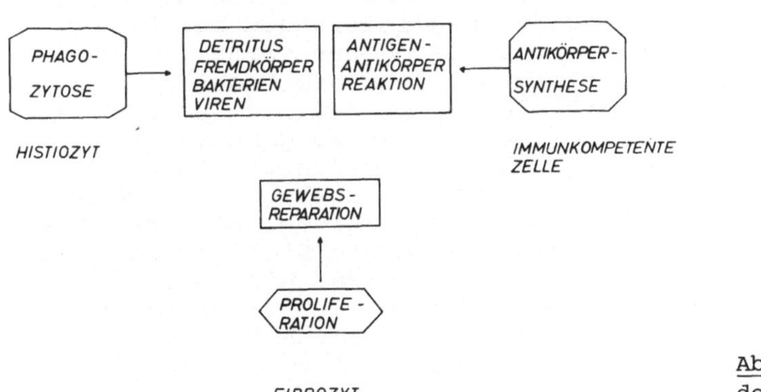

Abb. 2 . Abwehrfunktion der Bindegewebe

Überblickt man das Gesagte, so liegen die Funktionen des Organs Bindegewebe fast ausschließlich im morphologischen Bereich, und auf den ersten Blick ist man versucht, die diesem Organ eigenen krankhaften Veränderungen mit morphologischen Methoden zu beschreiben. Dies um so mehr, als auch im klinischen Bild die strukturellen Veränderungen im Vordergrund stehen, vom Arzt wahrgenommen und diagnostiziert wie therapiert werden. Da alle morphologischen Phänomene auf molekulare Strukturen und deren chemische Umsetzung zurückzuführen sind, müssen pathomorphe Erscheinungen solchen im biochemischen oder metabolischen Bereich parallel gehen.

Dies gilt auch für das Bindegewebe und seine Zellen, deren spezifische Stoffwechselleistungen in der Produktion der tragenden Substanz des Bindegeweberahmenwerkes zu suchen sind.

Die Zwischenzellsubstanzen, welche durch ihre qualitative und quantitative Zusammensetzung die physikalisch-chemischen und damit weitgehend auch morphologischen Eigenschaften bestimmen, bestehen aus den Fasern des Kollagens und des Elastins, welche in einer Matrix eingelagert sind, die eine molekulare Architektur von Glykosaminoglykan-Protein-Komplexen, Glykoproteiden und anderen Proteinen aufweist. Die molekulare und makromolekulare Struktur der Faserproteine wird über die genetische Information des DNA-RNA-Systems vermittelt. Diejenige der Glykosaminoglykane resultiert aus der Spezifität der an ihrer Synthese beteiligten Enzyme, die ihrerseits durch die genetische Information der Zelle bestimmt wird. Die Bindegewebszellen sind in der Lage, aus Grundmetaboliten unter Verwendung selbstgenerierter chemischer Energie die Substanzen aufzubauen und unter gegebenen Umständen abzubauen sowie deren Abbaumetabolite erneut in den Stoffwechsel einzuschleusen. Dabei ist charakteristisch, daß in der Endphase der Synthese wie in den ersten Schritten des Abbaues von Intercellularstubstanzen Enzyme wirksam werden, welche von den Bindegewebszellen in den extracellulären Raum abgegeben werden, unter anderem die Prokollagenpeptidase bzw. die Kollagenase. Komplettiert wird die metabolische Ausstattung der Bindegewebszelle durch die Enzyme des Energie- und Intermediärstoffwechsels, wie sie auch in anderen Körperzellen gefunden werden.

Man muß davon ausgehen, daß die Intensität der Synthese- oder Abbauleistungen der Bindegewebszellen nicht allein durch intracelluläre Faktoren bestimmt sind, sondern daß auch von außen Aktivatoren und Inhibitoren die Stoffwechselleistungen der Zellen bestimmen. Auch sie werden in einem ausgewogenen Verhältnis zur geforderten physiologischen Leistung der Bindegewebszellen stehen. Sie können aber unter pathologischen Bedingungen zu unphysiologischen Reaktionen im Stoffwechsel Anlaß geben. Neben körpereigenen Faktoren können auch exogen zugeführte Stoffe (Abb. 3) die Stoffwechselaktivität der Bindegewebszellen beeinflussen. Solche Faktoren können Schadstoffe aus der belebten oder unbelebten Natur sein, im Experiment zugesetzte Stoffwechselinhibitoren oder Aktivatoren oder auch Therapeutika. Die Angriffspunkte im Zellstoffwechsel sind die gleichen wie für die körpereigenen Faktoren. Beeinflussungen der DNA- und RNA-Synthese wirken sich in der Struktur von Faserproteinen oder Enzymproteinen aus. Die Höhe der Synthese-Rate von Enzymproteinen oder Faserproteinen kann ebenfalls endogen oder exogen beeinflusst werden. Die Synthese-Rate der bindegewebsspezifischen Substanzen kann fernerhin durch Aktivatoren oder Inhibitoren der einzelnen, an der Synthese und dem Katabolismus beteiligten Enzyme variiert werden. Nicht zuletzt können membranaktive Stoffe auf Stoffwechselabläufe in den Bindegewebszellen einwirken.

Es darf nicht unberücksichtigt bleiben, daß die Bindegewebszelle für ihren Stoffwechsel abhängig ist von der Ver- und Entsorgung über Blutbahn und extravasale Transitstrecke. Am Beispiel des Gelenkknorpels sei die unterschiedliche Weise, in der Stoffe an die Zelle herangeführt werden können, aufgezeigt. Proximal erfolgt

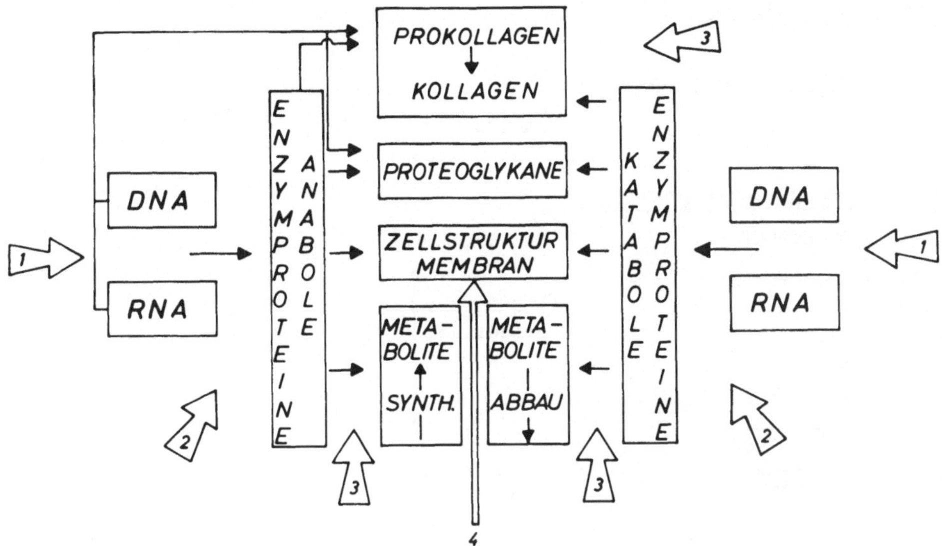

Abb. 3. Stoffwechselregulation der Bindegewebszellen
1. Synthese und Struktur des genetischen Materials, 2. Proteinsynthese,
3. Inhibition und Aktivierung von Enzymen, 4. Membranfunktionen

die Versorgung relativ eng dem Kapillarnetz des Knochens angeschlossen, distal findet sich eine lange extravasale Transitstrecke über die Synovialzotten, die Synovialflüssigkeit und die der Gelenkhöhle benachbarte Schicht des Knorpels zur Zelle. Dies hat zur Folge, daß der Energiestoffwechsel in der gelenknahen Schicht des Knorpels fast ausschließlich auf anaerobem Weg, derjenige in den knochennahen Knorpelschichten weitgehend über den aeroben Stoffwechselweg erfolgt.

Eine gewisse Sonderstellung nimmt die Biochemie der Abwehr- und Reparaturfunktionen der Bindegewebe ein. Sie sind weitgehend identisch mit denjenigen der Entzündung. Diese ist eine mit morphologischen Kriterien beschreibbare Reaktion, die mit komplexen biochemischen Vorgängen einschl. immunologischer Reaktionen einhergeht. Hier sei nur hervorgehoben die Chemie der Leukotaxis, die Enzymologie der Lysosomen, die Kinine, die Antigen-Antikörper-Reaktionen, das Komplementsystem sowie hormonale Einflüsse. Eine detailliertere Darstellung kann an dieser Stelle nicht vorgenommen werden.

3. Pathobiochemie des Bindegewebes

Die pathobiochemische Fragestellung (Abb. 4) wird sich an den Kenntnissen der Biochemie der Bindegewebe und den klinischen Phänomenen zu orientieren haben. Das klinische Erscheinungsbild zeigt im allgemeinen morphologische Veränderungen und läßt in vielen Fällen die functio laesa direkt erkennen. Die klinische Untersuchung erfasst diese Symptome vorwiegend mit physikalischen

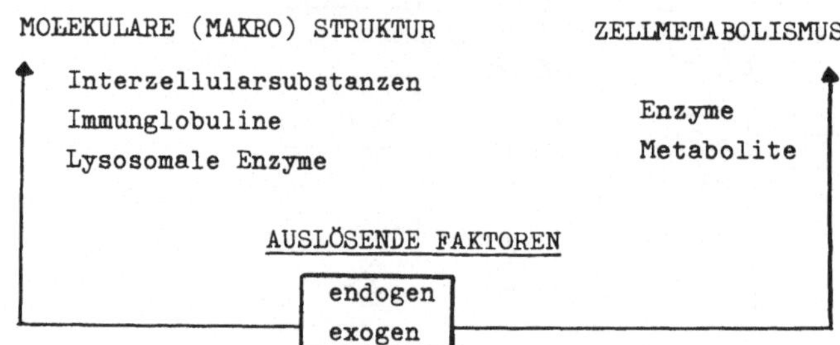

Abb. 4. Pathobiochemische Fragestellung

Methoden. Das heißt, daß physikalische Eigenschaften der betroffenen Gewebspartien verändert sein müssen, die ihrerseits von der Beschaffenheit der makromolekularen Komponenten der Zwischenzellsubstanzen abhängen. Zur Aufklärung der Ursachen klinischer Symptome sind in erster Linie Analysen der makromolekularen Struktur und der quantitativen Verteilung von Zwischenzellsubstanzen erforderlich. Das Ergebnis kann dazu beitragen, die klinischen Phänomene zu erklären, jedoch nicht Aussagen über die Ursachen zu machen. Es wird also die Fragestellung dahingehend zu erweitern sein, ob und welche Schadstoffe direkt auf die Zwischenzellsubstanz der Bindegewebe eingewirkt haben, oder ob die Veränderungen der makromolekularen Struktur der Zwischenzellsubstanzen ihren Ursprung in einer Alteration des Bindegewebszellstoffwechsels haben. Die biochemische Analyse muß dazu prüfen, ob die an den einzelen Stoffwechselwegen beteiligten Enzyme und die aus ihrer Aktivität resultierenden Metabolitgleichgewichte von der Regel abweichen oder nicht und an welcher Stelle dieser Stoffwechselketten womöglich der primäre Ort einer Störung zu suchen ist. Wenn es möglich ist, diese Fragen zu beantworten, dann stellt sich als nächstes die Frage nach der Ursache einer solchen Zellstoffwechselstörung. Diese kann exogener oder endogener Natur sein.

Unter den endogenen Ursachen erlaubt der genetische Enzymdefekt die kausale Verknüpfung von Ätiologie, Pathogenese und klinischer Symptomatik. Das Beispiel der Mucopolysaccharidosen zeigt die klinische Symptomatik in Abhängigkeit von der fehlerhaften Zusammensetzung der Zwischenzellsubstanzen, die ihrerseits auf dem Fehlen eines Abbauenzymes des Glykosaminoglykan-Stoffwechsels beruht. Als weitere endogene Faktoren werden wirksam Hormone, immunologische Prozesse, pH- und Temperaturänderungen und eine Vielzahl von Inhibitoren und Aktivatoren.

Unter den exogenen Faktoren ist in erster Linie an die der belebten Natur entstammenden Stoffe wie Viren, Bakterien oder deren Stoffwechselprodukte zu denken. Darüberhinaus gibt es eine ganze Reihe unbelebter Substanzen, die im Stoffwechsel wirksam sind. Ein lehrreiches Beispiel für beide Möglichkeiten eines abnormen Bindegewebsmetabolismus sind MARFAN-Syndrom und Lathyrismus. Im ersteren Fall liegt die Ursache im genetisch bedingten Kollagenstruktur-Defekt, im zweiten in einer von außen durch ß-Aminopropionitril verursachten Hemmung, von der das Enzym Aminooxidase betroffen ist, welches durch oxidative Desaminierung die Voraussetzung für die Quervernetzung der Kollagenfasern schafft. Die Folge ist die Synthese eines funktionell minderwertigen Kollagens, das den eingangs geschilderten Aufgaben der Bindegewebe in verschiedensten Körperbereichen nicht gerecht werden kann.

Systematisch etwas verschieden, aber im Grunde vergleichbar, verhält es sich mit dem Abwehr- und Reparatursystem der Bindegewebe. Auch hier stellt sich die Frage, ob die Struktur und Menge der Immunglobuline den geforderten Aufgaben adäquat sind und ob die Phagocyten in der Lage sind, die lysosomalen Enzyme zur Verfügung zu stellen, die für die normale zelluläre Abwehrfunktion benötigt werden. Das heißt, daß auch an dieser Stelle die Fragestellung in Richtung auf die Funktion des Zellmetabolismus vertieft werden muß. Exogene und endogene Störfaktoren ähnlicher oder gleicher Natur können Fehlfunktionen des Abwehrsystems sowohl nach der positiven Seite, d.h. der Überreaktion, wie nach der negativen Seite im Sinne einer Unterfunktion hervorrufen.

4. Experimentelle Möglichkeiten

Im Falle eines positiven Ergebnisses einer solchen pathobiochemischen Untersuchung lassen sich Ergebnisse in zwei Richtungen erwarten. Die eine betrifft das klinische, vor allen Dingen therapeutische Handeln, die andere die Diagnostik, im speziellen die Analyse im klinisch-chemischen Laboratorium. Die aus pathobiochemischer Sicht wichtigsten Kenngrößen zur Beurteilung des Krankheitszustandes sind die Faserproteine und Matrixbestandteile, Enzymaktivitäten, Metabolite, Immunoglobuline und Antigene sowie Hormone. Ihre Konzentration oder Menge, ihre molekulare oder auch makromolekulare Struktur können im Biopsiematerial, in der Zellkultur wie in Blut, Harn, Synovia und anderen Körperflüssigkeiten ermittelt werden.

Obwohl ein reiches klinisches Material zur Verfügung steht, ist es nicht immer möglich, die Grundlagen für die in der Diagnostik und Therapie wichtigen Erkenntnisse direkt am Patienten zu erarbeiten. Es ist daher das Bestreben, möglichst den Bindegewebserkrankungen am Menschen vergleichbare experimentelle Systeme zur Verfügung zu haben. Hierbei ist zu beachten (Abb. 5), daß, welches experimentelle Modell auch gewählt wird, die Aussagekraft im Hinblick auf den menschlichen Organismus beschränkt ist. Es muß weiter hervorgehoben werden, daß es in vielen Fällen nicht möglich ist, aufgrund morphologischer Gegebenheiten ein Material zu gewinnen, das hinsichtlich seiner Zellpopulation homogen ist

	Tier: Integrierter Organ- oder Gewebs-metabolismus und Funktion Neuro-humorale Steuerung Natürliche Ernährung Zell zu Zell-Interaktion Komplexes System
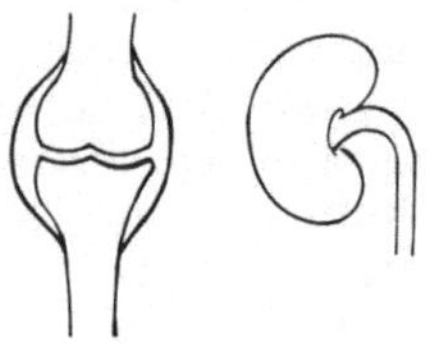	Organ- oder Gewebsprobe: Aus Körperverbund herausgelöst Ersatzernährung und -Steuerung Zell zu Zell-Interaktion erhalten Weniger komplexes, besser definierbares System
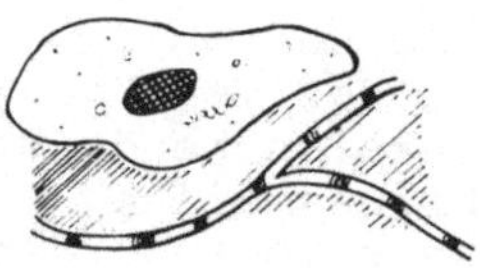	Zellkultur: Homogene Zellpopulation Künstliche Ernährung Zell zu Zell-Interaktion erhalten (Stoffwechselabnormitäten) Gut definiertes System
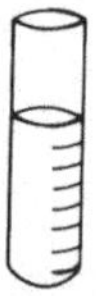	Subzelluläre Partikel, molekularer Bereich Desintegrierte morphologische Struktur Enzyme und Metabolite Antigen-Antikörper-Reaktion Biochemisch eindeutig definiertes System

Abb. 5. Experimentelle Modelle der Bindegewebs-Pathobiochemie

und klare Aussagen im Hinblick auf die betroffenen Bindegewebe erlaubt. Wählt man die Modelle Ganztier, Organ oder Gewebsschnitt, so ist diesen Modellen das Problem in gleicher Weise eigen. Die Zellkultur erlaubt, mit homogenem Zellmaterial zu arbeiten. Diesem Modell haftet aber der Nachteil an, daß die Kulturbedingungen per se Abweichungen vom normalen Stoffwechselverhalten bedingen können. Andererseits erlaubt die Zellkultur, auch den Zellmetabolismus unabhängig von übergeordneten Regulationsmechanismen und Einflußgrößen zu betrachten und ggf. die Wirkung der genannten Faktoren unter definierten Bedingungen isoliert zu untersuchen. Letztendlich steht der Reagensglasversuch zur Verfügung, der vor allen Dingen beim Studium einzelner metabolischer Systeme oder bei der Strukturaufklärung der Komponenten der Zwischenzellsubstanz sein Feld hat.

5. Systematik der Bindegewebs-Erkrankungen

Als letztes sei der Versuch unternommen, die als Bindegewebserkrankungen verstandenen krankhaften Zustände nach dem bisher verfolgten Gesichtspunkten zu systematisieren (Tab. 1). Genetisch determinierte Erkrankungen sind wohl definierte Einheiten und fordern im einzelnen die Aufdeckung des zugrundeliegenden Enzymdefektes und der Fehlbildung in der genetischen Substanz. Sie

Tabelle 1. Gruppierung der Bindegewebs-Erkrankungen nach pathobiochemischen Gesichtspunkten

1. *Genetisch Determinierte*

    Faserproteinstoffwechsel
    (Marfan-Syndrom, EHLERS-DANLOS-Syndrom, Osteogenesis, Imperfecta u.a.)

    Glykosaminoglykanstoffwechsel
    Mucopolysaccharidosen

    Antikörpermangel

2. *Degenerative*

    Arthrose, Fibrose, Tendinose, Chondrose u.a.

    Arteriosklerose

    Speicherkrankheiten
    (Calcinose, Gicht, Ochronose, Lipidose u.a.)

3. *Entzündliche*

    Bakterien u.a. Erreger

    Fremdstoffe

4. *Abwehr- und Reparaturstörungen*

    Mangelzustände
    (humoral: Immunglobuline, cellulär)

    Hyperreaktive Zustände
    (akute u. chron. rheum. Entzündung, "Autoimmunkrankheiten"
    Unkontrollierte Proliferation: Keloid, Lebercirrhose, Fibrom u.a.)

5. *Maligne Entartung*

sind gleichzeitig ideale Modelle für isolierte Fehlfunktionen von Bindegeweben. In der zweiten Gruppe sind degenerative Bindegewebserkrankungen aufgeführt. Sie haben vielfältige Ursachen, die der klinischen Symptomatik ist vor allen Dingen in der Zusammensetzung der Interzellularsubstanz zu sehen. Allerdings ist auch hier der Stellenwert der Zellstoffwechsel-Leistung im Rahmen dieses Krankheitsbildes nicht zu vernachlässigen. Entzündliche Erkrankungen der Bindegewebe können in zwei Gruppen eingeordnet werden. Die eine mit normal reagierendem Abwehr- und Reparatursystem wird durch belebte oder unbelebte Schadstoffe ausgelöst und entspricht entzündlichen Erkrankungen allgemein. Es kann hier lediglich die Biochemie der Entzündung studiert werden. Die andere Gruppe der entzündlichen Erkrankungen läßt sich einer vierten Gruppe von Erkrankungen zuordnen, die wiederum typische Bindegewebserkrankungen sind und sich auszeichnen durch eine pathologische Abwehr- und Reparaturfunktion. Beim Antikörpermangel resultiert eine Abwehrschwäche, bei den Erkrankungen des rheumatischen Formenkreises und den "Autoimmunkrankheiten" ein inadäquater hyperreaktiver Krankheitsprozess. Vorwiegend in das Gebiet der Störungen der Reparaturfunktion fallen die Prozesse, bei denen eine unkontrollierte Proliferation im Vordergrund steht, wobei die Frage gestellt werden muß, welche intra- und/ oder extracellulären, übergeordneten Fehlregulationen Anlass zu einer unkontrollierten Neubildung von Bindegewebe sind.

Es wurde versucht, durch Systematisierung und bewußte Vereinfachung einen Überblick über das Gebiet und die Problematik der Pathobiochemie der Bindegewebe zu geben. Ihm lag die Absicht zugrunde, das Gebiet thematisch zu umreißen und die Einordnung der Einzelproblematik in ein größeres Ganzes zu erleichtern. Die Komplexität der Fragestellung wird in der Beschäftigung mit dem Einzelproblem deutlich werden.

Zur Pathobiochemie der chronischen Gelenkerkrankungen

H. Greiling, H. W. Stuhlsatz, A. M. Gressner, R. Driesch und M. Momburg

Die biochemische Analyse der chronischen Polyarthritiden sollte vorwiegend das Organ bzw. das Bindegewebssystem, das bei diesen Erkrankungen befallen ist, betreffen. Ich werde mich deshalb im wesentlichen mit der Pathobiochemie des synovialen Systems beschäftigen, das eine Funktionseinheit von Gelenkknorpel, Gelenkkapsel und Synovialflüssigkeit darstellt. Zu den Grundsubstanzen des Bindegewebes gehören die Proteoglykane, die im Mittelpunkt dieser pathobiochemischen Betrachtung stehen sollen.

1. Zur Struktur und zum Stoffwechsel der Proteoglykane des Gelenkknorpels und seine biochemischen Veränderungen bei chronischen Gelenkerkrankungen

Die organische Matrix des Gelenkknorpels besteht zu etwa 50% aus Kollagen und bis zu 30% aus Proteoglykanen und Glykoproteinen. Diese Substanzen werden im Gelenkknorpel selbst produziert, da die Knorpelzelle über alle Enzyme für den Energiestoffwechsel und auch für die Biosynthese der Proteoglykane verfügt. Die Kompartimentierung des synovialen Systems zeigt Abb. 1, aus der hervorgeht, daß alle Glykosaminoglykane bzw. Proteoglykane im synovialen System in ihren Kohlenhydratkomponenten aus Glucose gebildet werden können. Abbildung 2 zeigt die chemische Grundstruktur von Polysaccharidkomponenten der Proteoglykane, die heute als Glykosaminoglykane bezeichnet werden. Allen diesen Substanzen ist der Aufbau aus Disaccharideinheiten gemeinsam, die entweder aus sulfatiertem N-Acetylgalaktosamin (Chondroitinsulfat, Dermatansulfat) oder N-Acetylglucosamin (Heparin, Heparansulfat, Hyaluronat und Keratansulfat) und einer Uronsäure bzw. Hexose bestehen. Die Konformation der Glykosaminoglykane ist in den letzten 10 Jahren durch ORD- und CD-Messungen aufgeklärt worden. Besonders die Arbeitsgruppe von ATKINS hat in den letzten Jahren dann durch Röntgenstrahlbeugungsanalysen feststellen können, daß mit Ausnahme des Keratansulfats die Glykosaminoglykane eine Doppelhelixstruktur aufweisen (1).

Im Bindegewebe sind die Glykosaminoglykane kovalent an ein sogenanntes Protein-core gebunden. Bei der Isolierung der Glykosaminoglykane aus verschiedenen Bindegewebstypen unter gleichen Bedingungen findet man, daß die Aminosäurenzusammensetzung gleicher oder ähnlicher Glykosaminoglykan-Peptide unterschiedlich ist (2). Die Bindung der Polysaccharide erfolgt nicht direkt an das Protein-core, sondern über eine Zwischenregion aus Neutralzuckern (Abb. 3). Allgemein kann man sagen, daß der Protein-core und die Bindungsregion in jedem Bindegewebstyp unterschiedlich

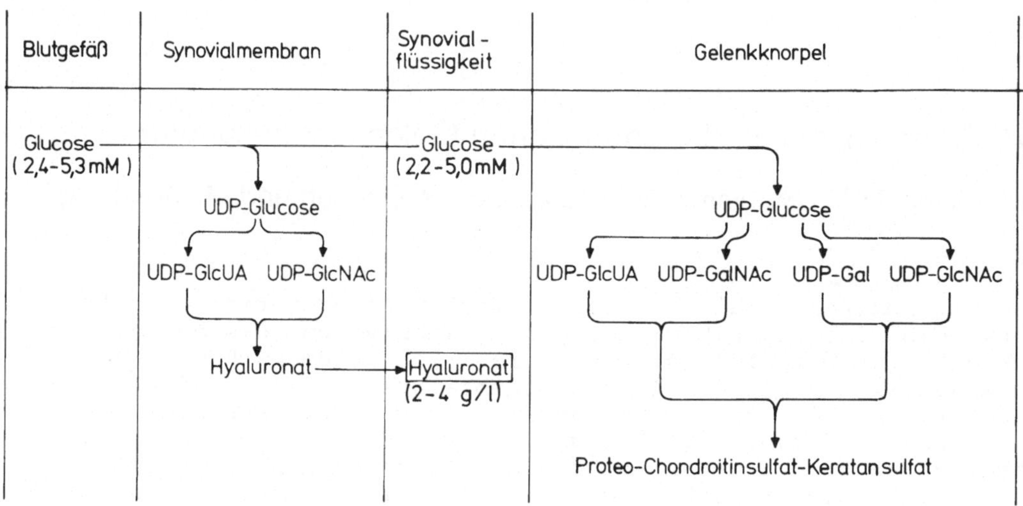

Abb. 1. Synthese der Proteoglykane in den Kompartimenten des synovialen Systems

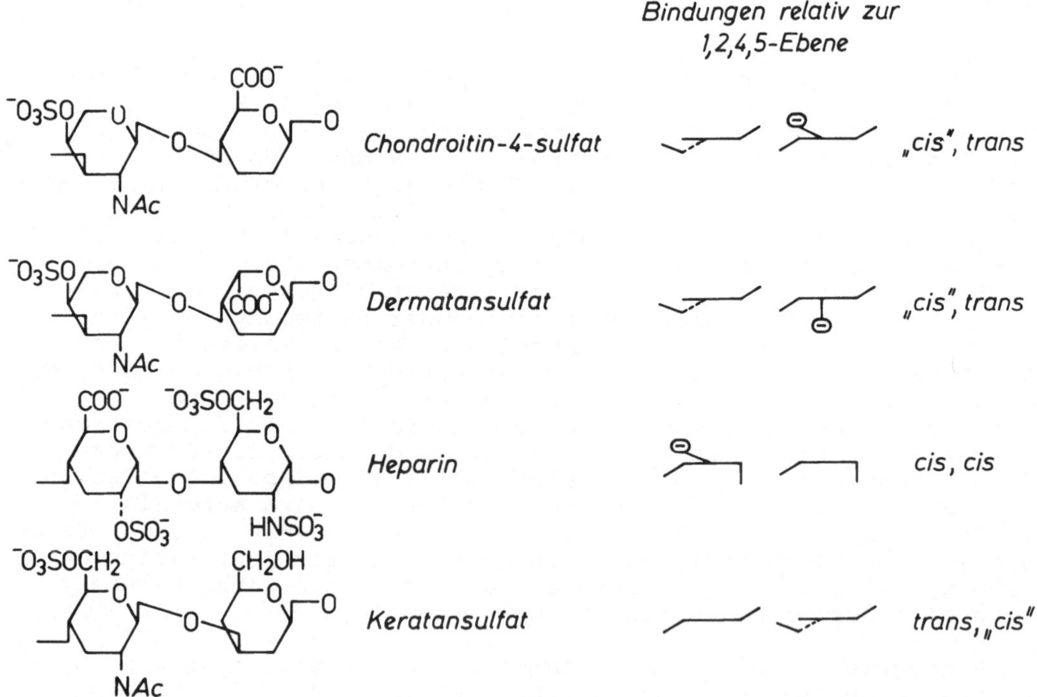

Abb. 2. Struktur und Konformation der Disaccharideinheiten von Gykosaminoglykanen

Glykosaminoglykan	Protein-Polysaccharid-Bindung
Chondroitin-4-sulfat	-Gal-3-Gal-4-Xyl-Ser
Chondroitin-6-sulfat	"
Dermatansulfat	"
Heparin	"
Heparansulfat	"
Keratansulfat (Cornea-Typ)	-Man-Man-GlcNAc-Asn
Keratansulfat (hyaliner Knorpel-Typ)	-Man-GalNAc-Ser(Thr)

Abb. 3. Die Bindungsregion zwischen Polysaccharidkette und Proteincore bei verschiedenen Glykosaminoglykanen

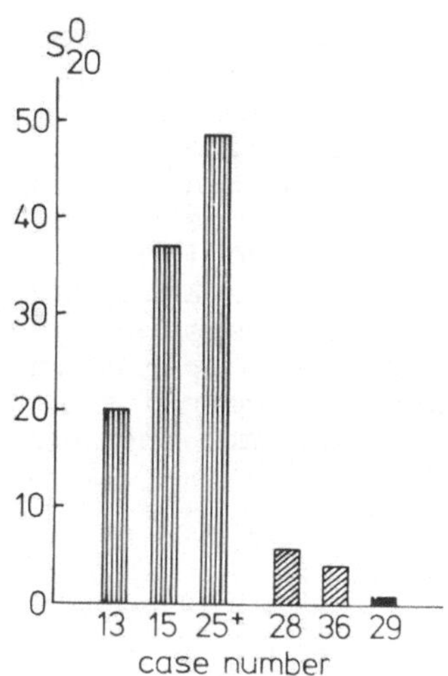

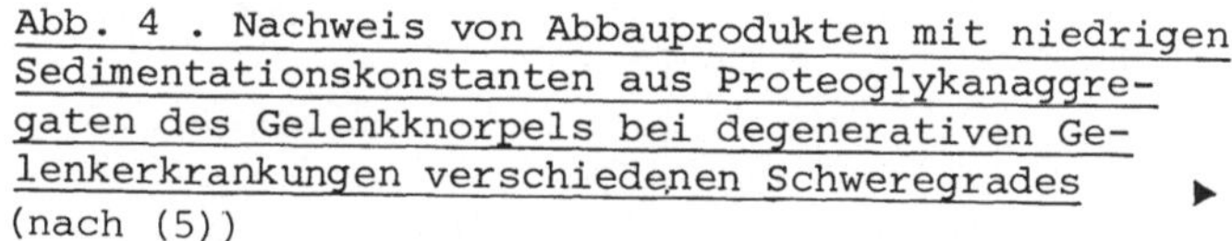
Abb. 4 . Nachweis von Abbauprodukten mit niedrigen Sedimentationskonstanten aus Proteoglykanaggregaten des Gelenkknorpels bei degenerativen Gelenkerkrankungen verschiedenen Schweregrades (nach (5))

und spezifisch sind. Die Proteoglykane zeigen sowohl eine strukturelle als auch eine metabolische Heterogenität. Die strukturelle Heterogenität ist dadurch gekennzeichnet, daß im Bindegewebe Chondroitinsulfat über ein gemeinsames Protein-core mit Keratansulfat, Dermatansulfat und Heparansulfat vorkommen kann, wobei auch hier wieder jedem Bindegewebe ein spezifisches Glykosaminoglykan-Verteilungsmuster eigen ist. Im hyalinen Knorpel und auch im Kniegelenkknorpel sind Chondroitin-4-sulfat und Chondroitin-6-sulfat über ein gemeinsames Protein-core mit Keratansulfat verbunden. Die Heterogenität wird maßgeblich von der sog. Brückenbindung des Proteinanteils mit der Polysaccharidkette beeinflußt. In verschiedenen Bindegewebstypen kann jedoch dasselbe Polysaccharid eine unterschiedliche Bindung zum Protein-core aufweisen, wie am Beispiel des Keratansulfats in der Cornea und im hyalinen Knorpel gezeigt werden konnte. Strukturuntersuchungen von HASCALL und SAJDERA haben ergeben (3), daß die Proteoglykane aus mehreren Untereinheiten bestehen, die, wie HARDINGHAM und MUIR gefunden haben, durch Hyaluronat zu einem größeren Aggregat zusammengefügt werden (4) (Abb. 9). Neuerdings konnte bei degenerativen Gelenkerkrankungen festgestellt werden, daß ein Substanzverlust an Proteoglykan zuerst in der Knorpelmatrix auftritt, was zunächst durch eine Zunahme der lysosomalen Peptidasen, die den Protein-core des Proteoglykans abbauen, bedingt ist. Nach SAPOLSKI werden je nach Schweregrad der degenerativen Gelenkerkrankungen die übergeordneten Proteoglykan-Einheiten, die in Ultrazentrifugationsversuchen hohe Sedimentationskonstanten aufweisen (Abb. 4), zu niedermolekularen Untereinheiten mit niedrigen Sedimentationswerten abgebaut (5). Da man mit Cathepsin D bei Verwendung nativer Proteoglykan-Präparate das gleiche Ergebnis erhält, liegt die Vermutung nahe, daß an dieser Reaktion Cathepsin D beteiligt ist, dessen Konzentration in der Synovialflüssigkeit auch bei der chronischen Polyarthritis erhöht ist. Erst sekundär erfolgt der sequentielle Abbau der Glykosaminoglykane, wie er in der Abb. 5 dargestellt ist und der hauptsächlich durch die lysosomalen Enzyme in Leber- und Niere stattfindet. Für die pathobiochemische Betrachtung des Knorpelstoffwechsels sowie für die Entstehung der chronischen Gelenkerkrankungen ist auch die Altersabhängigkeit der Proteoglykanzusammensetzung des Kniegelenkknorpels von Interesse. Wir konnten zeigen, daß im Kniegelenkknorpel mit zunehmendem Alter der Chondroitin-4-sulfatgehalt abnimmt und der Gehalt an Chondroitin-6-sulfat sich relativ

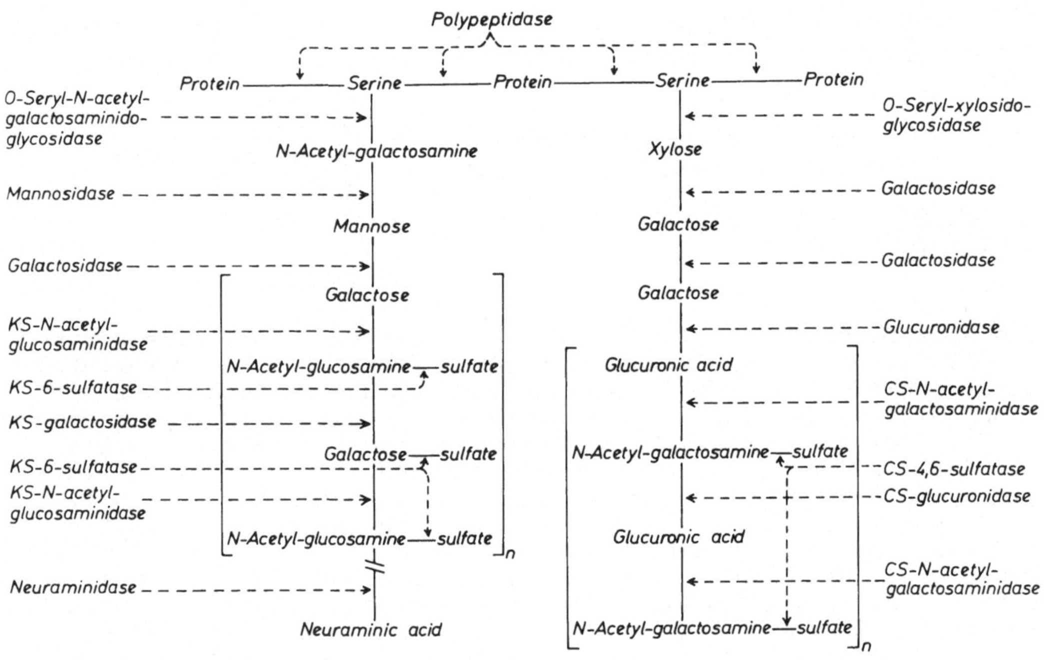

Abb. 5 . Sequentieller Abbau des Proteochondroitinsulfat-Keratansulfats aus dem menschlichen Kniegelenkknorpel durch lysosomale Enzyme

erhöht (Abb. 6). Beim 90-jährigen findet man praktisch kein Chondroitin-4-sulfat mehr. Die Chondrocyten programmieren demzufolge in dieser Altersstufe auf die Synthese von Chondroitin-6-sulfat um. Den Endpunkt der Summe dieser altersabhängigen Verschiebungen kann man bei einem Alter von 120 Jahren errechnen, bei dem praktisch kein Glykosaminoglykan mehr vorhanden ist. Kongruent zu diesen Berechnungen der maximalen Lebenserwartung aus der Glykosaminoglykan-Zusammensetzung des Kniegelenkknorpels kann man

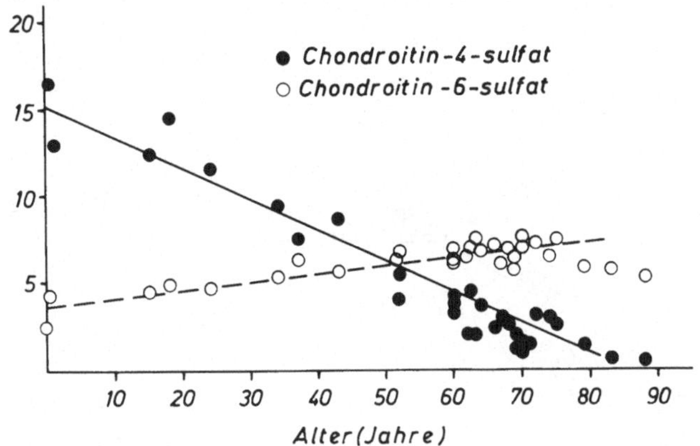

Abb. 6. Altersabhängigkeit des Chondroitin-4-sulfatgehalts im menschlichen Kniegelenkknorpel

auch anhand der Verminderung der Kollagenfibrillendicke nach SCHWARZ zu einem maximalen Alter von ca. 120 Jahren kommen (7). Auch zu einer Abnahme der unsulfatierten Disaccharideinheiten im Chondroitinsulfat kommt es mit zunehmendem Alter (Abb. 7).

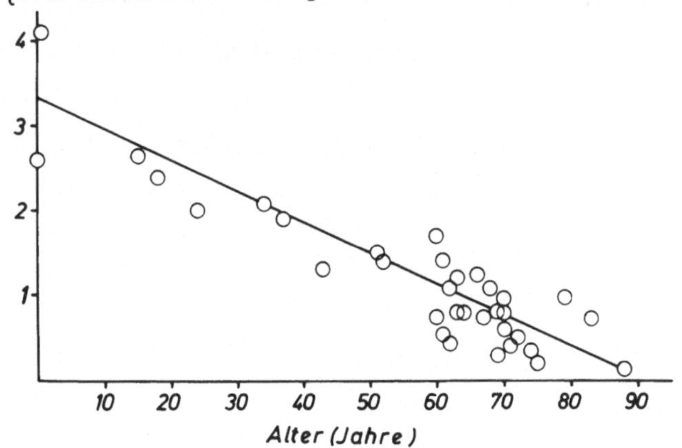

Abb. 7. Altersabhängigkeit der unsulfatierten Disaccharideinheiten ("Chondroitin") des humanen Kniegelenkknorpels

Für die Analytik der Glykosaminoglykan-Bestimmung im Kniegelenkknorpel hat sich bei uns ein enzymatisches Verfahren bewährt, das in Abb. 8 dargestellt ist und mit dem man durch differentielle Anwendung von verschiedenen Enzymen und einem säulenchromatographischen Verfahren zwischen Chondroit-4-sulfat, Dermatansulfat, Chondroitin-6-sulfat, Hyaluronsäure und Chondroitin differenzieren und die einzelnen GAG-Typen quantitativ bestimmen kann (8). Die altersbedingte Zunahme von degenerativen Gelenkerkrankungen kann deshalb zum großen Teil durch die wahrscheinlich genetisch programmierte Umschaltung des Proteoglykan-Stoffwechsels mit zunehmendem Alter interpretiert werden.

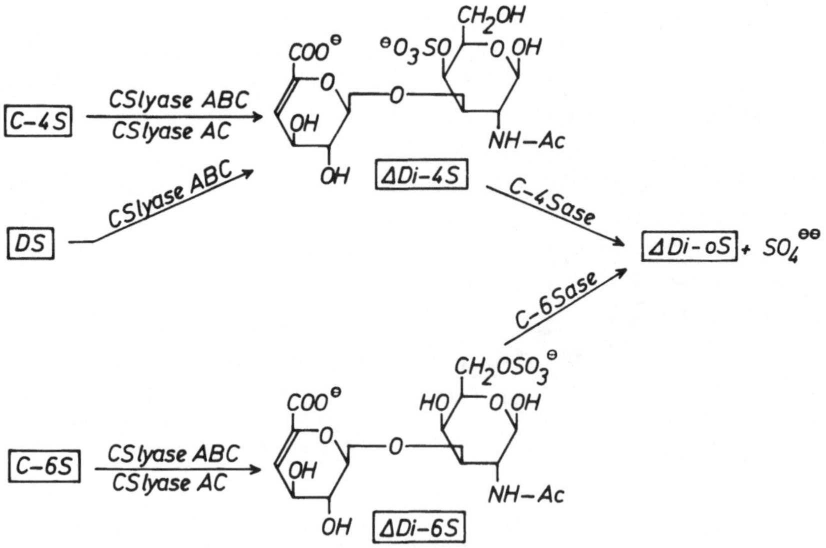

Abb. 8. Prinzip der enzymatischen Analyse von Chondroitin-4-sulfat, Chondroitin-6-sulfat und Dermatansulfat

Ähnliche Verhältnisse findet man auch in der menschlichen Aorta. Wir konnten neuerdings nachweisen, daß auch die Aorta Keratansulfat enthält und daß ähnlich wie beim Gelenkknorpel mit zunehmendem Alter vermehrt Keratansulfat vorhanden ist (Tab. 1).

Tabelle 1. Relative Verteilung der verschiedenen Glykosaminoglykane aus der menschlichen Aorta nach Chromatographie an Dowex 1 x 2

Werte in Mol/100 Mol Hexosamin

Alter (Jahre)	Hyaluronat	Heparansulfat	Chondroitinsulfate + Dermatansulfat	Keratansulfat
13	9,9	26,9	58,8	4,4
31 - 38	11,8	19,6	62,8	4,6
52 - 59	6,0	19,8	68,2	6,0
69 - 76	17,6	18,3	55,7	8,5

Wir nehmen an, daß die veränderte Zusammensetzung mittels Umprogrammierung am Protein-core in der Weise zustande kommt, daß Chondroitinsulfat durch Keratansulfat ersetzt wird. Dies geschieht besonders in der Region der Hyaluronatbindung (Abb. 9). Diese Umprogrammierung ist wahrscheinlich auch die pathobiochemische Grundlage der Verkalkung und die Voraussetzung für das Zusammenspiel mit dem Lipidstoffwechsel in der pathologisch veränderten Aorta.

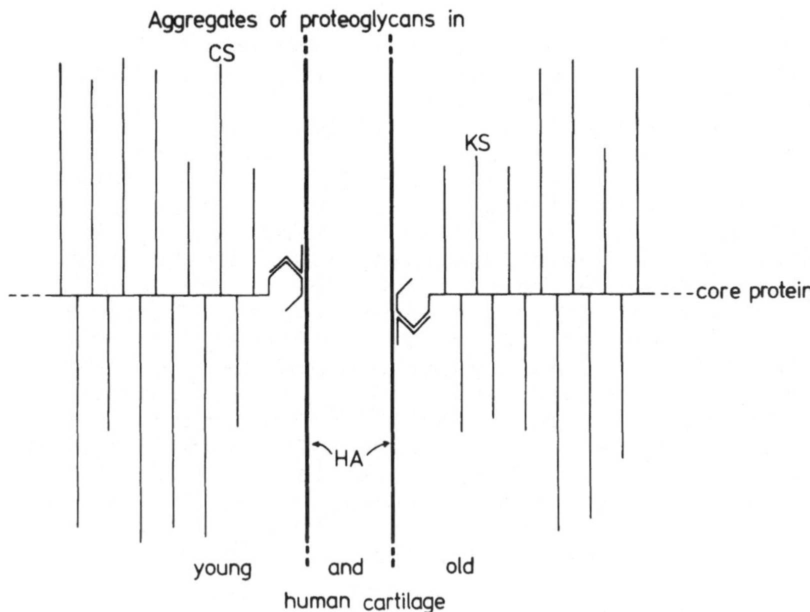

Abb. 9. Veränderung der Proteoglykanaggregat-Struktur mit zunehmendem Alter im Gelenkknorpel

Ähnliche Umprogrammierungen der Glykosaminoglykane im Gelenkknorpel sind demzufolge auch die pathobiochemische Grundlage für Veränderungen, die wir bei den verschiedenen chronischen Gelenkerkrankungen vorfinden.

2. Die Bedeutung der Synovialflüssigkeit und ihre biochemischen Veränderungen bei chronischen Gelenkerkrankungen

Die Synovialflüssigkeit ist ein Dialysat des Blutserums, das zusätzlich spezifische Sekretionsprodukte der Synoviazellen, insbesondere das Hyaluronat enthält (Abb. 1).

So finden wir in der normalen Synovialflüssigkeit ähnliche Elektrolyt- und auch Glucose-Konzentrationen wie im Blutserum. Bei der chronischen Polyarthritis sinkt je nach Entzündungsaktivität die Glucose-Konzentration ab und die Lactat-Konzentration steigt an. Es lassen sich in der Synovialflüssigkeit ähnliche biochemische Befunde erheben wie bei einer Tumor-Flüssigkeit. Die Ursache für das Absinken der Glucose-Konzentration und das Ansteigen des Lactats ist auf eine Zunahme der polymorphkernigen Leukocyten und eine erhöhte Glykolyse-Rate dieser Leukocyten zurückzuführen. Auch das bei dieser Erkrankung sich bildende pannöse Granulationsgewebe zeigt eine erhöhte aerobe und anaerobe Glykolyse.

Im Gegensatz dazu finden wir bei degenerativen Gelenkerkrankungen keine Unterschiede in der Glucose- und Lactat-Konzentration der Synovialflüssigkeit gegenüber dem Blutserum. Während im Blutserum von Patienten mit chronischen Polyarthritiden keine wesentlichen Veränderungen der Enzym-Konzentration sowie der Enzym-Verteilung bekannt geworden sind, kann die Synovialflüssigkeit in verschiedenen Entzündungsstadien charakteristische Unterschiede aufweisen. Die Erhöhung der Enzymaktivität in der Synovialflüssigkeit ist nicht spezifisch für die chronische Polyarthritis, sie kann bei allen entzündlichen Gelenkerkrankungen, z.B. auch bei der Arthritis psoriatica, für die Enzyme der Glykolyse, des Citratzyklus und für die lysosomalen Enzyme vorhanden sein. Diese Enzyme, z.B. Lactat-Dehydrogenase, Aldolase, Malat-Dehydrogenase, stammen vorwiegend aus den Granulocyten, zu einem geringeren Teil aus der Synovialmembran und dem pannösen Granulationsgewebe. Die lysosomalen Enzyme, z.B. die ß-N-Acetylglucosaminidase und die ß-Glucuronidase, sind bei der chronischen Polyarthritis ebenfalls stark erhöht (Tab. 2). Als Hauptquelle ihrer Produktion kommen wiederum die polymorphkernigen Leukocyten der Synovialflüssigkeit in Betracht, wie auch die Ähnlichkeit der Enzymmuster in Synovia und Synoviazellen zeigt (9, 10).

Tabelle 2. Mittelwerte der Aktivitäten lysosomaler Enzyme in der Synovialflüssigkeit bei Gelenkerkrankungen

Werte in mU/ml; in Klammern: Zahl der Fälle

	N-Acetyl-ß-D-glucosaminidase	ß-Glucuronidase	α-Mannosidase	Arylsulfatase
Chronische Polyarthritis	16,5 (74)	1,48 (77)	1,12 (77)	0,83 (75)
Arthrosis deformans	7,4 (9)	0,41 (9)	0,50 (9)	0,26 (9)
Gicht	6,0 (4)	0,80 (3)	0,64 (4)	0,29 (4)

Bei der chronischen Polyarthritis lassen sich in der Synovialflüssigkeit auch eine Kollagenase sowie Proteoglykan-abbauende Enzyme nachweisen. Da im frühen Stadium der Erkrankungen die Kollagen-Konzentration im Gelenkknorpel unverändert ist, jedoch bereits ein Abfall der Proteoglykan-Konzentration vorliegt, darf man annehmen, daß primär die Proteoglykane enzymatisch abgebaut und erst sekundär die Kollagenfibrillen durch kollagenolytische Enzyme angegriffen werden. Die Synvialflüssigkeit unterscheidet sich vom Serum besonders durch ihren Hyaluronat-Gehalt. Das Hyaluronat hat in der normalen Synovialflüssigkeit ein Molekulargewicht von 1 - 2 Millionen. Die Intaktheit des Hyaluronat-Moleküls ist entscheidend für seine physikalisch-chemischen Eigenschaften, u.a. für die Schmiereigenschaften und die Ausbildung eines Oberflächenfilms über den Gelenkknorpel, der den Reibungswiderstand zwischen den Gelenkknorpeloberflächen vermindert. Bei der chronischen Polyarthritis verringert sich der Polymerisationsgrad des Hyaluronats. Normalerweise liegt die relative Viskosität des Hyaluronats zwischen 50 und 100, bei der chronischen Polyarthritis sinkt sie auf Werte unter 10 ab. Die Hyaluronat-Konzentrationen fallen auf Werte bis zu 20 mg/100 ml. Die Gesamtmenge des Hyaluronats nimmt jedoch zu, da bei der chronischen Polyarthritis die Synovialflüssigkeitsmenge auf das 10 bis 100fache ansteigen kann. Deshalb stellt sich die Frage, ob sich vermehrt unvollständig polymerisiertes Hyaluronat bildet, oder ob das gebildete Hyaluronat in verstärktem Maße durch lysosomale oder andere Enzyme abgebaut wird. Man kann annehmen, daß das Gleichgewicht zwischen Synthese und Abbau durch das vermehrte Vorkommen von lysosomalen Enzymen gestört und in Richtung Abbau verschoben wird. Die das Hyaluronat abbauenden Enzyme sind

1. die Hyaluronat-Glykanohydrolase
2. die ß-Glucuronidase und
3. die ß-N-Acetylglucosaminidase (Abb. 10).

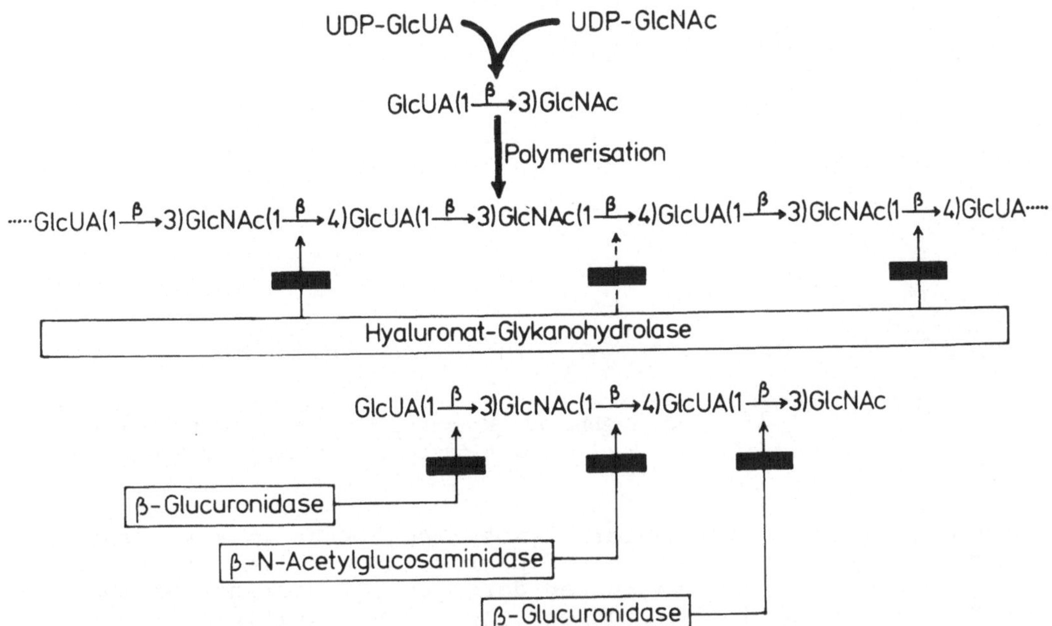

Abb. 10. Biosynthese und Abbau-Mechanismen des Hyaluronats in der Synoviazelle und Beeinflussung durch Polyanionen (▬ = Hemmung)

Wir konnten nachweisen, daß sich die Hyaluronatkonzentration nach intraartikulärer Injektion von Arteparon - einem Glykosaminoglykanpolysulfat, das pro Disaccharideinheit 4 Sulfatmoleküle enthält - erhöht, die Gesamtmenge an Hyaluronat jedoch abnimmt. Der Polymerisationsgrad steigt ebenfalls wieder an. Auch im Synoviadifferentialbild tritt eine Veränderung ein: die Granulocyten nehmen ab, die Lymphocyten zu. Die Änderung der Hyaluronat-Biosynthese nach Arteparon erfolgt nicht nur bei chronischer Polyarthritis, sondern ist auch bei degenerativen Gelenkerkrankungen zu beobachten. Arteparon wirkt wahrscheinlich über die kompetitive Hemmung der am Abbau beteiligten Enzyme, wie wir das z.B. an der kompetitiven Hemmung von ß-N-Acetylglucosaminidase (Abb. 11) zeigen konnten. Eine Interpretation dieses Befundes ist: die katabolen Wege des Hyaluronat-Abbaus werden gehemmt und es kommt kompensatorisch wieder zu einer normalen Biosynthese des Hyaluronats aus UDP-N-Acetylglucosamin und UDP-Glucuronsäure (11).

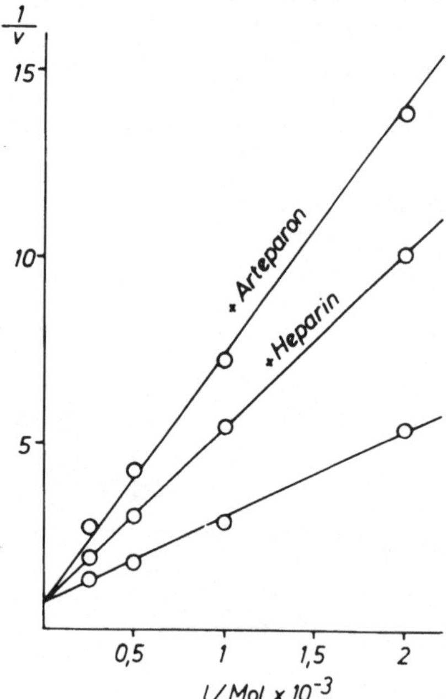

Abb. 11. Kompetitive Hemmung der ß-N-Acetylglucosaminidase durch Heparin und Arteparon

In Abb. 12 wird der Abbau der Glykosaminoglykane in den verschiedenen Kompartimenten, Zellen und partikulären Zellfraktionen bei verschiedenen Gelenkerkrankungen dargestellt. Während der Abbau des Gelenkknorpels bei der chronischen Polyarthritis vorwiegend von der Knorpeloberfläche durch die lysosomalen Enzyme der Granulocyten und Synoviazellen erfolgt und nur in geringem Maße von innen heraus durch die Lysosomenfraktion der Chondrocyten, kann man annehmen, daß bei den degenerativen Gelenkerkrankungen der Angriff hauptsächlich von innen heraus, d.h. durch die freigesetzten lysosomalen Enzyme aus den Lysosomen der Chondrocyten, stattfindet. Bei der chronischen Polyarthritis wird das Hyaluronat in der Synovialflüssigkeit durch Hyaluronat-Glykanohydrolase depolymerisiert. Die Hyaluronat-Glykanohydrolase-Aktivität ist jedoch in der Gelenkflüssigkeit sehr gering. Dagegen scheint quantitativ die zusätzliche Depolymerisation durch Superoxid-Radikale eine Bedeutung zu haben (12). Die polymorphkernigen Leukocyten, die bei der chronischen Polyarthritis vermehrt sind, stellen die Produzenten der Superoxid-Radikale dar. Diese Superoxid-Radikale werden normalerweise durch die Superoxid-Dismutase abgebaut. In der Synovialflüssigkeit von Patienten mit chronischer

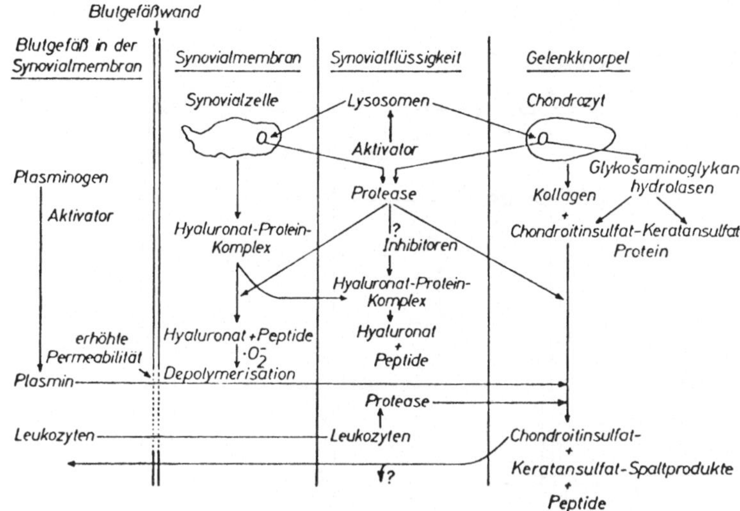

Abb. 12. Pathobiochemische Mechanismen, die zum Abbau der Proteoglykane im synovialen System bei chronischen Gelenkerkrankungen führen

Polyarthritis ist jedoch in der Synovialflüssigkeit die Aktivität der Superoxid-Dismutase vermindert.

3. Die Biosynthese der Proteoglykane und der Einfluß von antiphlogistisch wirksamen Substanzen

Die Biosynthese der Kohlenhydrat-Komponenten der Glykosaminoglykane geht von der Glucose aus (Abb. 13). Bei Einsatz von ^{14}C-markierter Glucose findet man die Radioaktivität sowohl in N-Acetylglucosamin, N-Acetylgalaktosamin, Glucuronsäure als auch in der Galaktose. Alle notwendigen Enzyme sind in den verschiedenen Bindegewebstypen, natürlich auch im Gelenkknorpel, vorhanden. Der alte Begriff "bradytrophes Gewebe" trifft deshalb für das Bindegewebe nicht zu, da die Enzyme des Stoffwechsels der Glykosaminoglykane und des Energiestoffwechsels in den Zellen des Gelenkknorpels, der Aorta und anderer Bindegewebstypen vorgefunden werden. Die Enzyme der Polymerisation der Glykosaminoglykane und auch die Enzyme der Biosynthese des Protein-cores sind zum größten Teil noch nicht in reiner Form isoliert worden. Wir beschäftigen uns zur Zeit mit der Isolierung und dem Nachweis von zwei Enzymen, die wir erstmals in verschiedenen Bindegewebstypen, wie der Cornea und dem Gelenkknorpel, nachweisen konnten: einer PAPS:Keratan-Sulfotransferase, die für die Übertragung von Sulfat auf Keratansulfat verantwortlich ist, und einer UDP-Galaktose:Galaktosyltransferase (Abb. 14, Tab. 3). Die Sequenz der Glykosylierungsschritte ist wahrscheinlich spezifisch determiniert durch das Peptidcore und seine Bindungsregion, wofür eine spezifische m-RNA notwendig ist (13).

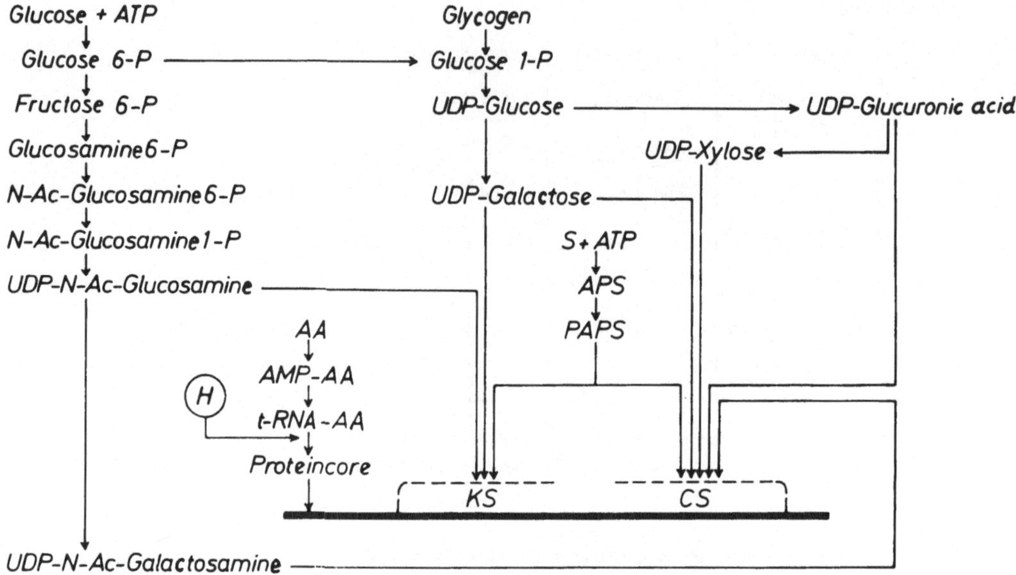

Abb. 13. Biosynthese des Proteo-Keratansulfat-Chondroitinsulfats (H = Angriffspunkt des Puromycins)

Tabelle 3. Anreicherung von PAPS-Keratan-Sulfotransferase und UDP-Galaktose: Keratansulfat-Galaktosyltransferase aus Rinder-Corneastroma

	PAPS:Keratan-Sulfotransferase		UDP-Galaktose:Keratansulfat-Galaktosyltransferase	
Corneastroma	Spezifische Aktivität (pmoles/mg Protein x Std.)	Reinigungsfaktor	Spezifische Aktivität (pmoles/mg Protein x Std.)	Reinigungsfaktor
15000 xg - Überstand	0,8	1,0	140,6	1,0
15000 - 150000 xg - Überstand	10,2	12,0	128,8	0,9
CPG 10 - 120 - Chromatographie	127,4	155,3	2 561,0	18,2

Neuere autoradiographische Untersuchungen über den Einbau von radioaktivem Sulfat in Zellkernfraktionen und die Isolierung von Glykosaminoglykanen, speziell Heparansulfat, aus reinen Zellkernfraktionen weisen evtl. auf eine biologische Bedeutung der Glykosaminoglykane bei der Regulation der Gen-Expression hin (14). Das von uns bereits erwähnte Polyanion Glykosaminoglykanpolysulfat, aber auch Heparin, ist nicht nur ein Inhibitor lysosomaler Hydrolasen, sondern auch ein Inhibitor von PAPS:Chondroitin-Sulfotransferasen und auch von PAPS:Keratan-Sulfotrans-

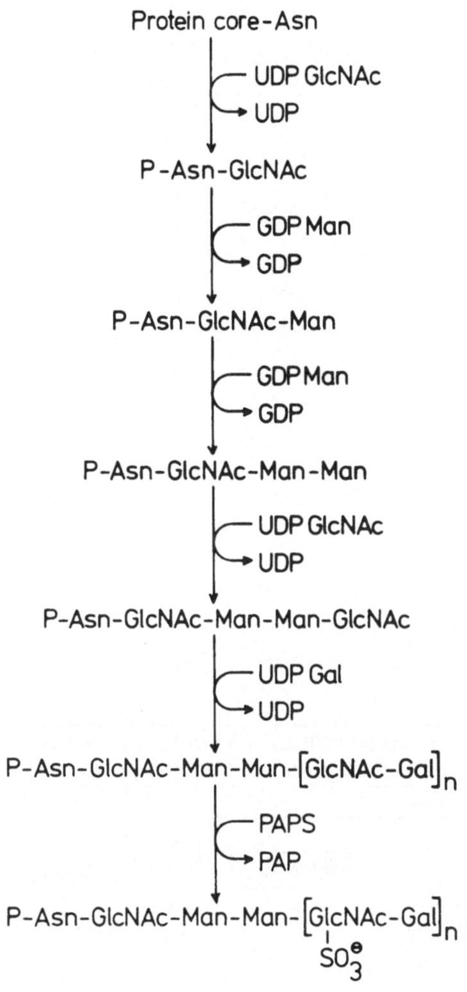

Abb. 14. Enzymatische Synthese der Polysaccharidkette des Proteokeratansulfats der Cornea

ferasen (15). Man kann also mit dieser Stoffgruppe aktiv in den Anabolismus des Bindegewebes eingreifen. Polyanionen hemmen auch kompetitiv die DNA-Polymerase, RNA-Polymerase und Reverse-Transcriptase (Abb. 15). Der Grad der Hemmung ist abhängig vom Sulfatierungsgrad dieser Polyanionen. Auch die ribosomale Protein-Synthese wird durch Polyanionen inhibiert (16, 17, 18).

In der Abb. 16 ist schematisch die Biosynthese der an einem Entzündungsgeschehen, insbesondere auch bei der Destruktion des Gelenkknorpels bei chronischen Gelenkerkrankungen, beteiligten Substanzgruppen dargestellt. Vom Gesichtspunkt der Pathobiochemie interessieren die Angriffspunkte, an denen die Biosynthese der Substanzen, die an der Entzündung beteiligt sind oder sie auslösen und zu Veränderungen der Struktur der Grundsubstanz im Gelenkknorpel führen können, beeinflußt werden kann. Solche Angriffspunkte sind die Aminoacyl-t-RNA-Synthese (Block 1), die Translationsvorgänge am Ribosom (Block 2), die oxydative Phosphorylierung (Block 3) und die Vorgänge, die zur Biosynthese der

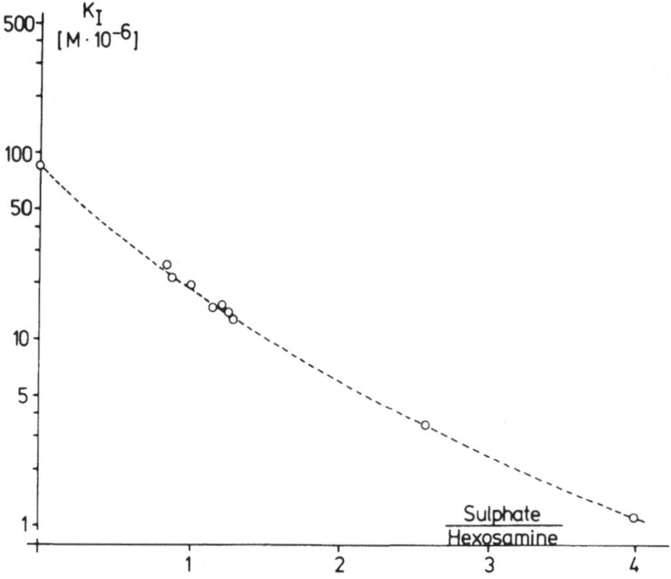

Abb. 15. Kompetitive Hemmung der Reverse Transcriptase durch verschiedene Glykosaminoglykane in Abhängigkeit vom Sulfat/Hexosamin-Verhältnis

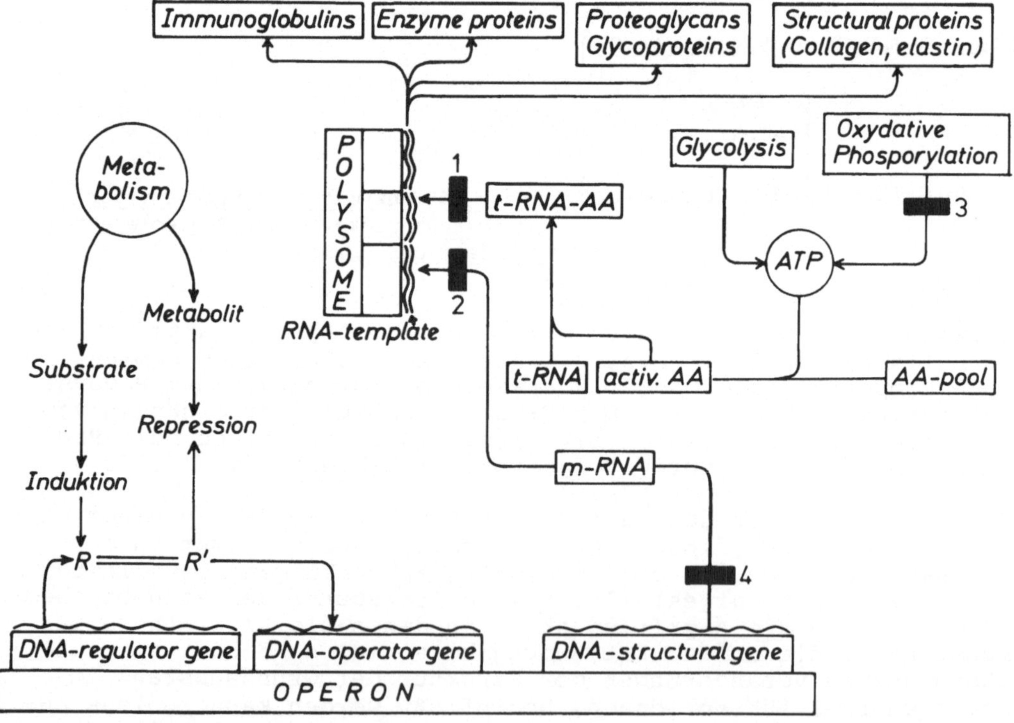

Abb. 16 . Angriffspunkte verschiedener immunsuppressiver und entzündungshemmender Substanzen auf den Bindegewebsstoffwechsel

m-RNA führen (Block 4). Tabelle 4 zeigt die Hemmung der Synthese von Proteokeratansulfat und Proteochondroitinsulfat durch Puromycin. Einen ähnlichen Wirkungsmechanismus weisen auch Phenylbutazon und seine Derivate, aber auch Polyanionen auf. Die immunsuppressiven Substanzen hemmen speziell die Biosynthese der m-RNA und damit indirekt auch die für die Biosynthese der Proteoglykane notwendige Protein-core-Synthese. Die Salizylate und deren Derivate sind ein Beispiel für die Hemmung vom Typ 3, d.h.

Tabelle 4. Hemmung des Einbaus von ^{14}C-Galaktose und ^{14}C-Glucose in Keratansulfat und Chondroitin-4-sulfat

Eingebautes Substrat	Keratansulfat-Peptide spez. Aktivität (cpm/µMol) ohne Puromycin	mit Puromycin	Hemmung (%)	Chondroitin-4-sulfat-Peptide spez. Aktivität (cpm/µMol) ohne Puromycin	mit Puromycin	Hemmung (%)
^{14}C-Galaktose	28400	23300	18	62900	24400	61
^{14}C-Glucose	11850	8320	29	37500	14500	61

der oxydativen Phosphorylierung. Alle diese Eingriffe führen zur Hemmung der Biosynthese der Proteoglykane, aber auch des Kollagens. Die bekannten entzündungshemmenden Substanzen, wie z.B. Indometacin oder Corticoide, hemmen jedoch nicht nur die bei der Entzündung gesteigerte Synthese der Proteoglykane und der Immunglobuline, sondern auch die Synthese von Strukturproteinen sowie von Enzymen des Stoffwechsels und Energiestoffwechsels. Dies führt bei einer Langzeit-Therapie mit diesen Substanzen zur Schädigung des Gelenkknorpels. Auch so ist es zu erklären, daß alle gut wirksamen antiphlogistischen Substanzen bei einer hohen Dosierung zu einer Schädigung des Stoffwechsels der Magenschleimhaut führen, wobei als Ursache eine Hemmung der Biosynthese der Magenmucine (Glykoproteine) angesehen werden kann.

Ich möchte an dieser Stelle der pathobiochemischen Betrachtung des Bindegewebsstoffwechsels resumieren: Biochemische Grundlagenforschung, Pathobiochemie und klinische Chemie müssen in gemeinsamer Arbeit gezielt die Stoffwechselwege des Bindegewebes untersuchen. Neue Erkenntnisse sind nur möglich, wenn wir weiter in die Tiefe gehen. Nur so können wir neue Stoffwechselwege und ihre Regulation finden, die eines Tages auch eine verbesserte klinisch-chemische Diagnostik der Gelenkerkrankungen ermöglichen.

Literatur

1. ATKINS, E.D.T., SHEEHAN, J.K.: Science 179, 562 (1973)
2. GREILING, H.: Glycosaminoglycans. In: CURTIUS, H.CH., ROTH, M. (Eds.), Clinical Biochemistry, Principles and Methods, p. 944. Berlin-New York: Walter de Gruyter 1974
3. SAJDERA, S.W., HASCALL, V.C.: J. Biol. Chem. 244, 77 (1969)
4. HARDINGHAM, T.E., MUIR, H.: Biochem. J. 139, 565 (1974)
5. SAPOLSKY, A.I., ALTMAN, R.D., HOWELL, D.S.: Fed. Proc. 32, 1489 (1973)
6. GREILING, H., BAUMANN, G.: In: VOGEL, H.G. (Ed.), Connective Tissue and Ageing. Amsterdam: Excerpta Medica 160 (1973)
7. SCHWARZ, W., MERKER, H.-J., JAHNKE, A., HOFMANN, M.: Berliner Medizin 88 (1958)
8. GREILING, H., EBERHARD, A.: Chondroitin-4-sulfat, Chondroitin-6-sulfat und Dermatansulfat. In: BERGMEYER, H.U.(Ed.), Methoden der enzymatischen Analyse. S. 1210. Weinheim: Verlag Chemie 1974
9. EBERHARD, A., LAAS, U., VOJTISEK, O., GREILING, H.: Z. Rheumaforsch. 31, 105 (1972)
10. GREILING, H.: Verh. Dtsch. Ges. Rheum. 2, 26 (1972)
11. GREILING, H., KANEKO, M.: Arzneimittelforsch. 23, 388 (1973)
12. McCORD, J.M.: Science 185, 529 (1974)
13. GREILING, H., DRIESCH, R., MOMBURG, M., JAGDFELD, R., THOMAS, J., STUHLSATZ, H.W.: In: PLATT, D. (Ed.), Alterstheorien. S. 205. Stuttgart-New York: Schattauer 1976
14. BHAVANANDAN, V.P., DAVIDSON, E.A.: Proc. Natl. Acad. Sci. USA 72, 2032 (1975)
15. KANEKO, M., GREILING, H.: Arzneimittelforsch. 23, 737 (1973)
16. SCHAFFRATH, D., STUHLSATZ, H.W., GREILING, H.: Hoppe-Seyler's Zeitschrift physiol. Chem. 357, 499 (1976)
17. GRESSNER, A.M., GREILING, H.: Hoppe-Seyler's Zeitschrift physiol. Chem. 358, 69 (1977)
18. GREILING, H., GRESSNER, A.M., STUHLSATZ, H.W.: In: GLYNN, L.E., and SCHLUMBERGER, H.D. (Eds.). Experimental Models of Chronic Inflammatory Diseases, p. 406. Berlin-Heidelberg-New York: Springer 1977

Die Biosynthese der Glykosaminoglykane in der akut und chronisch geschädigten Leber

A. M. Gressner, H. Pazen und H. Greiling

1. Einleitung

Chronische hepatocelluläre Schädigungen sind mit fibrotischen und cirrhotischen Veränderungen der Leber assoziiert, d.h. es kommt zu einer Akkumulation und teilweisen Umverteilung der extracellulären Matrixproteine Kollagen, Proteoglykane und strukturellen Glykoproteine (1, 2). Diese Bindegewebsvermehrung ist nicht nur das Ergebnis einer Kondensation von prae-existierendem Stroma durch Nekrose der Hepatocyten (3), sondern im Falle von Kollagen das Resultat einer aktivierten Biosynthese an membrangebundenen Polysomen (2, 4) und einer verminderten Degradationsrate (5, 6). Ob es sich bei der Vermehrung von Proteoglykanen im Stroma der fibrotischen Leber ebenfalls um eine aktivierte Synthese und/oder um eine pathologische Speicherung handelt, ist wesentlich unklarer. Eine stimulierte Synthese dieser Substanzen ist abhängig von einer erhöhten Aktivität der die Coreprotein-mRNA translatierenden Polysomen, denn die gesamte Proteoglykansynthese wird kontrolliert und initiiert durch die Bereitstellung dieses Acceptorproteins (Molekulargewicht 100 000 - 200 000) für die UDP-Glykosyltransferasen (7). Bisher publizierte Untersuchungen mit in vivo appliziertem $[^{35}SO_4]^{2-}$ als Tracer zeigten unter Anwendung histochemisch-autoradiographischer (8) und biochemischer Nachweisverfahren (9, 10) deutlich stimulierte Inkorporationsraten während der Fibrogenese der Leber. Derartige in vivo-Untersuchungen sind jedoch nur unter großen Vorbehalten zur Quantifizierung der Syntheseraten der Glykosaminoglykane verwendbar, weil

1. die Variabilität der Verteilung und cellulären Aufnahme des Isotops unter pathologischen Bedingungen extrem groß und deutlich unterschiedlich gegenüber gesunden Kontrolltieren ist,
2. erhebliche Schwierigkeiten in der exakten Bestimmung der Organ-Precursor-Pool-Größe bestehen,
3. extrahepatische Faktoren einen bedeutsamen und nicht genau definierbaren Einfluß haben können.
4. $[^{35}SO_4]^{2-}$ nur die funktionellen Gruppen der Glykosaminoglykane (N-SO_4, O-SO_4) markiert, deren metabolische Rate wahrscheinlich nicht identisch mit dem Stoffwechsel der Heteroglykankette ist (Über-/Untersulfatierungen, differenter turnover).

In der Tabelle 1 sind die Ergebnisse von in vivo durchgeführten Messungen der $[^{14}C]$-Glucosamininkorporation in Cetylpyridiniumchlorid (CPC)-präzipitierbare Glykosaminoglykane wiedergegeben,

Tabelle 1. Celluläre Aufnahme und in vivo Inkorporation von D-[1-^{14}C]-Glucosamin in Glykosaminoglykane der chronisch und akut mit Thioacetamid (TAA) geschädigten Rattenleber.

Den Ratten wurden 2 Monate nach chronischer und 4 Tage nach akuter Thioacetamidbehandlung (100 mg TAA/kg) jeweils 10µCi D-[1-^{14}C]-Glucosamin/100 g Körpergewicht als isotone Lösung 2 Stunden vor dem Exitus injiziert. Aus dem Papainhydrolysat der mit Aceton entfetteten Leber wurden durch Fällung mit CPC die Glykosaminoglykane isoliert und deren Radioaktivität bezogen auf den Proteingehalt der Leber bestimmt. Zur Messung der Aufnahme des Isotops in die Leberzellen wurde die Konzentration von [^{14}C]-Glucosamin im Trichloressigsäure-löslichen Überstand des Homogenats von den von extracellulärem [^{14}C]-Glucosamin freigewaschenen Schnitten derselben Leber bestimmt.
Auch nach Verlängerung des Intervalls zwischen Injektion des Isotops und Exitus auf 5 Stunden war eine 80%ige Hemmung der [^{14}C]-Glucosamininkorporation in die Glykosaminoglykane nachweisbar.

Behandlung	Körpergewicht (g)	[^{14}C]-Glucosamin Aufnahme in die Leberzellen	(pmole/mg Protein) Inkorporation in Glykosaminoglykane
keine	340	72	17
	365	60	11
chronisch 0,03% TAA im Trinkwasser	270	19	0,2
für 2 Monate	275	21	0,5
akut 4 Tage nach i. p. Einzel-	330	65	13
dosis von TAA (100 mg/kg)	330	81	12

wonach eine drastische Hemmung der "Biosynthese" in chronisch mit Thioacetamid geschädigten Lebern fälschlicherweise anzunehmen wäre. Jedoch ist schon die Aufnahme des Isotops in die Zellen der Leber stark inhibiert, was wiederum zu einer verminderten Markierung des Precursor-Pools führt. Dieser Befund möge hier nur als ein Hinweis auf die Schwierigkeiten der Interpretation derartiger Experimente dienen. Aus den oben genannten Gründen führten wir die im folgenden dargestellten Experimente mit einer Methodik durch, die genauer definierte Versuchsbedingungen gewährleistet.

2. Methodik

2.1. Vorbehandlung der Versuchstiere

Männliche SPRAGUE-DAWLEY-Ratten (mittleres Körpergewicht 270-340 g) wurden chronisch [0,03% (w/v) Thioacetamid im Trinkwasser] oder akut (intraperitoneale Einzeldosis von 50 mg/kg bzw. 100 mg Thioacetamid/kg Körpergewicht) vorbehandelt. Die chronische Thioacetamidapplikation führt nach 4 bis 6 Monaten zu einem deutlichen fibrotisch-cirrhotischen Umbau der Leber (Abb. 1). In der Abbildung 2 sind die makroskopischen Veränderungen des Organs, insbesondere die starke Gewichts- und Volumenzunahme sowie die

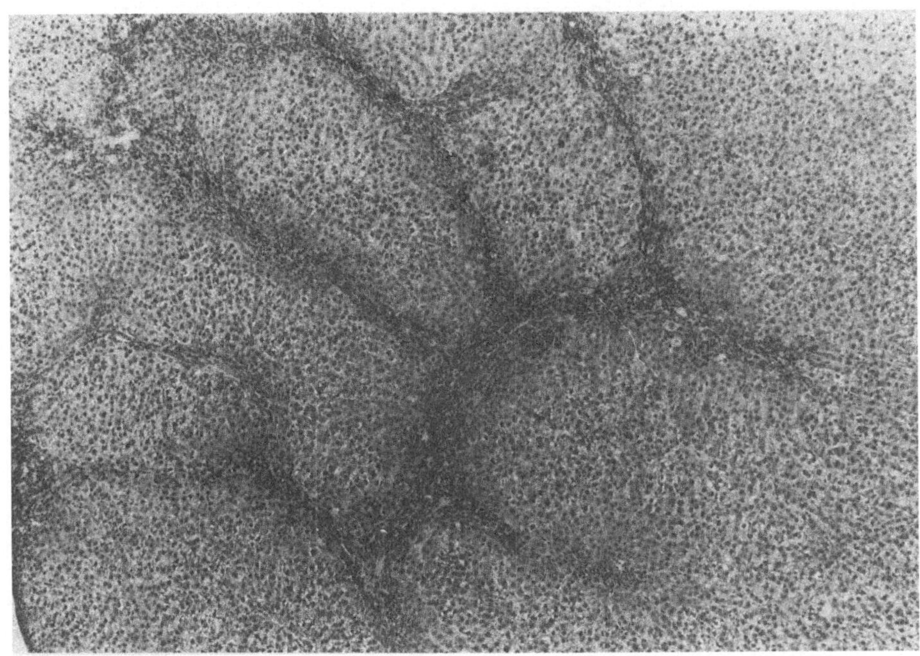

Abb. 1. Vollentwickelter cirrhotischer Umbau der Leber nach 7-monatiger Behandlung mit Thioacetamid (HE-Färbung, Vergrößerung 40x)

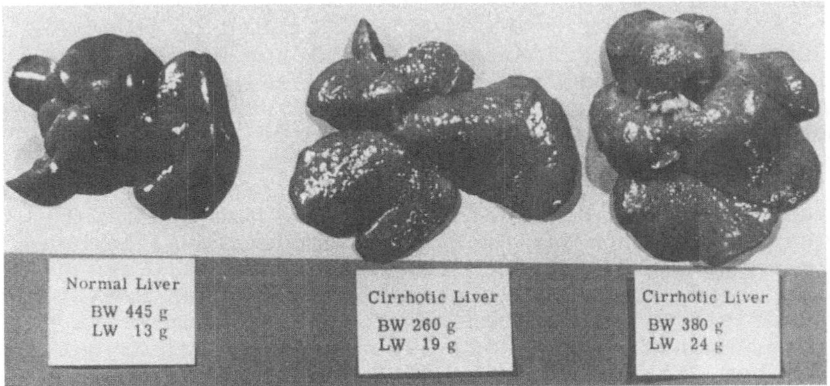

Abb. 2. Makroskopische Erscheinung der Leber nach 8-monatiger Behandlung mit Thioacetamid im Vergleich zur normalen Rattenleber. BW = Körpergewicht, LW = Lebergewicht

feinkörnige bis grobkörnige Änderung der Leberoberfläche dargestellt. Die chronisch mit Thioacetamid intoxikierten Ratten wurden 1,2.5,5 und 7 Monate nach Beginn der Behandlung dekapitiert und ihre Leber entfernt. Die akut geschädigten Tiere wurden in täglichen Intervallen bis 7 Tage nach Versuchsbeginn getötet.

Pro Zeitpunkt wurden 3 bis 6 Ratten getrennt analysiert. Als Kontrollen dienten Ratten, die identisch behandelt wurden, jedoch kein Thioacetamid oral bzw. intraperitoneal erhielten.

2.2. Inkubation der Leberschnitte

Nach Exstirpation der Leber wurden bei 4°C ohne Bevorzugung eines Leberlappens, jedoch unter Ausschluß der Porta-Region 5 - 6 0,5 mm dicke Schnitte mit einem mittleren Feuchtgewicht von 100 mg manuell hergestellt. Die Inkubation erfolgte in DULBECCOS Modifikation von EAGLES-Medium (pH 7,4) bei 37°C für 6 Stunden in Gegenwart von 2,5 µCi D-[1-^{14}C]Glucosaminhydrochlorid (275 nmol) in einer Atmosphäre von 95% O_2 und 5% CO_2.
Am Ende der Inkubation wurde das Medium dekantiert und die Schnitte einer Leber wurden in eiskalter 0,75 M $HClO_4$ gepoolt und homogenisiert (Abb. 3). Alternativ wurden die Explantate der chronisch behandelten Tiere nach Inkubation in kaltem Aceton gewaschen und homogenisiert. Das nach Zentrifugation erhaltene Sediment wurde wie in Abb. 3 dargestellt weiter verarbeitet.

Glucosamin wird von den Leberzellen schnell absorbiert. Mehr als 95% des [^{14}C]-Glucosamins finden sich wieder in UDP-N-Acetyl-Hexosamin, dem Vorläufer der Glykosaminoglykane.

2.3. Quantifizierung der Syntheseraten von Gesamtglykosaminoglykanen, spezifischen Glykosaminoglykantypen, der spezifischen Glykosaminoglykan-Precursor-Aktivität und der [^{14}C]Glucosamin-Aufnahme in die Zelle

In der Abbildung 3 ist das Präparationsschema zur Analyse der Glykosaminoglykane und deren Vorläufer dargestellt. Im Kasten (A) ist die Analytik zur Quantifizierung der Syntheserate von Gesamt-Glykosaminoglykanen wiedergegeben, in (B) ist die stufenweise Ionenaustauschchromatographie an Dowex 1 x 2, die enzymatische Hydrolyse mit Chondroitinase AC, ABC und Streptokokken-Hyaluronat-Lyase sowie die Degradation mit HNO_2 zur Identifizierung und Quantifizierung der Syntheseraten der spezifischen Glykosaminoglykantypen dargestellt, in (C) ist die Isolierung der aus dem Überstand der CPC-Präzipitation gewonnenen Fraktion mit den Charakteristica von Keratansulfat (Säulenchromatographie an CPC-Cellulose, Nachweis von [^{14}C]-Glucosamin im Hydrolysat, Resistenz gegenüber Chondroitinase ABC-Verdauung sowie gegenüber HNO_2-Degradation) zusammengefaßt, in (D) sind die wichtigsten analytischen Stufen zur Bestimmung der spezifischen Aktivität der Glykosaminoglykan-Precursor, d.h. von UDP-N-Acetylglucosamin und von UDP-N-Acetyl-Galaktosamin dargestellt.

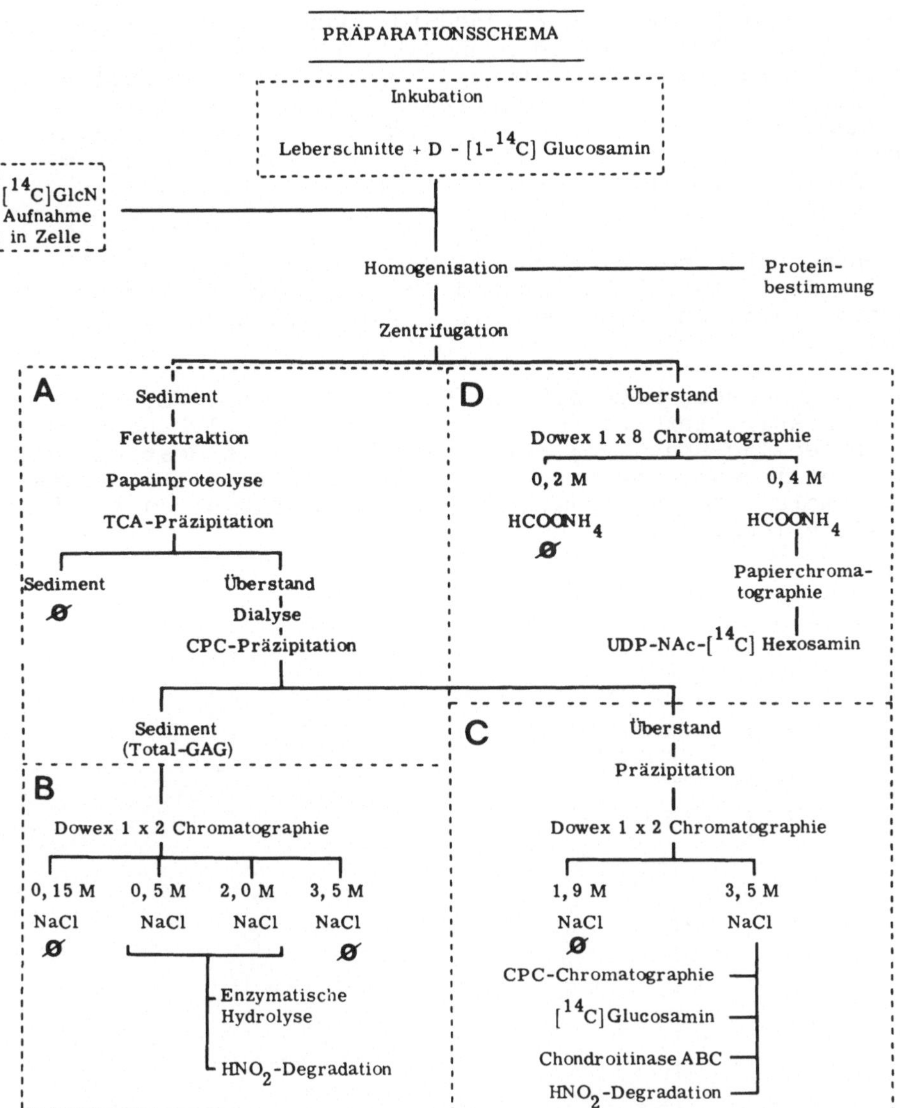

Abb. 3. Schematische Zusammenstellung der wichtigsten analytischen Stufen zur Bestimmung der Inkorporation von D-[1-14C]-Glucosamin in hepatische Gesamtglykosaminoglykane (Kasten A), in spezifische Glykosaminoglykantypen (Kasten B), in eine CPC-lösliche Fraktion mit den Kennzeichen von Keratansulfat (Kasten C) und in die Vorstufen der Glykosaminoglykansynthese, UDP-N-Acetylhexosamin (Kasten D). Die Bestimmung der Aufnahme von [14C]-Glucosamin in die Zellen erfolgte an separaten, aber identisch inkubierten Leberschnitten.
Abkürzungen: TCA = Trichloressigsäure, CPC = Cetylpyridiniumchlorid, GAG = Glykosaminoglykane

Die Bestimmung der Aufnahme von [^{14}C]-Glucosamin in die säurelösliche Fraktion der Zelle erfolgte an Leberschnitten, die unter identischen Bedingungen für 6 Stunden bei 37°C mit dem Isotop inkubiert wurden. Danach wurde sorgfältig das extracelluläre [^{14}C]-Glucosamin abgewaschen und die Radioaktivität im Trichloressigsäure-löslichen Überstand des zentrifugierten Homogenates bestimmt. Die Inkorporation des Isotops in das säureunlösliche Material wurde ebenfalls gemessen.

Zur näheren Kenntnis der hier nur in Umrissen beschriebenen Methodik der Explantatinkubation und Isolierung spezifischer Glykosaminoglykantypen verweisen wir auf detaillierte Darstellungen (11, 12).

Unter Anwendung dieser Methodik ist der Einbau von [^{14}C]-Glucosamin in CPC-präzipitierbare hepatische Glykosaminoglykane nach einer initialen lag-Phase von etwa 2 Stunden für mindestens weitere 8 Stunden linear. Die durchschnittliche Inkorporationsrate beträgt 27 pmole [^{14}C]-Hexosamin/mg Protein x Stunde und ist Puromycin-sensitiv (Abb. 4).

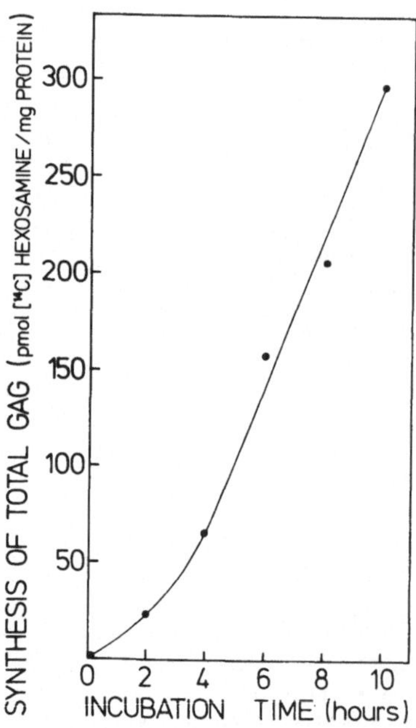

Abb. 4. Kinetik der Inkorporation von D-[^{14}-C]-Glucosamin in die gesamten Glykosaminoglykane von chronisch mit Thioacetamid geschädigten Rattenleberexplantaten. 0,5 mm dicke Schnitte von einer Rattenleber, deren Spendertier für 5 Monate oral mit Thioacetamid (0,03% (w/v) im Trinkwasser) behandelt wurde, wurden für verschiedene Zeiten in DULBECCOS Modifikation von EAGLES Medium bei 37°C unter 95% O_2 - 5% CO_2 mit 2.5 µCi [^{14}C]-Glucosamin inkubiert und die Glykosaminoglykan-assoziierte Radioaktivität aus dem proteolysierten Gewebe isoliert und gemessen

3. Ergebnisse

3.1. Chronische Leberschädigung

3.1.1. Synthese von Gesamtglykosaminoglykanen

In der Abbildung 5 ist die Biosynthese der gesamten Glykosaminoglykane in Abhängigkeit von der Dauer der langzeitigen Leberschädigung durch Thioacetamid, d.h. in verschiedenen Stadien der hepatischen Fibrogenese, dargestellt. Schon ein Monat nach Versuchsbeginn ist die mittlere Syntheserate um 30% erhöht und erreicht nach 2,5 Monaten eine maximale Stimulation von fast 80%. Mit der Fortdauer der Schädigung scheint sich die Syntheserate auf einer um 40% elevierten Ebene fortzusetzen.

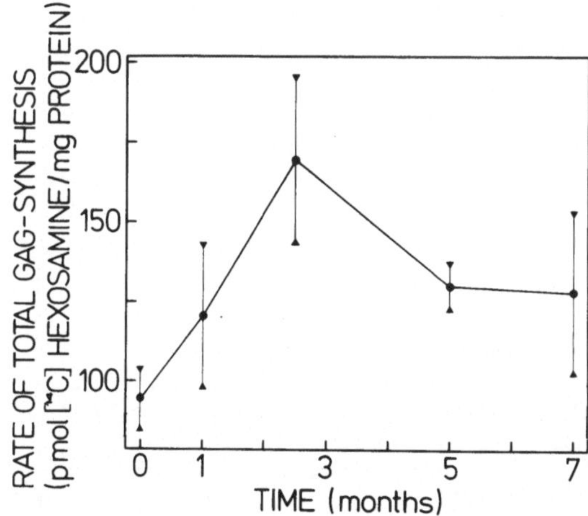

Abb. 5. Synthese der Glykosaminoglykane während der Entwicklung der Thioacetamid-induzierten Lebercirrhose. Ratten wurden 1,2.5,5 und 7 Monate lang oral mit Thioacetamid behandelt. Die Inkorporation von [^{14}C]-Glucosamin in die Glykosaminoglykane der aus den Lebern präparierten Schnitte wurde gemessen. Es sind für jeden Zeitpunkt die Mittelwerte und Standardabweichungen von 3-6 separaten Experimenten dargestellt. "0 Monate" gibt Mittelwert und Standardabweichung der [^{14}C]-Glucosamininkorporation in unbehandelten Kontrollrattenleberexplantaten an, die in gleichen Zeitintervallen zusammen mit den behandelten Tieren gemessen wurde. Während des Versuchszeitraumes von 7 Monaten war eine systematische altersabhängige Veränderung der Inkorporationsrate in normalen Lebern nicht nachweisbar

3.1.2. Synthese von spezifischen Glykosaminoglykantypen

Gegenwärtig sind mindestens sieben in der anionischen Heteroglykankette durch die Zusammensetzung der periodischen Disaccharideinheiten (Aminozucker, Uronsäure, Iduronsäure, Galaktose) sowie durch Lokalisation und Gehalt an Acetyl- und Sulfatgruppen am Aminozuckerrest unterscheidbare Typen von Glykosaminoglykanen bekannt, die mit Ausnahme von Hyaluronsäure kovalent an ein Proteincore gebunden sind. Wir haben daher versucht, durch Ionenaustauschchromatographie an Dowex 1 x 2 eine Fraktionierung, durch enzymatische Hydrolyse und andere Methoden eine Identifizierung und Quantifizierung der Syntheseraten der Glykosaminoglykantypen vorzunehmen.

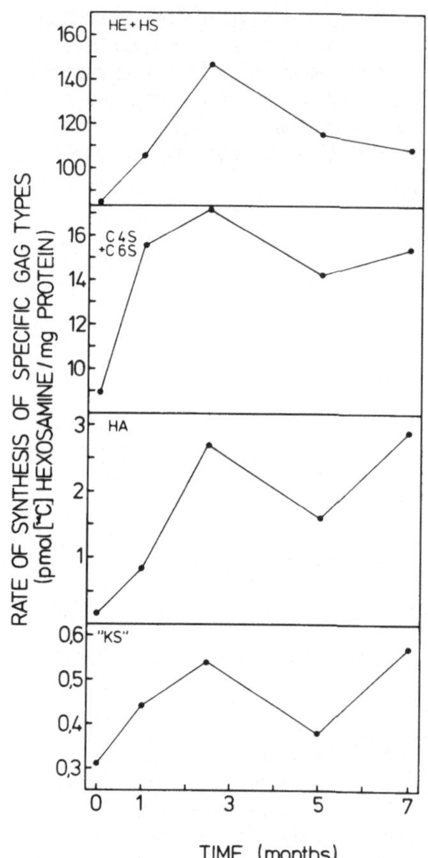

Abb. 6. Synthese der spezifischen Glykosaminoglykane während der Entwicklung der Thioacetamid-induzierten Lebercirrhose. Die Ratten wurden behandelt wie in Abb. 5 beschrieben und die Inkorporation von [^{14}C]-Glucosamin in die Typen der Glykosaminoglykane bestimmt wie in Kasten B und C der Abb. 3 angegeben. HE + HS = Heparin und Heparansulfat; C4S + C6S = Chondroitin-4- und -6-sulfat; HA = Hyaluronsäure; "KS" = Keratansulfat-ähnliche Fraktion

In Tabelle 2 sind die *relativen Syntheseraten* der spezifischen Glykosaminoglykane in Abhängigkeit von der Dauer der chronischen Leberschädigung dargestellt. Es ergeben sich deutlich unterschiedliche Inkorporationsraten von [^{14}C]-Glucosamin in die spezifischen Glykosaminoglykane der Leber. Nahezu 90% des Isotops wurden in eine Fraktion eingebaut, die Heparin und/oder Heparansulfat repräsentiert, 10% wurden in die Summe von Chondroitin-4-sulfat und Chondroitin-6-sulfat inkorporiert. Weniger als 1% der gesamten synthetisierten Glykosaminoglykane entfiel auf Hyaluronsäure und 0,3% auf eine aus dem Überstand der CPC-Fällung isolierte Fraktion, die nach allen bisher erstellten Charakteristika (Resistenz gegenüber Chondroitinase ABC, Resistenz gegenüber HNO_2-Degradation, Elutionsverhalten an Dowex 1 x 2 und CPC-Cellulose, Nachweis von [^{14}C]-Glucosamin) Keratansulfat zu sein scheint. Jedoch steht eine endgültige bausteinanalytische Untersuchung dieser

Tabelle 2. Die relativen Syntheseraten spezifischer Glykosaminoglykane während der Entwicklung der Thioacetamid-induzierten Lebercirrhose

Dauer der Leberschädigung (Monate)	Prozentualer Anteil an der gesamten hepatischen Glykosaminoglykansynthese			
	Heparansulfat und Heparin	Chondroitin-4-sulfat und Chondroitin-6-sulfat	Hyaluronsäure	"Keratansulfat"
0	90,0	9,5	0,2	0,3
1	86,2	12,8	0,7	0,4
2,5	87,6	10,4	1,6	0,3
5	87,7	10,8	1,2	0,3
7	85,3	12,0	2,3	0,4

letztgenannten Fraktion, die den erstmaligen Nachweis von Keratansulfat in der Leber erbringen würde, noch aus. Es ist bemerkenswert, daß die Relationen der Syntheseraten mit Ausnahme des etwa 10-fachen Anstiegs von Hyaluronsäure während der Fibrogenese weitgehend konstant bleiben.

Abbildung 6 gibt die *absoluten Syntheseraten* der Glykosaminoglykane in Abhängigkeit von der Zeitdauer der Leberschädigung wieder. Es zeigt sich eine um ca. 70% stimulierte Synthese von Heparin und/oder Heparansulfat, sowie eine um fast das Doppelte erhöhte Bildung von Chondroitin-4-sulfat und Chondroitin-6-sulfat 2,5 Monate nach Versuchsbeginn. Danach bleibt die Synthese von Chondroitinsulfat um etwa 70% erhöht. Die Inkorporation von [^{14}C]-Glucosamin in Hyaluronsäure steigt ebenfalls deutlich an. Die Synthese der Keratansulfat-ähnlichen Fraktion ist maximal um das 1.7-fache des Kontrollwertes 2,5 Monate nach Beginn der Leberschädigung gesteigert. Wir konnten keine Inkorporation von [^{14}C]-Glucosamin in Dermatansulfat feststellen. Zur weiteren Differenzierung der 90% der gesamten hepatischen Glykosaminoglykansynthese umfassenden HNO_2-labilen und Chondroitinase ABC-resistenten 2.0 M NaCl-Fraktion von Dowex 1 x 2 (Heparin und/ oder Heparansulfat) wurde eine Rechromatographie an Dowex 1 x 2 durchgeführt. Wie dem in Abb. 7 dargestellten Elutionsdiagramm zu entnehmen ist, besteht diese Fraktion ganz überwiegend (mindestens 70%) aus Heparansulfat (Elution mit 1.25 M NaCl) und enthält wesentlich weniger - wenn überhaupt - Heparin.

3.1.3. Aufnahme und Inkorporation von [^{14}C]-Glucosamin in die Zellen der Leberexplantate

In der Abbildung 8 wird gezeigt, daß trotz ausgeprägter fibrotischer Veränderungen des Lebergewebes im Vergleich zur gesunden Leber kein Unterschied in der Kinetik der [^{14}C]-Glucosaminaufnahme in die säurelösliche Fraktion der Zellen von Leberschnitten besteht, deren Spendertiere 2 und 5 Monate lang mit Thioacetamid behandelt wurden. Ebenfalls war die langzeitige Thioacetamidbehandlung ohne Einfluß auf die Kinetik der Inkorporation des Isotops in die säurelösliche Fraktion der Zellen.

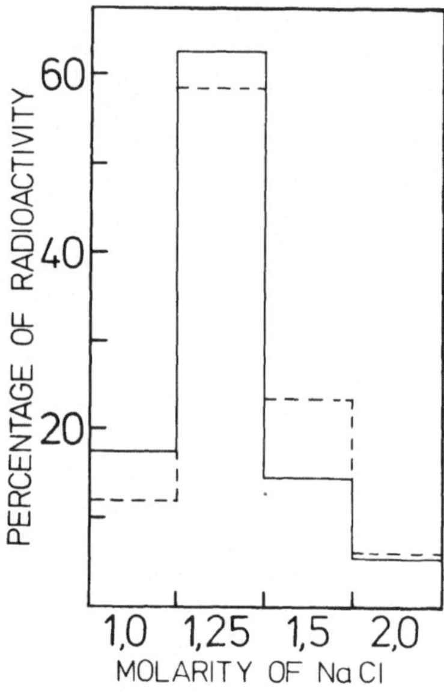

Abb. 7. Rechromatographie der 2,0 M NaCl-Fraktion an Dowex 1 x 2 (0,6 x 13 cm Säule) durch stufenweise Elution mit NaCl zur Unterscheidung von Heparin und Heparansulfat. Die mit steigenden NaCl-Molaritäten eluierten Radioaktivitäten wurden gemessen und deren prozentualer Anteil an der Aktivität der Gesamtfraktion angegeben. (-----) normale Leber; (———) 5 Monate mit Thioacetamid behandelte Leber

3.2. Akute Leberschädigung

3.2.1. Synthese von Gesamtglykosaminoglykanen

In der Abbildung 9 ist der zeitliche Verlauf der Gesamtglykosaminoglykansynthese in der Leber nach einer singulären Schädigung durch 50 mg/kg bzw. 100 mg Thioacetamid/kg Körpergewicht dargestellt. Die Dosis der applizierten hepatotoxischen Droge hat besonders auf den initialen Kurvenverlauf einen deutlichen Einfluß, was sich im Gegensatz zur niedrigen Dosis in einer Depression der Glykosaminoglykansynthese am 1. Tag nach 100 mg Thioacetamid/kg zeigt. Generell kann eine 60 - 80%ige Stimulation der Leberglykosaminoglykanbildung 3-5 Tage nach akuter Leberzellverletzung nachgewiesen werden, die 7 Tage nach Applikation der hepatotoxischen Substanz reversibel ist.

3.2.2. Synthese von spezifischen Glykosaminoglykantypen

Die Abbildung 10 zeigt die *absoluten Syntheseraten* der spezifischen Glykosaminoglykantypen. Zu erkennen ist eine Erhöhung der Heparin- und/oder Heparansulfatsynthese um 70 bis 80% um den vierten Tag herum, die nach 7 Tagen reversibel ist. Das Ausmaß und der zeitliche Verlauf der Syntheseänderung dieser Fraktion, die wie für die chronischen Versuche gezeigt wurde, vorwiegend (mindestens 70% die Inkorporation von [^{14}C]-Glucosamin in Heparansulfat repräsentiert (Abb. 7), ähnelt dem der gesamten Glykosaminoglykansynthese (Abb. 9). Die Synthese von Chondroitin-4- und -6-sul-

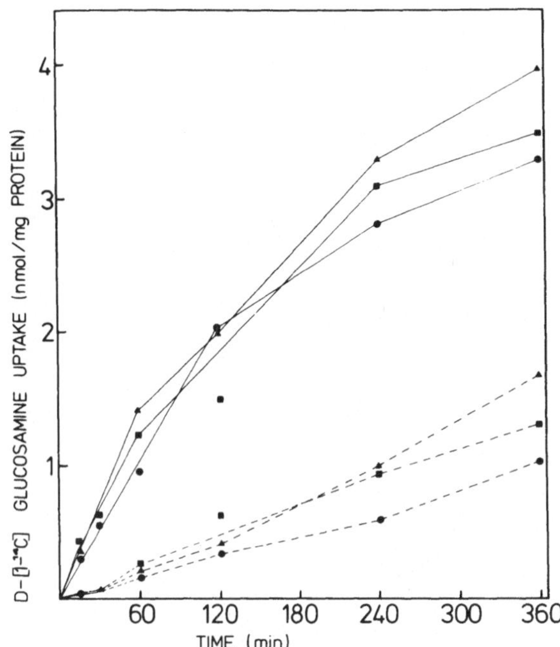

Abb. 8. Kinetik der Aufnahme und Inkorporation von D- [^{14}C]-Glucosamin in die Zellen von inkubierten normalen (■——■), 2 Monate (●——●) und 5 Monate (▲——▲) lang mit Thioacetamid (TAA) behandelten Lebern. Die ausgezogenen Kurven geben die intrazelluläre Konzentration von säurelöslichem [^{14}C]-Glucosamin an, die unterbrochenen Kurven zeigen den Einbau des Isotops in Trichloressigsäure-unlösliches Material (■ normal, ● 2 Monate TAA, ▲ 5 Monate TAA)

fat ist 3-4 Tage nach Thioacetamidgabe um mehr als 100% erhöht und erreicht normale Werte nach 5-6 Tagen. Ein deutlicher Anstieg der Inkorporation in die Hyaluronsäurefraktion nach 50 mg Thioacetamid/kg (nicht ausgeprägt bei 100 mg/kg) und in die Keratansulfat-ähnliche Fraktion sind ebenfalls aus Abbildung 10 ersichtlich. Wie bei chronischer Leberschädigung konnte auch nach akuter Organverletzung keine Inkorporation von [^{14}C]-Glucosamin in Dermatansulfat nachgewiesen werden.

Es muß erwähnt werden, daß die *relativen Syntheseraten* der spezifischen Glykosaminoglykantypen sehr unterschiedlich sind und sich im wesentlichen ähnlich denen bei chronischer Organschädigung verhalten (Tab. 3).

3.2.3. Aufnahme und Inkorporation von [^{14}C]-Glucosamin in die Zellen der Leberexplantate

Für die Untersuchung der Biosyntheseraten mit Hilfe von radioaktiven Tracern ist die Kenntnis der spezifischen unmittelbaren Precursor-Aktivität erforderlich. In einem ersten Versuch haben wir daher die Aufnahme des Isotops in die Zellen untersucht und die in der Abbildung 11 dargestellte Erniedrigung der säurelös-

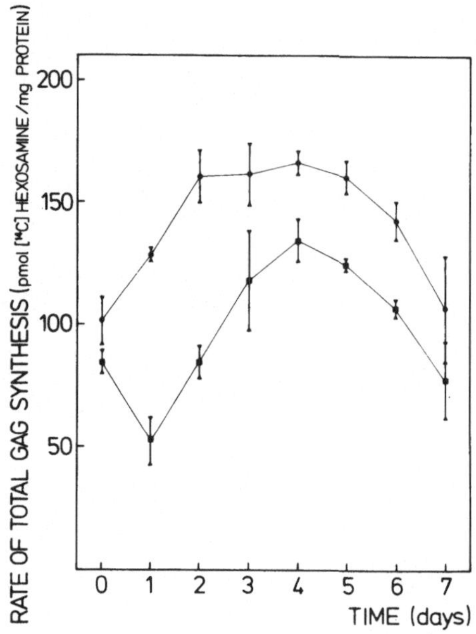

Abb. 9. Synthese der hepatischen Glykosaminoglykane zu verschiedenen Zeitpunkten nach akuter Leberschädigung mit 50 mg Thioacetamid/kg (●——●) und 100 mg/kg (■——■). Die Ratten wurden in täglichen Intervallen nach Injektion von Thioacetamid getötet und die Inkorporation von [^{14}C]-Glucosamin in die Glykosaminoglykane von inkubierten Leberexplantaten gemessen. Kontrollratten erhielten 0,9% NaCl anstelle von Thioacetamid. Pro Zeitpunkt wurden 3 behandelte Ratten und eine Kontrollratte analysiert. 1-7 Tage gibt Mittelwerte und Standardabweichungen der [^{14}C]-Glucosamin-Inkorporation in Thioacetamid-behandelten Leberschnitten an, "0 Tage" gibt Mittelwert und Standardabweichung der Inkorporation in den 7 Kontrollrattenlebern an, die an den bezeichneten Tagen jeweils mit den behandelten Tieren analysiert wurden.
Die Methodik der Isolierung der Gesamt-Glykosaminoglykanfraktion war in den beiden Serien (50 und 100 mg Thioacetamid) im Anfangsteil etwas unterschiedlich (11)

Tabelle 3. Die relativen Syntheseraten spezifischer Glyskosaminoglykane unter dem Einfluß einer akuten Leberschädigung durch Thioacetamid

Intraperitoneale Einzeldosis von 100 mg/kg Körpergewicht

Tage nach Applikation von Thioacetamid	Prozentualer Anteil an der gesamten hepatischen Glykosaminoglykansynthese			
	Heparansulfat und Heparin	Chondroitin-4-sulfat und Chondroitin-6-sulfat	Hyaluronsäure	"Keratansulfat"
0	90,1	9,4	0,2	0,3
1	85,3	13,3	0,6	0,7
3	84,9	14,4	0,4	0,3
5	89,6	9,9	0,3	0,2
7	92,4	6,9	0,4	0,3

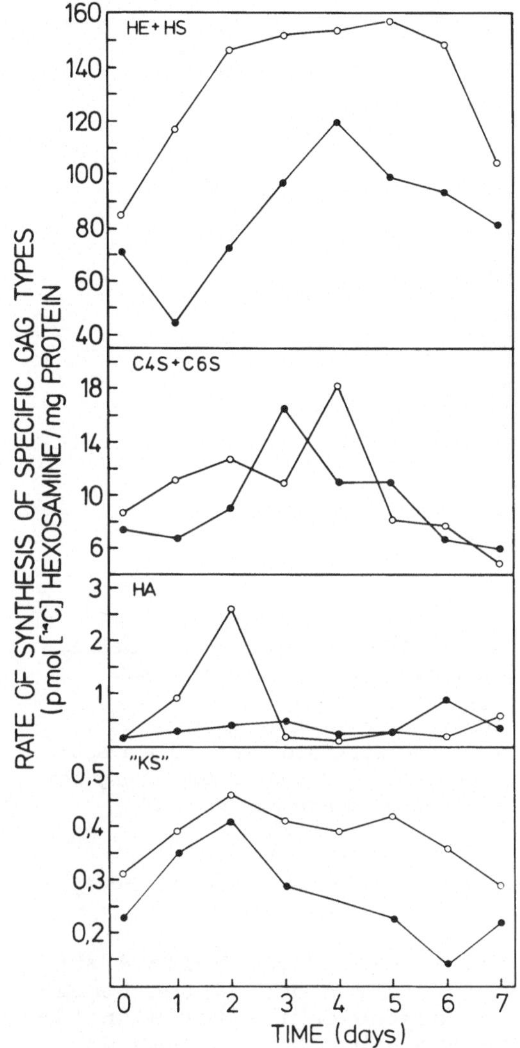

Abb. 10. Synthese der spezifischen Glykosaminoglykane zu verschiedenen Zeitpunkten nach akuter Leberschädigung mit 50 mg Thioacetamid/kg (o——o) und 100 mg/kg (●——●). Die Inkorporation von [^{14}C]-Glucosamin in die Typen der Glykosaminoglykane wurde bestimmt wie in Abb. 3 (B,C) beschrieben. HE + HS = Heparin und Heparansulfat; C4S + C6S = Chondroitin-4- und 6-sulfat; HA = Hyaluronsäure; "KS" keratansulfat-ähnliche Fraktion

lichen Radioaktivität um 32% am vierten Tag gefunden. Dieser Befund ist von Bedeutung für die Interpretation der eben dargestellten Syntheseraten und macht die Bestimmung der spezifischen Aktivität der Glykosaminoglykan-Precursor, UDP-N-Acetylglucosamin und UDP-N-Acetylgalaktosamin, notwendig.

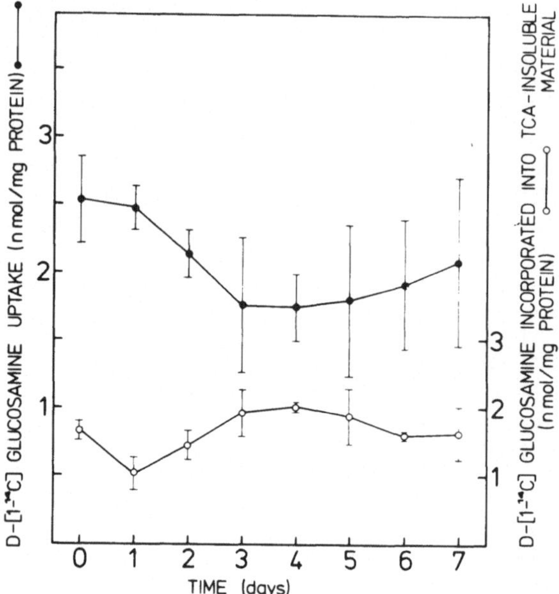

Abb. 11. Aufnahme und Inkorporation von D-[1-^{14}C]-Glucosamin in die Zellen von inkubierten Leberschnitten, deren Spendertiere 1-7 Tage vorher mit 100 mg Thioacetamid/kg i.p. akut geschädigt wurden. ●——● Trichloressigsäure-lösliche und unlösliche (o——o) Radioaktivität. Jeder Zeitpunkt repräsentiert den Mittelwert und Standardabweichung aus 3 getrennten Experimenten."0 Tage" gibt Mittelwert und Standardabweichung der Aufnahme und Inkorporation in den 7 Kontrollrattenlebern an (Abb. 9)

3.2.4. Spezifische Aktivität der Glykosaminoglykan-Precursor (UDP-N-Acetylhexosamin)

Die Ergebnisse dieser Untersuchungen sind in der Tabelle 4 zusammengefaßt. Schon zwei Tage nach Initiation der akuten Leberschädigung ist die spezifische Precursorradioaktivität signifikant reduziert und erreicht das Minimum 4 bis 5 Tage nach Gabe von Thioacetamid (35 bis 22% des Kontrollwertes). Unter der Voraussetzung, daß die spezifische Aktivität des UDP-N-Acetylhexosamins während der linearen Phase der [^{14}C]-Glucosamininkorporation (Abb. 4) weitgehend konstant bleibt, kann eine Stimulation der gesamten Glykosaminglykansynthese auf das 4,5- bzw. 6,6-fache am 4. und 5. Tag nach Beginn der akuten Leberschädigung berechnet werden (Tabelle 5).

4. Diskussion

Die Syntheseraten der individuellen Glykosaminoglykane in der normalen sowie in der experimentell akut und chronisch geschädigten Leber sind sehr unterschiedlich. Etwa 90% des CPC-präzipitierten und an Dowex 1 x 2 chromatographierten radioaktiven Ma-

Tabelle 4. Die spezifische Radioaktivität der Vorstufen der Glykosaminoglykansynthese in Leberexplantaten zu verschiedenen Zeitpunkten nach akuter Schädigung.
2, 4, 5, 6 und 7 Tage nach intraperitonealer Injektion von 100 mg Thioacetamid/kg Körpergewicht wurden Rattenleberexplantate hergestellt, für 6 Stunden in vitro mit D-[1-^{14}C]- Glucosamin inkubiert und danach die Radioaktivität und Konzentration von UDP-N-Acetylhexosamin gemessen

Tage nach Applikation von Thioacetamid	Spezifische Aktivitäten UDP-N-Acetyl-[^{14}C]-Hexoamin	
	(dpm/nmol)	Änderung (%)
Kontrolle	2480	
2	1480	-40,6
4	870	-65,0
5	540	-78,1
6	1130	-54,5
7	1640	-34,1

Tabelle 5. Berechnung der Änderung der Synthese der gesamten Proteoglykane auf der Basis der in Tabelle 4 angegebenen spezifischen Radioaktivitäten der Vorstufen.
Die Angaben beziehen sich auf eine Schädigung der Leber mit 100 mg Thioacetamid/kg

Tage nach Applikation von Thioacetamid	Zunahme der Proteoglykansynthese (%)
1	35
2	70
3	90
4	350
5	560
6	170
7	25

terials ist resistent gegenüber Verdauung mit Chondroitinase ABC, jedoch mit HNO_2 degradierbar, und enthält vorwiegend Heparansulfat. Die hohe Syntheserate dieses Typs der Glykosaminoglykane, der auch die Hauptkomponente der Glykosaminoglykane in der menschlichen und tierischen Leber darstellt (13) sowie an der Leberzelloberfläche (14) und in den Mitochondrien (15) nachgewiesen wurde, mag auf eine besondere metabolische Funktion des Heparansulfates (16) hinweisen.

Eine Inkorporation von [^{14}C]-Glucosamin in Dermatansulfat konnte unter den angewandten Bedingungen weder in der normalen noch in der geschädigten Leber nachgewiesen werden. Obwohl methodische Ursachen für diesen Befund mit letztendlicher Sicherheit nicht ausgeschlossen werden können (z.B. das Fehlen in vitro von essentiellen, die Synthese von Dermatansulfat regulierenden Faktoren; zu unempfindliches Nachweisverfahren für sehr geringe Syntheseraten) erscheint es wahrscheinlicher, daß dieses Ergebnis die auch aus anderen Untersuchungen gewonnene Vorstellung von einem besonderen Stoffwechsel des Dermatansulfates in der Leber unterstützt (17). Dieses Iduronsäure-haltige Glykosaminoglykan kann in der Leber nicht katabolisiert werden (18), da die adäquate Enzymausstattung der Lysosomen fehlt. Daher ist es vorstellbar, daß die extracelluläre Deposition dieser Substanz während der Entwicklung der Lebercirrhose durch eine nicht meßbar kleine Erhöhung seiner Syntheserate in der Leber wahrscheinlich auf der Ebene der Epimerisierung der Glucuronsäure zu Iduronsäure in der Polymerstruktur, bedingt ist. Eine extra-hepatische Bildung dieses Proteoglykantyps mit nachfolgender Deposition im pathologisch veränderten Lebergewebe erscheint jedoch ebenfalls möglich. Es ist zu betonen, daß die Akkumulation der Glykosaminoglykane in der Matrix der fibrotischen Leber stets das Ergebnis einer Disproportionierung von Synthese- und Degradationsrate ist.

Der bausteinanalytische Nachweis von Keratansulfat in der Leber ist bisher nicht erbracht worden (19). Aufgrund der hier dargestellten Ergebnisse ist es wahrscheinlich, daß die normale und experimentell geschädigte Leber zur Synthese dieses Galaktosehaltigen Glykosaminoglykans befähigt ist.

Unter den früher gemachten Voraussetzungen (11) ist die beschriebene Methodik zur Quantifizierung der Syntheseraten individueller Glykosaminoglykane in Leberexplantaten, z.B. auch im bioptisch entnommenen Gewebe der menschlichen Leber, gut geeignet und den in vivo-Messungen, wie oben erwähnt, deutlich überlegen. Weiterführende, zelltyp-differenzierte Untersuchungen sind jedoch nur nach Auflösung der Histoarchitektur in Einzelzellkulturen möglich. Die für die Matrix-Proteinsynthese möglicherweise kompetenten mesenchymalen und epithelialen Zellen sind in der Tabelle 6 zusammengestellt. Ihre Syntheseleistungen für die Komponenten des Bindegewebes sind teilweise noch nicht bekannt. Da neuerdings die Fähigkeit des Hepatocyten zur Produktion von Kollagen elektronenoptisch und biochemisch bewiesen wurde (19a), ist dessen Potenz zur Synthese der Glykosaminoglykane bzw. spezifischen Glykosaminoglykantypen ebenfalls sehr wahrscheinlich. Einsichten in die Zell-Zell-Interaktionen und deren Einfluß auf die spezifische Glykosaminoglykanproduktion werden Versuche an definiert zusammengestellten "synthetischen Geweben" im Sinne von Cokulturbzw. Hybridkultursystemen erbringen. Die Abbildungen 12 und 13 geben einen Eindruck von der Vielgestaltigkeit des cytologischen Befundes, der an emigrierten Zellen aus primär-kultivierten Thioacetamid-induzierten fibrotischen Leberexplantaten erhoben wurde und ähnlich dem inkubierter menschlicher Leberexplantate ist. Untersuchungen der Regulation der Glykosaminoglykansynthese auf der cellulären Ebene sind sehr bedeutsam für die Pathobiochemie der Lebercirrhose, da sich das Verteilungsmuster der

Zellpopulationen im Verlaufe der Erkrankung wesentlich ändert (20), z.B. durch das vermehrte Vorkommen von Mastzellen und Makrophagen.

Tabelle 6. Zellen mit erwiesener und möglicher Bedeutung für Synthese, Deposition und Katabolismus der Matrixproteine bei hepatischer Fibrogenese

1.	*Autochtone Zellen der Leber*
1.1.	Ductuläre Zellen
1.2.	Endothelzellen
1.3.	Fibroblasten(← ITO-Zellen, Lipocyten)
1.4.	Hepatocyten
1.5.	KUPFFER'sche Sternzellen
1.6.	Mastzellen
2.	*Immigrierte Zellen (Infiltrationen)*
2.1.	polymorphkernige Leukocyten
2.2.	Lymphocyten
2.3.	Makrophagen
2.4.	Monozyten

Die heterogenen Syntheseraten individueller Glykosaminoglykane in der Leber mögen auf ihre intracelluläre (15, 21-23), pericelluläre (14) und extracelluläre Kompartimentierung (Tabelle 7) und den damit verbundenen unterschiedlichen Metabolismus und auf eventuell vorhandene separate Precursor-Pools hinweisen. Durch ein unterschiedliches subcelluläres Verteilungsmuster der individuellen Glykosaminoglykane ist eine der Voraussetzungen für deren möglichen regulatorischen Eingriff in spezifische Stoffwechselprozesse, z.B. in der Transkription (21, 22). Translation (24, 25) oder der Steuerung ihrer eigenen Synthese gegeben (26, 27). Es muß daher betont werden, daß wir wahrscheinlich nicht nur die Synthese der Matrix-Glykosaminoglykane, deren Akkumulation bei der hepatischen Fibrogenese imponiert, gemessen haben, sondern die Summe der Biosynthesen in den verschiedenen Kompartimenten.

Die für die bei akuter und chronischer Leberschädigung nachgewiesene Erhöhung der Glykosaminoglykansynthese verantwortlichen regulativen Faktoren sind bisher nicht identifiziert worden (2) und können daher im Lebergewebe (4) oder im Serum, z.B. in den Prostaglandinen, cyclischen Nucleotiden und in bestimmten Hormonen, vermutet werden. Wie in Tabelle 8 gezeigt wird, konnten wir im Serum von Ratten mit fibrotischer Leber keinen die Glykosaminoglykansynthese in der normalen Leber "stimulierenden Faktor" nachweisen. Der Nachweis eines die Zellproliferation in der Leber stimulierenden Faktors im Serum von Thioacetamid-geschädigten Ratten, der große Ähnlichkeit mit einem die DNA-Syn-

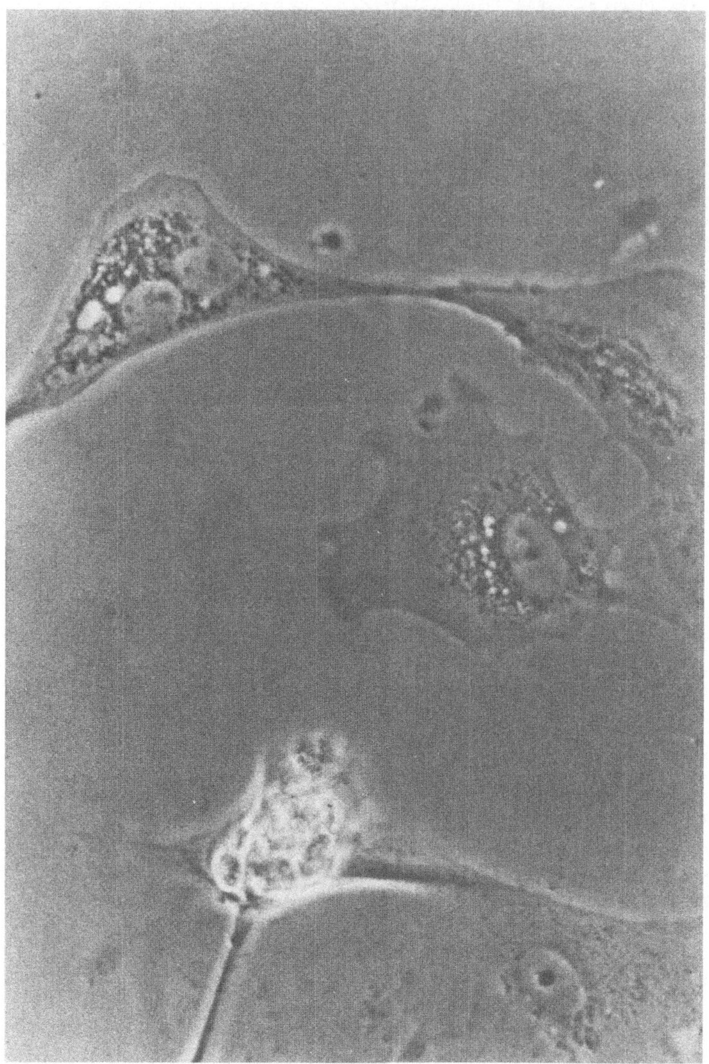

Abb. 12. Cirrhotische Rattenleberexplantate in Zellkultur (Nativbild). Aus 8 Monate lang mit Thioacetamid behandelten Lebern wurden unter sterilen Bedingungen in vivo Explantate gewonnen, die nach Waschung in HANK's-Lösung mit Zusatz von fetalem Rinderserum und Antibiotica in HEPES-gepuffertem Medium 199 unter Zusatz von 20% fetalem Rinderserum inkubiert wurden. 4-5 Tage nach Inkubationsbeginn sind zarte Zellemigrationen sichtbar, nach 6 Tagen deutliche Größenabnahme der Explantate.
Die Abbildung zeigt den cytologischen Befund 4 Wochen nach Inkubationsbeginn (vorwiegend Zellen mit Mastzellen-ähnlichem Aussehen)

these aktivierenden humoralen Faktor nach partieller Hepatektomie aufweist, läßt einen gemeinsamen Mechanismus für die Zellproliferation nach chemisch induzierter Nekrose und partieller Hepatektomie vermuten (30). Es bleibt zukünftigen Untersuchungen überlassen abzuklären, inwieweit die accelerierte Synthese von

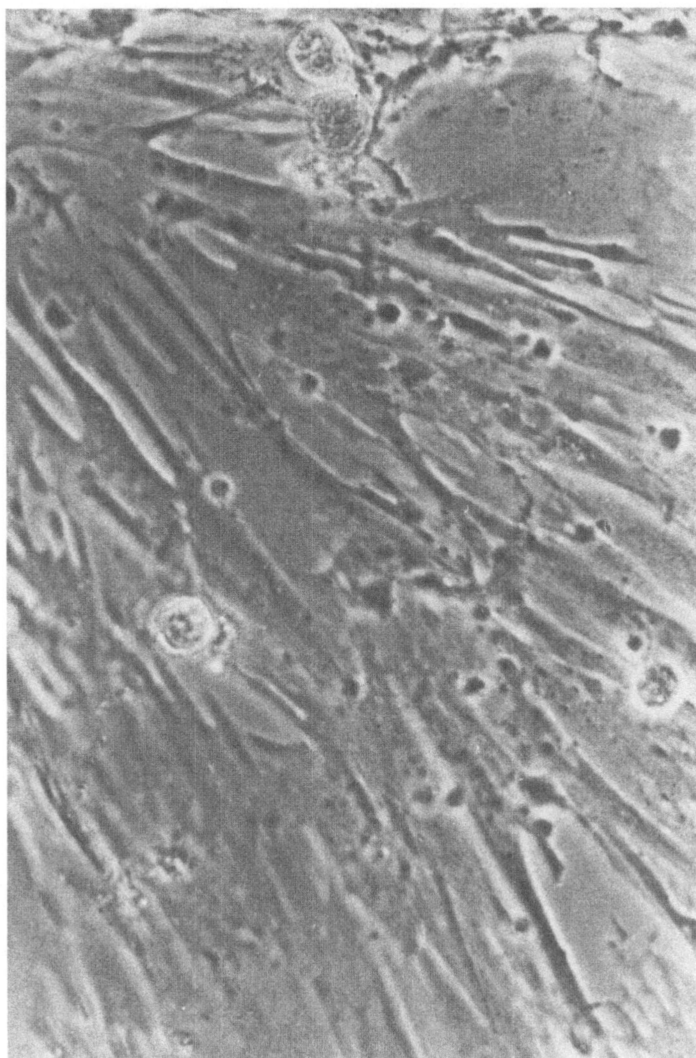

Abb. 13. Cirrhotische Rattenleberexplantate in Zellkultur (Nativbild). Vorbereitung und Inkubation der Leberexplantate wie in Abbildung 12. Fibroblasten-ähnliche Zellen sind dargestellt

Glykosaminoglykanen in der experimentell induzierten und menschlichen Lebercirrhose Kennzeichen der Regeneration des Leberparenchyms ist, wie sie beispielsweise als Antwort auf eine Schädigung des Organs durch Thioacetamid auftritt. Da in der regenerierenden Rattenleber zusätzlich die Aktivitäten kataboler lysosomaler Enzyme, wie für Hyaluronidase, ß-N-Acetylglucosaminidase und Cathepsin D nachgewiesen wurde (31), erniedrigt sind, kann es bei langzeitiger Parenchymregeneration zu einer Akkumulation der Matrix-Proteoglykane kommen. Ähnlich dem Stoffwechsel des Kollagens in der geschädigten Leber ist die intercelluläre Ablagerung der Glykosaminoglykane wahrscheinlich bedingt durch die

Tabelle 7. Subcelluläre Verteilung ("Pools") und mögliche Funktionen der Proteoglykane

Kompartimente	(Mögliche) Biologische Funktionen	Literatur
Intracellulär	Regulation der Translation	24, 25
Nucleus	Kontrolle der Matrizenaktivität	21
	Regulation der nucleären Enzymaktivitäten	22
	Selektion des Molekültransportes zwischen Nucleus und Cytoplasma	23, 41
Mitochondrien		15
Pericellulär ("liver cell coat acid mucopolysaccharides")	Regulation der Zellproliferation	16
	Zell-Zell-Kommunikation	14
	Beeinflussung der Zugänglichkeit der Zelloberflächenrezeptoren	
	dichteabhängige Wachstumsinhibition	
Extracellulär (Matrixproteoglykane)	Bestimmung der historheologischen Eigenschaften	28, 29
	Stimulation der Synthese der Matrixproteine	26, 27

Tabelle 8. Der Einfluß von Serum von normalen und Thioacetamid (TAA)-behandelten Ratten auf die Synthese der gesamten Glykosaminoglykane in normalen Rattenleberexplantaten

Serumspender	Menge an zugegebenem Serumprotein (mg)	Synthese der Glykosaminoglykane (pmole [^{14}C]-Hexosamin/mg Protein)
-	-	95
Normale Ratte	67,7	105
TAA-behandelte Ratte (2 Monate)	65,7	121

Kombination einer gesteigerten Biosynthese und einer verminderten Degradation. Diese Annahme wird auch durch die Befunde von NAKAMURA et al. (32) bestätigt, die einen biphasischen Verlauf der Hyaluronidase-Aktivität in der CCl_4-geschädigten Rattenleber nachweisen konnten. Nach einer initialen Erhöhung bleibt die Aktivität im irreversiblen Stadium des Leberschadens vermindert.

Unsere Untersuchungen zur Molekularpathologie der Ribosomenstruktur bei experimentellen Leberschäden, insbesondere der Phosphorylierung ribosomaler Proteine (33-35), haben wesentliche reversible Strukturveränderungen dieser Organelle bei Leberzellschädigungen, z.B. durch D-Galaktosamin (36), Thioacetamid (37) und unter Einfluß des Carcinogens Dimethylnitrosamin (38), erbracht. Generell kommt es in der geschädigten Leber zu einer starken Stimulation der Phosphorylierung eines ribosomalen Proteins (S6) der 40 S Untereinheit. Lokalisation und Form dieses Proteins aus normaler und Thioacetamid-geschädigter Leber ist aus dem zweidimensionalen Elektropherogramm und die Verteilung der [^{32}P]-Radioaktivität unter den 40 S ribosomalen Proteinen aus der Autoradiographie der Abb. 14 zu entnehmen. Die Aufklärung der Bedeutung dieser strukturpathologischen Ribosomenveränderungen für strukturabhängige Funktionen des Ribosoms im Rahmen der Polypeptidesynthese, insbesondere für die die gesamte Proteoglykansynthese letztendlich regulierende Translation der mRNA des Coreproteins (39, 40), bleibt weiteren molekularbiologischen Untersuchungen überlassen.

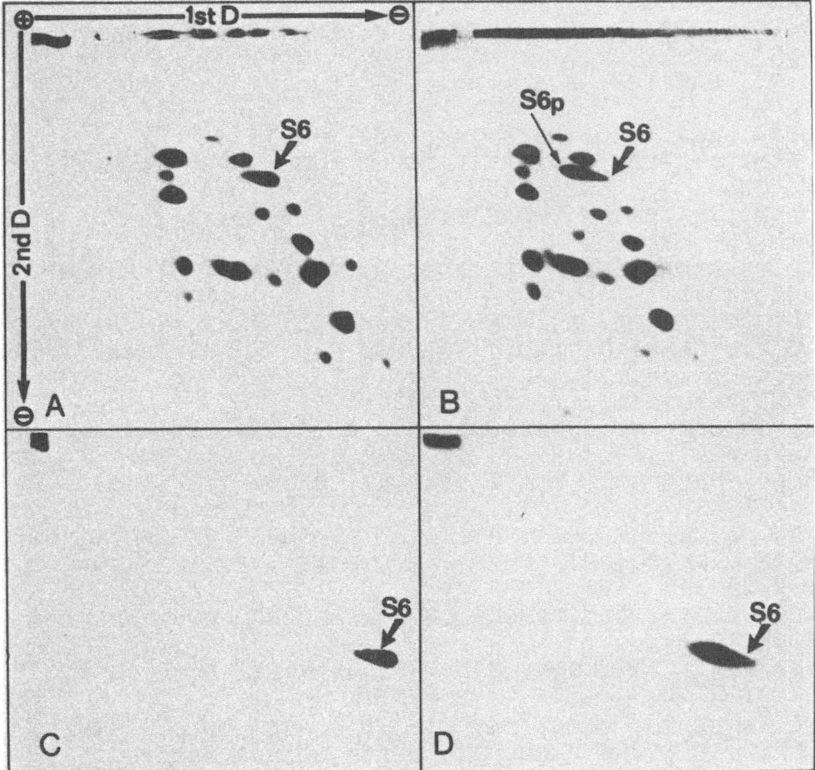

Abb. 14. Zwei-dimensionale elektrophoretische Auftrennung und Autoradiographie ribosomaler Proteine der 40 S-Untereinheit aus normaler und akut mit Thioacetamid geschädigter Rattenleber. Eine Ratte, deren Leber durch Injektion von 100 mg Thioacetamid/kg für 3 Stunden geschädigt wurde, erhielt 30 Minuten vor Exitus 1,5 mCi [^{32}P]-Orthophosphorsäure injiziert. Ribosomen, Untereinheiten und ribosomales Protein wurden aus der Leber isoliert und das extrahierte Proteingemisch in der zwei-dimensionalen Polyacrylamidgel-Elektrophorese aufgetrennt. Die Autoradiographie bewies die ausschließliche Inkorporation von ^{32}P in das Protein S6, dessen phosphorylierte Derivate (S 6p) wegen negativer Ladungsänderung anodisch geshiftet sind.
Elektropherogramm: A ... 40 S Proteine aus der normalen Leber, B ... 40 S Proteine aus Thioacetamid-verletzter Leber, C ... Autoradiogramm von A, D ... Autoradiogramm von B

Literatur

1. SAMBE, K., KAMEGAYA, K., ODA, M., OKAZAKI, I.: In: OTAKA, Y. (Ed.), Biochemistry and Pathology of Connective Tissue, p. 249. Stuttgart: Thieme 1974
2. POPPER, H., UDENFRIEND, S.: Am. J. Med. 49, 707 (1970)
3. HARTROFT, W.S., RIDOUT, J.H.: Am. J. Pathol. 27, 951 (1951)
4. McGEE, J.O.D., O'HARE, R.P., PATRICK, R.S.: Nature New Biology 243, 121 (1973)
5. RUIZ-TORRES, A., KÜRTEN, I., ROSENSTOCK, M.: Beitr. Path. 158, 287 (1976)
6. HENLEY, K.S., LAUGHREY, E.G., APPELMAN, H.D., FLECKER, K.: Gastroenterology 72, 502 (1977)
7. MUIR, H.: Am. J. Med. 47, 673 (1969)
8. McGEE, J.O.D., PATRICK, R.S.: Brit. J. Exp. Pathol. L, 521 (1969)
9. McGEE, J.O.D., PATRICK, R.S.: Brit. J. Exp. Pathol. L, 527 (1969)
10. BECKER, K.: Z. ges. exp. Med. 144, 222 (1967)
11. GRESSNER, A.M., PAZEN, H., GREILING, H.: Hoppe-Seyler's Z. physiol. Chem. 358, 825 (1977)
12. GRESSNER, A.M., PAZEN, H., GREILING, H.: Experientia 33, 1290 (1977)
13. KOJIMA, J., NAKAMURA, N., KANATANI, M., OHMORI, K.: Cancer Res. 35, 542 (1975)
14. YAMAMOTO, K., TERAYAMA, H.: Cancer Res. 33, 2257 (1973)
15. DIETRICH, C.P., SAMPAIO, L.O., TOLEDO, O.M.S.: Biochem. Biophys. Res. Commun. 71, 1 (1976)
16. KRAEMER, P.M.: Biochemistry 10, 1445 (1971)
17. SUZUKI, S., SUZUKI, S., NAKAMURA, N., KOIZUMI, T.: Biochim. Biophys. Acta 428, 166 (1976)
18. ARONSON, N.N., DAVIDSON, E.A.: J. Biol. Chem. 243, 4494 (1968)
19. DELBRÜCK, A.: Z. Klin. Chem. u. Klin. Biochem. 6, 460 (1968)

19a.SAKAKIBARA, K., SAITO, M., UMEDA, M., ENAKA, K., TSUKADA, Y.: Nature 262, 316 (1976)

20. HUTTERER, F., RUBIN, E., SINGER, E.J., POPPER, H.: Cancer Res. 21, 206 (1961)
21. BHAVANANDAN, V.P., DAVIDSON, E.A.: Proc. Natl. Acad. Sci. USA 72, 2032 (1975)
22. STEIN, G.S., ROBERTS, R.M., DAVIS, J.L., HEAD, W.J., STEIN, J.L., THRALL, C.L., VAN VEEN, J., WELCH, D.W.: Nature 258, 639 (1975)
23. MARGOLIS, R.K., CROCKETT, C.P., KIANG, W.L., MARGOLIS, R.U.: Biochim. Biophys. Acta 451, 465 (1976)
24. GRESSNER, A.M., GREILING, H.: Hoppe-Seyler's Z. physiol. Chem. 358, 69 (1977)
25. WALDMAN, A.A., GOLDSTEIN, J.: Biochemistry 12, 2706 (1973)
26. SCHWARTZ, N.B., DORFMAN, A.: Connect. Tissue Res. 3, 115 (1975)
27. MEIER, S., HAY, E.D.: Proc. Natl. Acad. Sci USA 71, 2310 (1974)
28. GRESSNER, A.M., CLAHSEN, H., ARNOLD, G., FESSEL, H.: Res. exp. Med. 171, 191 (1977)
29. ARNOLD, G., GRESSNER, A.M.: Biomed. Techn. 22, 182 (1977)

30. MORLEY, C.G.D., BOYER, J.L.: Biochim. Biophys. Acta 477, 165 (1977)
31. FISZER-SZAFARZ, B., NADAL, C.: Cancer Res. 37, 354 (1977)
32. NAKAMURA, N., IWABORI, N., KOIZUMI, T.: Clin. Chim. Acta 27, 47 (1970)
33. GRESSNER, A.M., WOOL, I.G.: J. Biol. Chem. 249, 6917 (1974)
34. GRESSNER, A.M., WOOL, I.G.: J. Biol. Chem. 251, 1500 (1976)
35. GRESSNER, A.M., WOOL, I.G.: Nature 259, 148 (1976)
36. GRESSNER, A.M., GREILING, H.: FEBS Lett. 74, 77 (1977)
37. GRESSNER, A.M., GREILING, H.: Exper. Molec. Pathol., im Druck (1978)
38. GRESSNER, A.M., GREILING, H.: Biochem. Pharmacol., im Druck (1978)
39. TELSER, A., ROBINSON, H.C., DORFMAN, A.: Proc. Natl. Acad. Sci. USA 54, 912 (1965)
40. COLE, N.N., LOWTHER, D.A.: FEBS Lett. 2, 351 (1969)
41. FURUKAWA, K., TERAYAMA, H.: Biochim. Biophys. Acta 499, 278 (1977)
42. ARNOLD, G., GRESSNER, A.M., CLAHSEN, A., KRÖNCHEN, A.: Experientia 33, 1089 (1977)

Moderator: F. Hartmann

Wir kommen nun zum Kollagen. Diese Substanz bietet uns die Gelegenheit, auf einen Gesichtspunkt bei der Beurteilung von Bindegewebsfunktionen und -Stoffwechsel zu kommen, der bisher vernachlässigt wurde und auf den hinzuweisen in einem Kreis von Chemikern und Biochemikern vielleicht besonders wichtig ist, weil Ihnen das ungewohnt ist: Das ist die Frage, wie der Stoffwechsel auf mechanische Einwirkungen antwortet; ich denke, daß wir in der Diskussion auf diese Frage auch noch einmal im Zusammenhang mit Proteoglykanen zurückkommen, nämlich dort, wo wir uns die Frage stellen müssen: wie antwortet nun ein Bindegewebe auf einen mechanischen Reiz mit der Herstellung einer Textur, die ja immer eine Kollagen-Proteoglykan-Textur ist? Dieser Gesichtspunkt ist deswegen so wichtig, weil die krankhaften Folgen von Bindegewebsprozessen, wenigstens bei den klinisch bedeutsamsten, ja auch mechanischer Natur sind. Ich brauche sie nur auf das Problem der Narbe hinzuweisen, da sehr wenig bearbeitet ist, wie es zu Narben kommt. An der Haut spielt das keine so große Rolle, aber an inneren Organen haben wir es auch mit Vernarbungsprozessen zu tun, wenn wir an die Lungenfibrose, die Lebercirrhose oder die Nephrosklerose denken. Nun möchte ich Herrn KÜHN bitten, die neueren pathobiochemischen Ergebnisse zum Kollagenstoffwechsel mitzuteilen. Ich bin sicher, daß er dies auch mit der Pathobiomechanik verbindet.

Einige Beispiele zur Pathobiochemie des Kollagenstoffwechsels

K. Kühn

Das Bindegewebe tritt im Organismus in einer Vielfalt von verschiedenen Formen auf, deren biomechanische Eigenschaften stets ihrer physiologischen Funktion angepasst erscheinen. Hierfür seien drei Beispiele genannt: die Sehne, welche die Muskelkräfte auf das Skelet überträgt und so starken Zugkräften ausgesetzt ist, zeigt einen seilartigen Aufbau. Sie besteht aus parallelen, miteinander verdrillten Faserbündeln. Der hyaline Knorpel, der den Gelenken eine glatte, widerstandsfähige Oberfläche gibt und so eine reibungslose Bewegung der Gelenke garantiert, muß dagegen enormen Drücken widerstehen können. Er besitzt eine kissenartige Konstruktion aus einem dreidimensionalen Fasergeflecht, dessen Hohlräume mit Proteoglykanen gefüllt sind. Ein weiteres Beispiel ist das retikuline Gewebe, das als feines, verästeltes Fasernetzwerk die Organe umhüllt, penetriert und so in ihrer Form verfestigt und zusammenhält. Es besteht kein Zweifel, daß die Eigenschaften des Bindegewebes wesentlich durch die makromolekulare Organisation des Kollagens mitbestimmt werden. Im folgenden wird nach Schilderung der prinzipiellen Struktur des Kollagens zunächst gezeigt, wie der Organismus durch Einsatz verschiedener Kollagentypen die makromolekulare Organisation des Bindegewebes gezielt variieren kann. Anschließend werden dann anhand einiger Beispiele molekulare Störungen im Aufbau der Kollagenstrukturen beschrieben, wie sie bei bestimmten Bindegewebserkrankungen auftreten und die unser Verständnis über den Zusammenhang zwischen Struktur und Funktion vertieft haben.

1. Die molekularen und makromolekularen Strukturen des Kollagens

Die kleinste funktionelle Einheit des Kollagens, die man im extrazellulären Raum des Bindegewebes finden kann, ist das stäbchenförmige Molekül mit einer Länge von 2800 Å, einem Durchmesser von 14 Å und einem Molekulargewicht von 270.000 Daltons. Es besteht aus drei, etwa 1000 Aminosäureresten langen Peptidketten (α-Ketten), die zu der sogen. Tripelhelix zusammengeschlossen sind. Eine eingehende Diskussion der Tripelhelix-Struktur findet man bei RAMACHANDRAN und RAMAKRISHNAN (1). Im Falle des bestuntersuchten Kollagens aus Haut, Sehnen und Knochen (Typ I-Kollagen) enthält das Molekül zwei verschiedene Arten von α-Ketten, nämlich zwei α1-Ketten und eine α2-Kette. Die Sequenz beider Ketten ist aufgeklärt (2). Ihre Auswertung trug wesentlich zum Verständnis der Eigenschaften des Kollagenmoleküls bei.

Auf dem Wege zu den physiologisch wichtigeren, höheren Strukturen des Kollagens treten die Moleküle zunächst zu den sogen. Mikrofibrillen zusammen, die im Elektronenmikroskop als kleinste fibrilläre Einheiten mit einem Durchmesser von etwa 40 Å beobachtet werden können. Eine mögliche Anordnung der Moleküle in der Mikrofibrille ist in Abbildung 1 schematisch wiedergegeben.

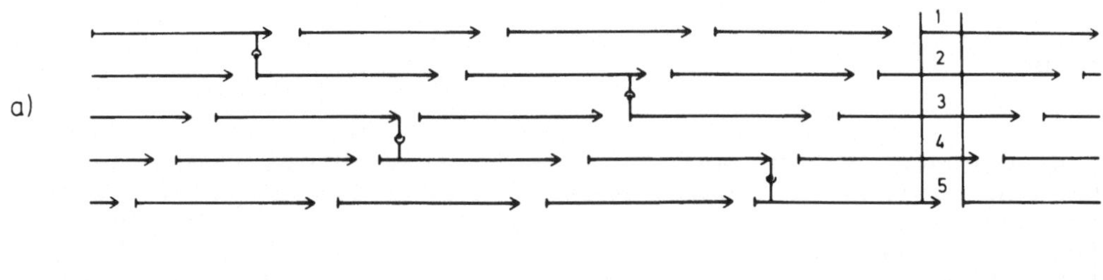

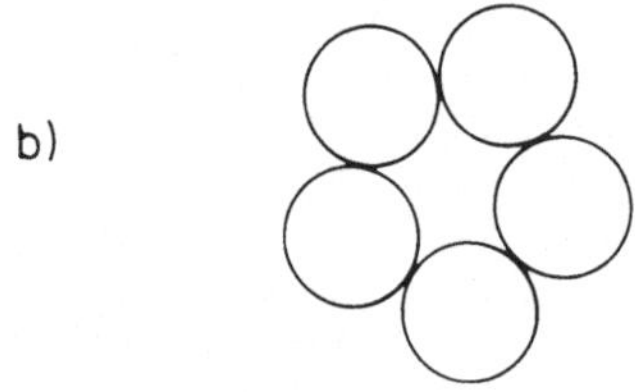

Abb. 1. Schematische Darstellung der Anordnung der Kollagenmoleküle in einer Mikrofibrille (nach SMITH (15)). a) Die Mikrofibrille besteht aus fünf Reihen von Molekülen, die um die Versetzungsdistanz D gegeneinander verschoben sind. b) Querschnitt durch die Mikrofibrille

Man erkennt fünf Reihen von Molekülen, die um eine Distanz von D = 670 Å gegeneinander versetzt sind. Die Zusammenlagerung der Moleküle wird gesteuert durch die Aminosäuresequenz und zwar sind die polaren, geladenen Aminosäuren wie Arginin, Lysin, Glutaminsäure und Asparaginsäure, sowie die hydrophoben Aminosäuren wie Valin, Leucin, Isoleucin, Phenylalanin und Methionin so entlang der α-Kette verteilt, daß es bei einer axialen Versetzung der Moleküle um D zu einer maximalen polaren und hydrophoben Interaktion zwischen den benachbarten Molekülen kommt. Eine zusammenfassende Darstellung über den Zusammenhang zwischen Sequenz und Aggregation der Moleküle, auf den hier nicht weiter eingegangen werden kann, ist von FIETZEK und KÜHN (2) erschienen.

Der nächste Schritt im Aufbau der höheren Struktur ist die parallele Zusammenlagerung der Mikrofibrillen zu den Fibrillen, deren Durchmesser zwischen 100 und 1000 Å schwanken kann. Sie zeigen im Elektronenmikroskop die typische Querstreifungsperiode von 600 bis 700 Å, die auf die oben erwähnte axiale Verschiebung der Moleküle (s. Abb. 1) um D zurückzuführen ist. Die Fibrillenbildung wird ebenfalls durch die Aminosäuresequenz des Kollagens gesteuert. Es gilt aber als sicher, daß auch andere Bindegewebskomponenten, wie z.B. die sauren Proteoglykane, diesen Prozeß steuernd beeinflussen. Ein komplizierter und noch nicht verstandener Vorgang ist die Entstehung der weiteren makromolekularen Organisation des Kollagens, bei dem sich die Fibrillen zu parallelen Faserbündeln oder zu verschieden geformten dreidimensionalen Geflechten oder Netzwerken zusammenschließen. Die Vielfalt der Einflüsse, die hier eine Rolle spielen, werden noch nicht übersehen. Ein neuer Gesichtspunkt wurde aber durch die Entdeckung des Kollagenpolymorphismus, d.h. des Auftretens von mehreren, genetisch verschiedenen Kollagentypen eingebracht.

2. Der Kollagenpolymorphismus

Seit einigen Jahren wissen wir, daß der Organismus über mehrere, genetisch verschiedene Kollagentypen verfügt. Eine ausführliche Information darüber gibt die Übersicht von MILLER (3) (Tab. 1).

Tabelle 1. Molecular formula and distribution of various collagen types

type	molecule	distribution
I	$[\alpha1(I)]_2\alpha2$	skin, tendon, bone, aorta, lung etc.
II	$[\alpha1(II)]_3$	hyaline cartilage
III	$[\alpha1(III)]_3$	as type I, except bone
IV	$[\alpha1(IV)]_3$	basement membrane

Am längsten bekannt und am besten untersucht ist das Typ I-Kollagen, der Hauptbestandteil von Haut, Sehnen und Knochen. Wie schon besprochen, besteht das Molekül aus zwei verschiedenen Ketten. Dagegen enthält das Molekül des Typ II-Kollagens, aus dem der hyaline Knorpel aufgebaut ist, drei identische Ketten. Das gleiche gilt für das Molekül des Typ III-Kollagens, welches u.a. das von den Histologen als Retikulin bezeichnete Fasernetzwerk bildet, und das, wie z.B. in der Haut und in den Gefäßwänden, oft zusammen mit Typ I-Kollagen auftritt. Das Basalmembrankollagen, auch Typ IV genannt, ist bisher nocht nicht so gut untersucht. Es scheint eine ganze Familie von Kollagenen zu bilden, die sich stärker von den drei anderen Typen unterscheiden.

Typ I-, II- und III-Kollagen sind einander ähnlich aufgebaut. Sie bilden alle drei ein stäbchenförmiges Molekül, die Sequenz ihrer α-Ketten ist homolog. Nähere Untersuchungen der Aminosäuresequenz haben jedoch charakteristische Unterschiede in der Verteilung der polaren und hydrophoben Aminosäuren gezeigt, gerade bei den Resten, welche für die Aggregation der Moleküle zu den Fibrillen verantwortlich sind (2). Dem entsprechend haben elektronenmikroskopische Untersuchungen verschiedener Bindegewebe ergeben, daß die wesentlichen Unterschiede zwischen den Kollagentypen in ihrer makromolekularen Struktur zu suchen sind. Im folgenden seien einige Beispiele dafür gegeben. Abbildung 2 zeigt den Dünnschnitt einer Kalbshaut, deren Kollagen zu 90% aus

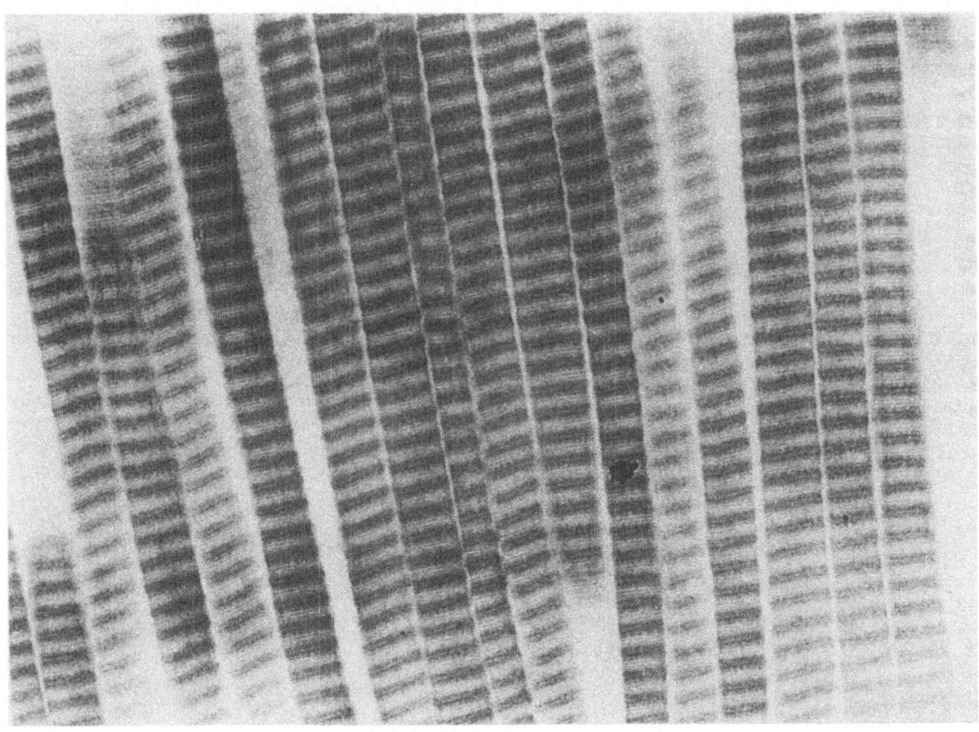

Abb. 2. Dünnschnitt durch eine Kalbshaut, mit Uranylacetat angefärbt. Die Kollagenfibrillen sind parallel, eng gepackt zu Fasern geordnet, sie zeigen ein gut entwickeltes Querstreifungsmuster. Vergrößerung: x 65.000

Typ I besteht. Man erkennt, wie Fibrillen mit Durchmessern von 800-1000 Å und einem gut ausgebildeten Querstreifungsmuster parallel und eng gepackt zu Fasern geordnet sind. Ähnliche makromolekulare Strukturen werden auch in Sehnen und Knochen beobachtet, Gewebe, die ebenfalls hauptsächlich Typ I-Kollagen enthalten. Knorpelgewebe, das Typ II-Kollagen enthält, zeigt dagegen eine andere Architektur. Ganz allgemein tendiert Typ II-Kollagen dazu, Fibrillen mit kleinerem Durchmesser zu bilden, die nicht so hochgeordnet, wie bei Typ I, zu Fasern orientiert sind. Ein extremes Beispiel ist embryonaler epiphysealer Knorpel (Abb. 3), der aus dünnen Fibrillen mit Durchmessern um 100 Å besteht. Sie bilden ein lockeres Netzwerk, dessen Zwischenräume mit Proteoglykanen gefüllt sind. Die Organisation des Typ III-Kollagens ist in Abbildung 4 zu sehen, welche einen Dünnschnitt der mittleren Schicht der Aorta (Media) darstellt, in dem das Verhältnis von Typ I- und Typ III-Kollagen 6:4 beträgt. Neben den charakteristischen Typ I-Fibrillen erkennt man Bereiche mit dünnen Filamenten, die zum Teil eine Querstreifung mit einer Periode von etwa 200 Å zeigen und die das Typ III-Kollagen darstellen. Solche Untersuchungen haben zu der Ansicht geführt, daß der Organismus durch Einsatz der verschiedenen Kollagentypen eine Möglichkeit besitzt, den makromolekularen Aufbau und damit auch die biomechanischen Eigenschaften des Bindegewebes zu steuern.

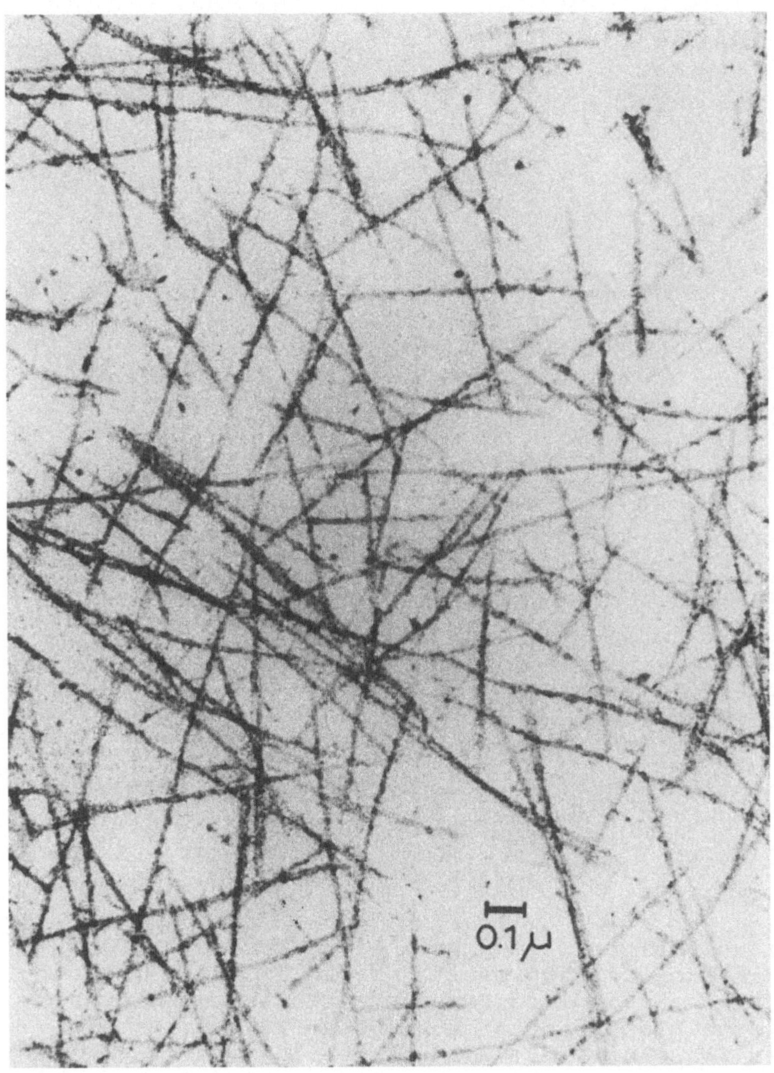

Abb. 3. Dünnschnitt durch einen epiphysealen Knorpel eines Hühnchenembryos, angefärbt mit Uranylacetat. Dünne Fibrillen ohne eine Querstreifung bilden ein lockeres Netzwerk. Vergrößerung: x 65.000

3. Die posttranslationale Modifikation des Kollagens

Das Kollagen wird in Form einzelner Peptidketten in der Zelle synthetisiert. Bevor es als intaktes Kollagenmolekül im extrazellulären Raum erscheint, durchläuft es eine Reihe von posttranslationalen Veränderungen, die von spezifischen Enzymen katalysiert werden. Eine ausführliche Zusammenfassung über diese posttranslationale Reaktionsfolge ist kürzlich von PROCKOP et al. (4) erschienen. Abbildung 5 gibt eine Übersicht über die

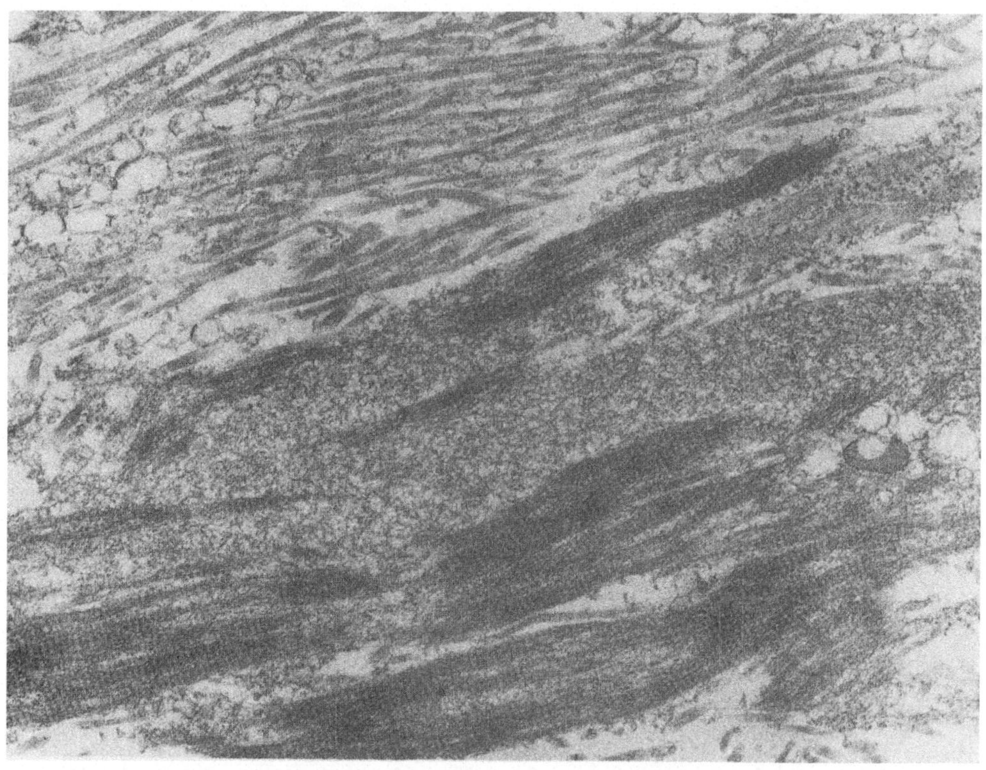

Abb. 4. Dünnschnitt durch die Media einer Aortenwand aus Kalb, angefärbt mit Uranylacetat. Neben den typischen Fibrillen aus Typ I-Kollagen erkennt man dünne Filamente aus Typ III-Kollagen, die z.T. eine Querstreifungsperiode von etwa 200 Å zeigen. Vergrößerung: x 60.000

einzelnen Reaktionsschritte. Die Peptidketten werden in Form der sogen. pro-α-Ketten synthetisiert, die am N- sowie C-terminalen Ende zusätzliche globuläre Peptide enthalten. Drei enzymatisch katalysierte Reaktionsschritte müssen zunächst stattfinden, bevor das tripelhelikale Molekül gebildet werden kann. Dies sind die Hydroxylierung bestimmter Prolin- und Lysinreste durch die beiden Enzyme Prolyl- bzw. Lysylhydroxylase sowie die sich anschließende Glykosilierung einiger Hydroxylysinreste mit Hilfe der Glucosyl- und der Galaktosyltransferase. Eine Voraussetzung zur Bildung der Tripelhelix ist das richtige Zusammenfinden dreier α-Ketten. Im Falle des Typ I-Kollagens müssen zusätzlich dazu zwei verschiedene Ketten ausgewählt werden. Über den Mechanismus dieses Prozesses ist noch nichts bekannt. Man nimmt aber an, daß dabei die Prokollagenpeptide der α-Ketten eine wichtige Rolle spielen. Beim Transport des fertiggestellten Prokollagenmoleküls in den extrazellulären Raum erfolgt dann der Übergang zu dem eigentlichen Kollagen, wobei durch zwei spezifische Prokollagenpeptidasen zunächst das C-terminale und schließlich das N-terminale Peptid abgespalten werden. Erst danach erhält das Molekül die Fähigkeit, zu Fibrillen zu aggregieren.

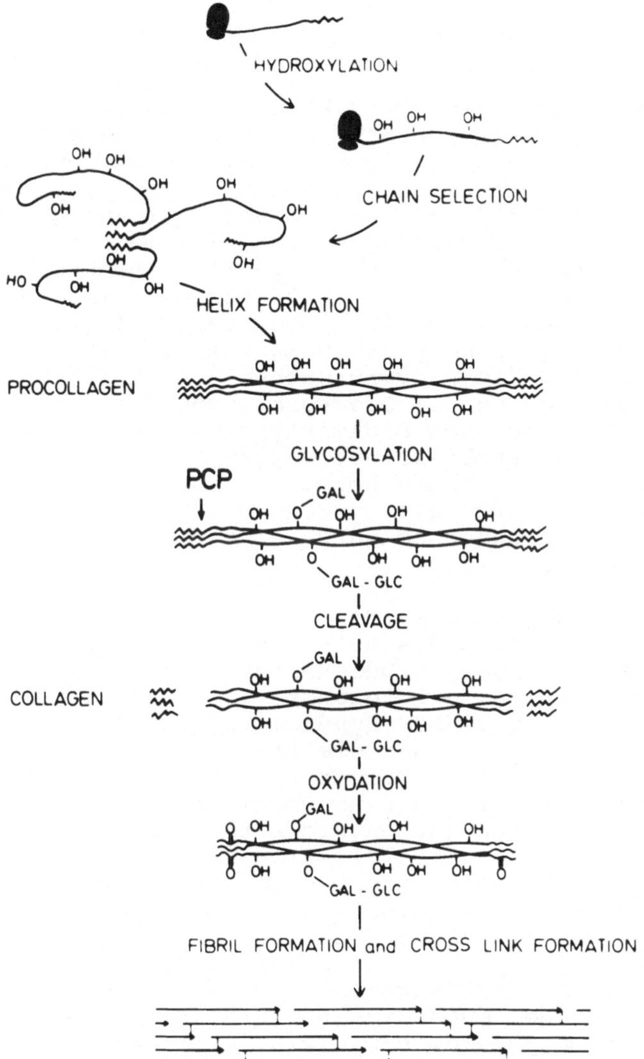

Abb. 5. Posttranslationale Modifikation des Kollagens

Der letzte Schritt dieser Reihe ist die Ausbildung der intermolekularen Quervernetzungen, welche zur Stabilisierung und Verfestigung der Kollagenfibrillen unerläßlich ist. Sie wird eingeleitet durch die Oxydation bestimmter Lysinreste in den terminalen, nicht helix-förmigen Bereichen an beiden Enden der Moleküle. Durch Reaktion der so entstandenen Lysinaldehyde mit Lysin- bzw. Hydroxylysinresten benachbarter Moleküle wird anschließend unter Ausbildung von Aldiminbindungen die intermolekulare Quervernetzung geschlossen. Die so entstehenden C-N-Doppelbindungen sind zunächst noch labil und werden durch Umlagerung in eine stabile Quervernetzung übergeführt (Zusammenfassung siehe bei (5)).

4. Fehler beim Aufbau der Kollagenstruktur

Untersuchungen vererbbarer Bindegewebserkrankungen haben gezeigt, daß der Kollagenstoffwechsel auf zwei Ebenen gestört werden kann. Einmal auf der Ebene der Genexpression, der Kontrolle der Biosynthese der verschiedenen Kollagentypen, und zum anderen auf der Ebene der posttranslationalen Modifikationen, wobei bestimmte, für einzelne Modifikationsschritte verantwortliche Enzyme ausfallen können. Im folgenden seien zunächst einige Bindegewebserkrankungen genannt, die auf den Ausfall eines posttranslationalen Enzyms zurückgeführt werden können. So findet man bei Patienten mit dem EHLERS-DANLOS-Syndrom VI eine stark herabgesetzte Aktivität der Lysylhydroxylase (6). Die so verursachte Hydroxylysin-Defizienz führt zu einer Schwächung der Quervernetzung des Kollagens, da intermolekulare Bindungen des Aldimintyps nur dann durch Wanderung der C-N-Doppelbindung stabilisiert werden können, wenn mindestens ein Hydroxylysinrest an ihnen beteiligt ist. Die labile Quervernetzung macht sich durch eine ungewöhnlich starke Überdehnbarkeit der Haut und Gelenke und durch einen erhöhten Gehalt an löslichem Kollagen bemerkbar.

Ein Defekt, auf den näher eingegangen werden soll, ist das Fehlen der Prokollagenpeptidase, welche das N-terminale Prokollagen abspaltet. Dieser Defekt wurde zunächst bei Kälbern und Schafen gefunden und wird als Dermatosparaxie bezeichnet (7). Er tritt auch bei Patienten mit dem EHLERS-DANLOS-Syndrom VII auf (8). Die Folge dieses Defekts kann durch einen elektronenmikroskopischen Vergleich der makromolekularen Strukturen des Kollagens in normaler und dermatosparaxer Kalbshaut anschaulich gemacht werden. Während bei gesunden Häuten gut entwickelte parallele Fibrillenbündel zu beobachten sind (Abb. 2), erkennt man bei dermatosparaktischen Kälbern schlecht orientierte verdrillte Filamente (Abb. 6). Das sperrige N-terminale Prokollagenpeptid mit einem Molekulargewicht von 13.000 Daltons, scheint eine geordnete Aggregation der Kollagenmoleküle sterisch zu hindern. Dieser Fehler äußert sich in einer weitgehenden mechanischen Instabilität der Haut, die ein Überleben dieser Tiere unmöglich macht (Abb. 7). Auf weitere Enzymdefekte wie z.B. einen Ausfall der Lysyloxydase, der dem EHLERS-DANLOS-Syndrom V zugrunde liegt, kann nicht weiter eingegangen werden (9).

Wie oben erwähnt, scheint der Organismus die Fähigkeit zu haben, in gewissem Maße die biomechanischen Eigenschaften des Bindegewebes durch Einsatz der verschiedenen Kollagentypen zu regulieren. In diesem Zusammenhang ist es von Interesse, daß viele Bindegewebe Typ I- und Typ III-Kollagen enthalten und daß das Verhältnis dieser beiden Typen von Gewebe zu Gewebe variiert. So enthält z.B. die Haut von Erwachsenen Typ I- und Typ III-Kollagen in einem Verhältnis von 9:1, während in der mittleren Schicht der Aortenwand, der Media, das Verhältnis 6:4 beträgt. Der beste Weg, den Einfluß beider Kollagentypen auf die Eigenschaften des Gewebes zu untersuchen, ist die Suche nach Bindegewebserkrankungen, bei denen das Verhältnis von Typ I zu Typ III gegenüber normal verändert ist. In Tabelle 2 sind einige Erkrankungen, bei denen solche Verschiebungen beobachtet wurden, angegeben. So wurde bei Patienten mit Osteogenesis imperfecta und mit dem MAR-

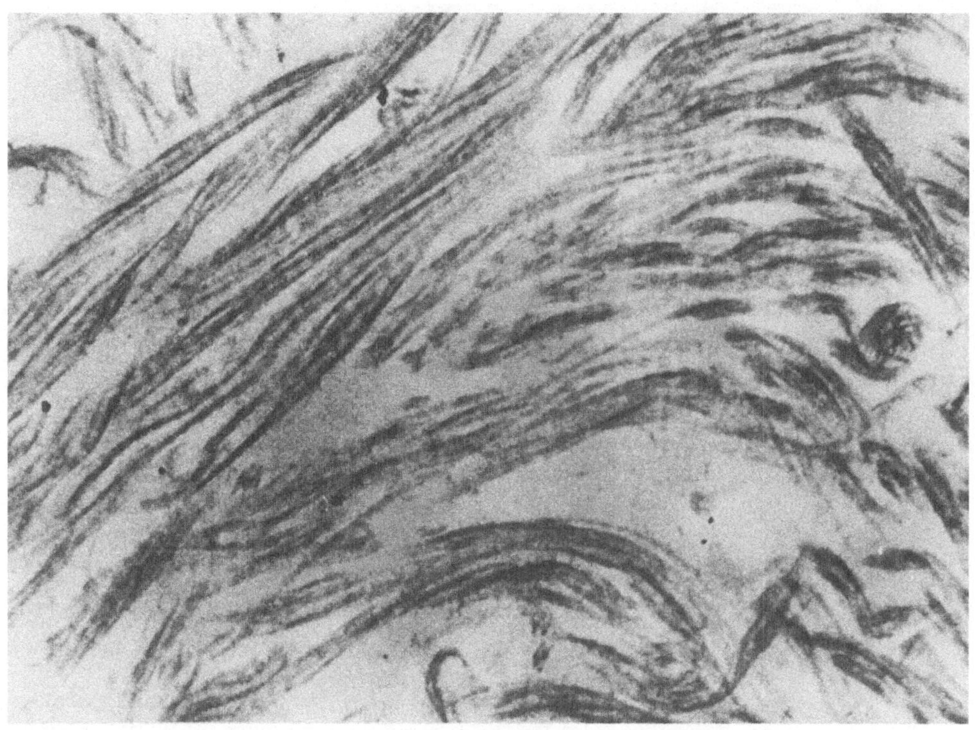

Abb. 6. Dünnschnitt durch eine Haut eines dermatosparaktischen Kalbes, angefärbt mit Uranylacetat. Schlecht orientierte verdrillte Filamente zeigen eine Störung in der Fibrillenbildung. Vergrößerung: x 60.000

FAN-Syndrom eine gesteigerte Typ III-Synthese beobachtet, während Patienten mit dem EHLERS-DANLOS-Syndrom IV kein Typ III-Kollagen besitzen. In der Cornea von Patienten mit Keratoconus tritt Typ III-Kollagen auf, wo unter normalen Bedingungen nur Typ I zu finden ist. Ein anderes Beispiel, an dem Typ II-Kollagen mit beteiligt ist, stellt die Osteoarthrose dar. Hier können die Chondrocyten, welche normalerweise nur Typ II synthetisieren, unter den pathologischen Bedingungen zu einer Synthese von Typ I-Kollagen übergehen.

Anhand eines Vergleiches zweier Erkrankungen, in denen das Verhältnis von Typ I und Typ III gegenüber normal stark verschoben ist, dem EHLERS-DANLOS-Syndrom IV und dem MARFAN-Syndrom, soll die Rolle beider Kollagentypen auf die Eigenschaften des Bindegewebes erläutert werden.

Der Nachweis, daß Bindegewebszellen von Patienten mit EHLERS-DANLOS Syndrom IV im Gegensatz zu Zellen von Gesunden unfähig sind, Typ III-Kollagen zu synthetisieren, wurde mit biochemischen (10) und immunologischen Methoden erbracht (11). Letztere seien hier kurz geschildert. Fibroblasten aus gesundem Gewebe und von EHLERS-DANLOS-IV-Patienten wurden in Kultur gezogen und mit spezifischen Antikörpern gegen Typ I- und Typ III-Kollagen mit Hilfe

Abb. 7. Dermatosparaktisches Kalb mit einer mechanisch äußerst instabilen Haut (für die Überlassung des Bildes danke ich Prof. C. LAPIERE, Liege)

Tabelle 2. Clinical disorders associated with expression of collagen types

disease	biochemical defect	reference
Osteogenesis imperfecta	increased synthesis of type III collagen	PENTTINEN et al., 1975 (16) MÜLLER et al., 1975 (17)
MARFAN Syndrome	increased synthesis of type III collagen	MÜLLER et al., 1977 (14)
EHLERS-DANLOS-Syndrome IV	lack of type III collagen synthesis	POPE et al., 1975 (10)
Osteoarthrosis	focal synthesis of type I collagen in cartilage	DESHMUKH, NIMNI, 1973 (18) GAY et al., 1976 (11, 13)
Keratoconus	appearance of type III collagen in the cornea	WICK, TIMPL, 1977 (19)

der indirekten Immunfluoreszenz angefärbt. Während Zellen aus den gesunden Geweben mit Anti-Typ I- und Anti-Typ III-Antikörpern gleichzeitig anfärben (Abb. 8), zeigen die Zellen von EHLERS-DANLOS IV nur eine Anfärbung mit Antikörpern gegen Typ I-Kollagen (Abb. 9). Wichtig erscheint der Befund, daß die Zellen aus normaler Haut gleichzeitig mit Antikörpern gegen Typ I- und gegen Typ III-Kollagen reagieren. Dies bedeutet, daß unter den angewendeten Kulturbedingungen eine einzelne Zelle beide Kollagentypen nebeneinander synthetisieren kann.

Die Untersuchung des MARFAN-Syndroms geschah an Geweben eines Patienten, der sich aufgrund eines Aorten-Aneurysma einer Operation unterziehen mußte (12). Die für die biomechanischen Eigenschaften der Aortenwand verantwortlichen Schichten, die Media und die Adventitia, wurden im Vergleich zu Kontrollgeweben aus Gesunden 24 Stunden in Gegenwart von Tritium markiertem Prolin in Organkultur genommen und anschließend das frisch synthetisierte radioaktiv markierte Kollagen isoliert und das Verhältnis von Typ I- zu Typ III-Kollagen festgestellt. Die Ergebnisse sind in Tabelle

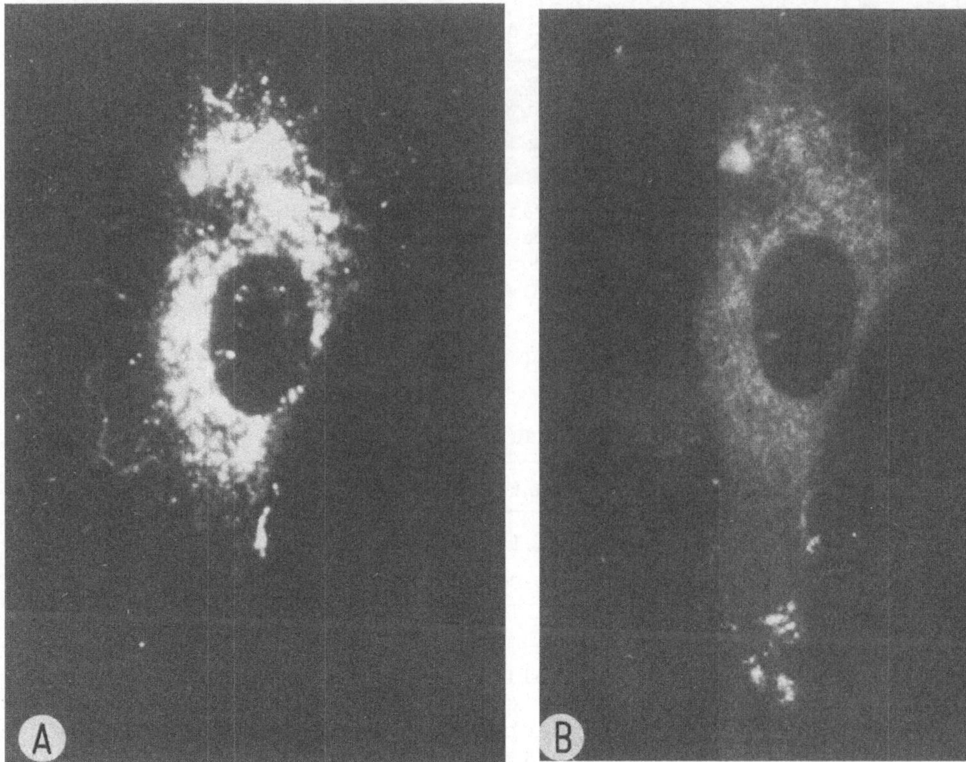

Abb. 8. Fetal-menschliche Hautfibroblasten, gleichzeitig angefärbt mit Kaninchen-Antikörper gegen Typ III-Prokollagen (8A) und Maus-Antikörper gegen Typ I-Kollagen (8B). Die Zellen wurden für 3 Tage in Abwesenheit von Ascorbinsäure in Kultur gehalten

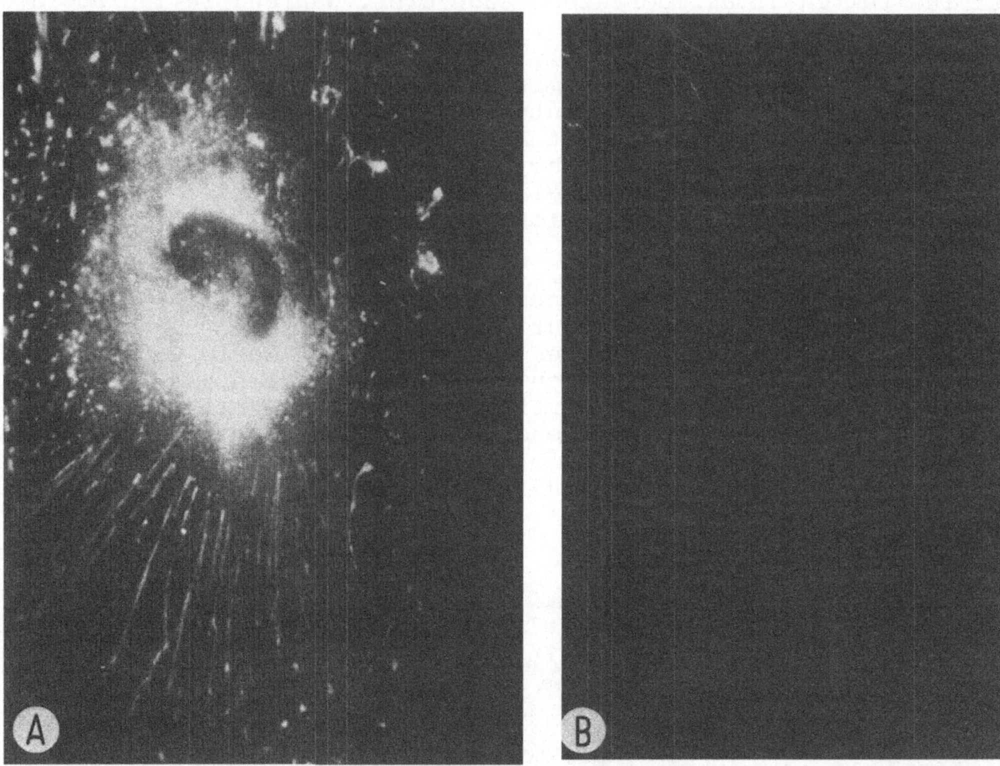

Abb. 9. Zellen (CRL 1145) von einem Patienten mit EHLERS-DANLOS-Syndrom Typ IV zeigen eine Anfärbung mit Antikörper gegen Typ I-Kollagen (9A), aber keine Reaktion mit Antikörper gegen Typ III-Prokollagen (9B)

Tabelle 3. Ratio of type I to type III collagen in the arterial wall

	Type I / III	
	Media	Adventitia
Control	61:39	81:19
MARFAN	29:71	10:90

3 wiedergegeben. Bei den Kontrollen betrug das Verhältnis von Typ I und Typ III für die Media etwa 4:6 und für die Adventitia 8:2. Diese Verhältnisse verschieben sich beim MARFAN-Syndrom stark zugunsten von Typ III-Kollagen. Am stärksten macht sich dies bei der Adventitia bemerkbar, die kaum noch Typ I-Kollagen enthält.

Wie machen sich diese Abweichungen von dem normalen Verhältnis von Typ I zu Typ III bei dem EHLERS-DANLOS-Syndrom IV und dem MARFAN-Syndrom bemerkbar? Die Haut des EHLERS-DANLOS-IV-Patienten scheint pergamentartig, die Flexibilität und Elastizität ist verloren (Abb. 10). Wesentlich schwerwiegender sind aber

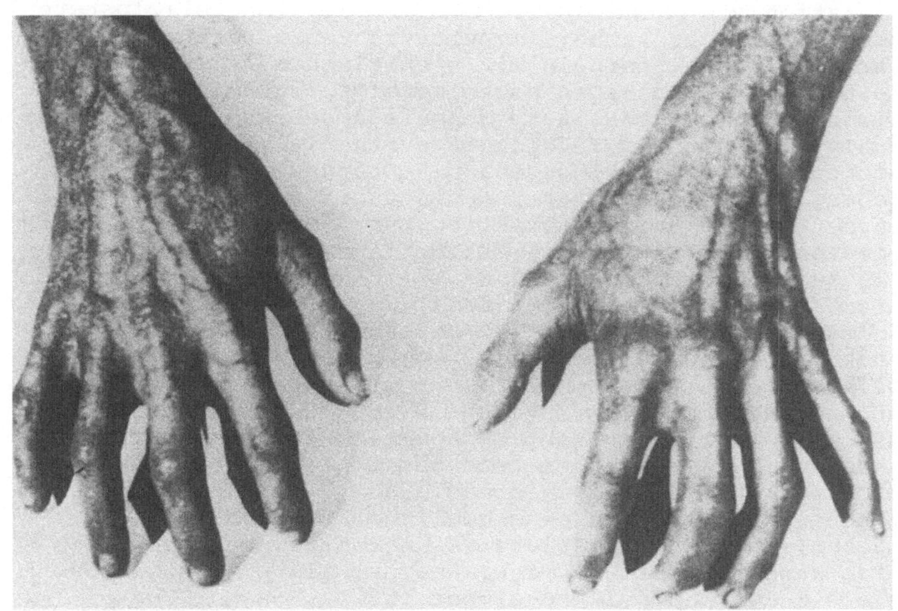

Abb. 10. Hände eines Patienten mit EHLERS-DANLOS Typ IV-Syndrom

ähnliche Veränderungen an der Aorta, die aufgrund des Verlustes der Elastizität zu Rupturen neigt. Auf der anderen Seite führt der verringerte Typ I-Gehalt der Aortenwand bei dem MARFAN-Patienten zu einem Verlust der Festigkeit, so daß das überelastische Gewebe jetzt zur Ausbildung von Aneurysmen tendiert. Dieses Verhalten ist aus der druckschlauchähnlichen Konstruktion der Aortenwand leicht zu verstehen. Die elastische Schicht der Media, die neben Kollagen auch noch Elastin enthält, wird im Normalfall durch das stabile Fasergeflecht des Typ I-Kollagen in der Adventitia umgeben und armiert. Ein Rückgang des Typ I-Kollagens, vor allem in der Adventitia, hat den Verlust der mechanischen Stabilität der Aortenwand bei Erhalt der Flexibilität zur Folge, was die Ausbildung von Aneurysmen begünstigt. Aus dem Gesagten wird man zusammenfassend schließen können, daß der Organismus mit einer vermehrten oder verringerten Synthese des Typ I-bzw. Typ III-Kollagens die Möglichkeit hat, die Festigkeit und Elastizität eines bestimmten Bindegewebes auf die physiologischen Gegebenheiten einzustellen.

Die bisher erwähnten Bindegewebserkrankungen können auf ererbte Defekte zurückgeführt werden. Zum Schluß soll kurz ein Fall eines erworbenen Fehlers in der Genexpression der Chondrocyten bei der

Osteoarthrose besprochen werden. Der Gelenkknorpel ist aufzufassen als eine funktionelle und strukturelle Einheit aus Typ II-Kollagen und Proteoglykanen. Der osteoarthrotische Prozeß beginnt mit einer Degradation der Proteoglykane, was einen Zusammenbruch des dreidimensionalen Fasernetzwerkes des Typ II-Kollagens zur Folge hat. Das so geschädigte Gewebe ist nicht mehr fähig, den Druckbelastungen zu widerstehen und wird mechanisch weiter zerstört. In dem Versuch, das Gewebe wieder aufzubauen, kommt es zur Proliferation von Chondrocyten und Bildung von Zellclustern nahe an der Knorpeloberfläche. Immunfluoreszenzuntersuchungen von osteoarthrotischen Knorpeln mit spezifischen Antikörpern gegen Typ I- und Typ II-Kollagen haben gezeigt, daß die neugebildeten Zellcluster im Gegensatz zu den sie umgebenden Geweben anstelle von Typ II- nur Typ I-Kollagen synthetisieren (13). Aus diesen Befunden wurde geschlosssen, daß Störungen der unmittelbaren Umgebung der Chondrocyten und die damit verbundenen Veränderungen der Zell-Matrix-Interaktion zur Umschaltung der Kollagensynthese von Typ II auf Typ I führen kann. Versuche mit Chondrocyten in Zellkultur unter den verschiedenen Bedingungen unterstützen diese Annahme (14). Immer dann, wenn Chondrocyten in Kultur die Gelegenheit haben, eine knorpelähnliche Matrix aufzubauen, in die sich die Zellen einbetten können, bleibt die Synthese des Typ II-Kollagens erhalten. Sobald aber der Aufbau einer extracellulären Matrix nicht mehr möglich ist und es so zu einer Störung der Zell-Matrix-Interaktion kommt, wird eine Umschaltung der Synthese auf Typ I-Kollagen beobachtet. In dieser Eigenschaft der Chondrocyten, bei Störungen schnell auf Typ I-Kollagensynthese umzuschalten, kann man eine mögliche Erklärung für die Tatsache sehen, daß einmal verletztes Knorpelgewebe nicht mehr regenerieren kann, sondern fasriger Knorpel als Ersatz gebildet wird, der als Gelenkknorpel ungeeignet ist.

Anhand dieser wenigen Beispiele sollte gezeigt werden, wie Untersuchungen von ererbten Bindegewebserkrankungen, bei denen der Aufbau einer funktionstüchtigen Kollagenstruktur gestört ist, unsere Kenntnisse über Struktur, Funktion und Stoffwechsel des Kollagens vertieft und erste Einblicke in die molekularen Ursachen solcher Erkrankungen gebracht haben. Es soll aber nicht verschwiegen werden, daß wir von einem molekularen Verständnis der Alterungs- und Degenerationserscheinungen und der meisten erworbenen Krankheiten des Bindegewebes noch weit entfernt sind.

Literatur

1. RAMACHANDRAN, G.N., RAMAKRISHNAN, C.: In: RAMACHANDRAN, G.N. and REDDI, A.H. (Eds.), Biochemistry of Collagen, p. 45. New York, London: Plenum Press 1976
2. FIETZEK, P.P., KÜHN, K.: Int. Rev. Connective Tissue Res. 7, 1 (1976)
3. MILLER, E.J.: Mol. Cell. Biochem. 13, 165 (1976)
4. PROCKOP, D.J., BERG, R., KIVIRIKKO, K.J., VITTO, J.: In: RAMACHANDRAN, G.N. and REDDI, A.H. (Eds.), Biochemistry of Collagen, p. 163. New York, London: Plenum Press 1976

5. TANZER, M.L.: In: RAMACHANDRAN, G.N. and REDDI, A.H. (Eds.), Biochemistry of Collagen, p. 137. New York, London: Plenum Press 1976
6. PINNELL, S.R., KRANE, S.M., KENZORA, J.E., GLIMCHER, M.J.: New Engl. J. Med. 286, 1013 (1972)
7. LENAERS, A., ANSAY, B., NYSGENS, B.V., LAPIERE, C.M.: Eur. J. Biochem. 23, 533 (1971)
8. LICHTENSTEIN, J.R., MARTIN, G.R., KOHN, L.D., BYERS, P.H., McKUSICK, V.A.: Science 182, 298 (1973)
9. FERRANTE, M. di, LEACHMAN, R.D., ANGELINI, D., DONELLY, D. V., FRANCIS, G., ALMAZAN, A.: Conn. Tissue Res. 3, 49 (1975)
10. POPE, F.M., MARTIN, G.R., LICHTENSTEIN, J.R., PENTTINEN, R., GERSON, B., ROWE, D.W., McKUSICK, V.A.: Proc. Nat. Acad. Sci. (Wash.) 72, 1314 (1975)
11. GAY, S., MARTIN, G.R., MÜLLER, P.K., TIMPL, R., KÜHN, K.: Proc. Natl. Acad. Sci. USA 73, 4037 (1976)
12. KRIEG, T., MÜLLER, P.K.: Exp. Cell. Biol., in press (1977)
13. GAY, S., MÜLLER, P.K., LEMMEN, C., REMBERGER, K., MATZEN, K., KÜHN, K.: Klin. Wschr. 54, 969 (1976)
14. MÜLLER, P.K., LEMMEN, C., GAY, S., GAUSS, V., KÜHN, K.: Exp. Cell. Res. 108, 47 (1977)
15. SMITH, J.W.: Nature (London) 219, 157 (1968)
16. PENTTINEN, R., LICHTENSTEIN, J.R., MARTIN, G.R., McKUSICK, V.A.: Proc. Nat. Acad. Sci (Wash.) 72, 586 (1975)
17. MÜLLER, P.K., LEMMEN, C., GAY, S., MEIGEL, W.M.: Eur. J. Biochem. 59, 97 (1975)
18. DESHMUKH, K., NIMNI, M.: Biochem. Biophys. Res. Comm. 53, 424 (1973)
19. WICK, G., TIMPL, R.: Persönl. Mitteilung (1977)

Klinisch-biochemische Relationen bei Mucopolysaccharidosen

J. Spranger

1. Intracelluläre Anhäufung von Glykosaminoglykanen

Mucopolysaccharidosen sind Erkrankungen durch eine abnorme intracelluläre Anhäufung von sauren Mucopolysacchariden-Glykosaminoglykanen.

In der normalen Zelle, z.B. in natürlichen oder gezüchteten Fibroblasten, werden Glykosaminoglykane synthetisiert. Neu synthetisierte Glykosaminoglykane werden entweder sezerniert oder wieder abgebaut (Abb. 1). Zum Abbau werden die Glykosaminoglykane

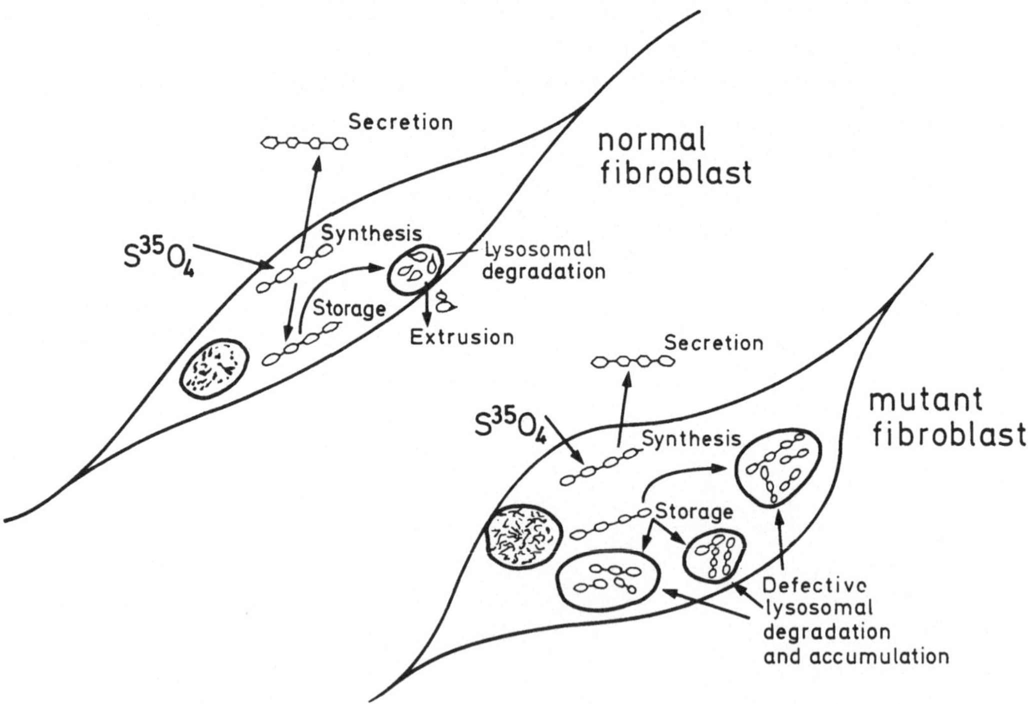

Abb. 1. Stoffwechselschema des Glykosaminoglykan-Stoffwechsels in normalen und mutierten Fibroblasten.
Markiertes Sulfat wird normalerweise aus dem Kulturmedium aufgenommen und in intracelluläre Glykosaminoglykane eingebaut. Die Glykosaminoglykan-Ketten werden entweder sezerniert oder von Lysosomen aufgenommen und dort abgebaut. Der Abbau ist in Mucopolysaccharidose-Fibroblasten gestört

in Lysosomen aufgenommen und durch lysosomale Hydrolasen gespalten. Die abgespaltenen Moleküle verlassen die Lysosomen, werden aus der Zelle ausgeschieden oder in ihr zur Neu-Synthese verwandt.

Bei den Mucopolysaccharidosen ist der intralysosomale Abbau der Glykosaminoglykane gestört. Synthese und Sekretion sind intakt. Intralysosomale Glykosaminoglykane werden nur teilweise abgebaut (Abb. 1). Teildegradierte Kettenreste bleiben in den Lysosomen liegen und häufen sich an. Die intralysosomal angehäuften Glykosaminoglykane lassen sich histologisch und elektronenmikroskopisch nachweisen und führen zu klinisch sichtbaren Veränderungen.

Histologisch sind gespeicherte Glykosaminoglykane einfach in peripheren Lymphocyten oder Knochenmarkszellen nachzuweisen (Abb. 2). Elektronenmikroskopisch findet man Speichersubstanzen in membrangebundenen Strukturen, die als Lysosomen identifiziert werden (Abb. 3). Klinisch äußert sich die Speicherung u.a. in einer Verdickung des Unterhautgewebes und dadurch bedingten Vergröberung der Gesichtszüge (Abb. 4).

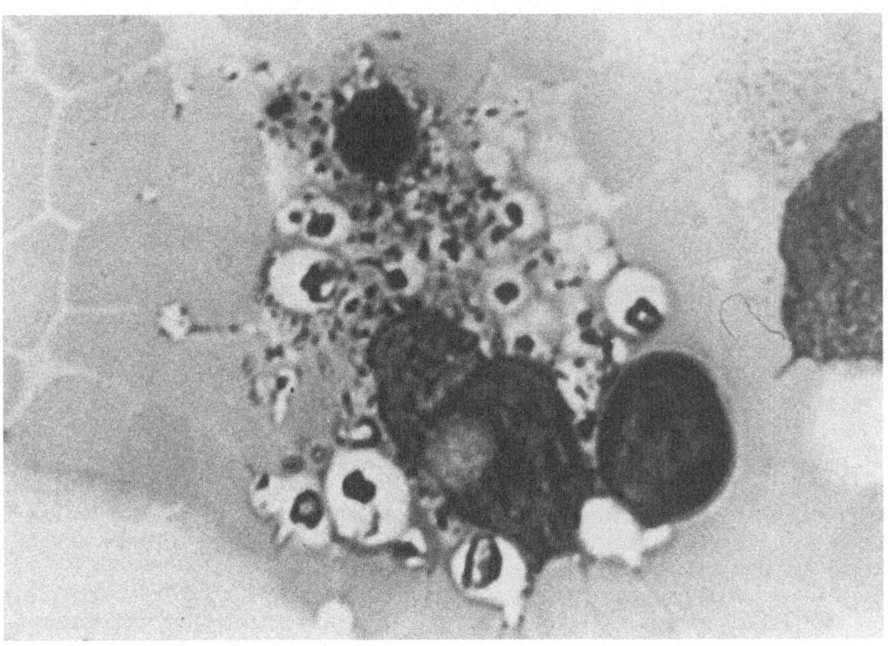

Abb. 2. Reticulohistiocytäre Speicherzelle im Knochenmark eines Patienten mit Mucopolysaccharidose II

Bei der Mucopolysaccharidose II (M. HUNTER) sieht man gelegentlich höckrige Mucopolysaccharid-Kollagen-Depots in der Haut (Abb. 5). Direkt sichtbar sind Glykosaminoglykan-Einlagerungen z.B. in der Hornhaut, die eine milchige Trübung annimmt (Abb. 6). Grobklinische Speicherphänomene sind beispielsweise die Organvergrößerung vor allem von Leber und Milz.

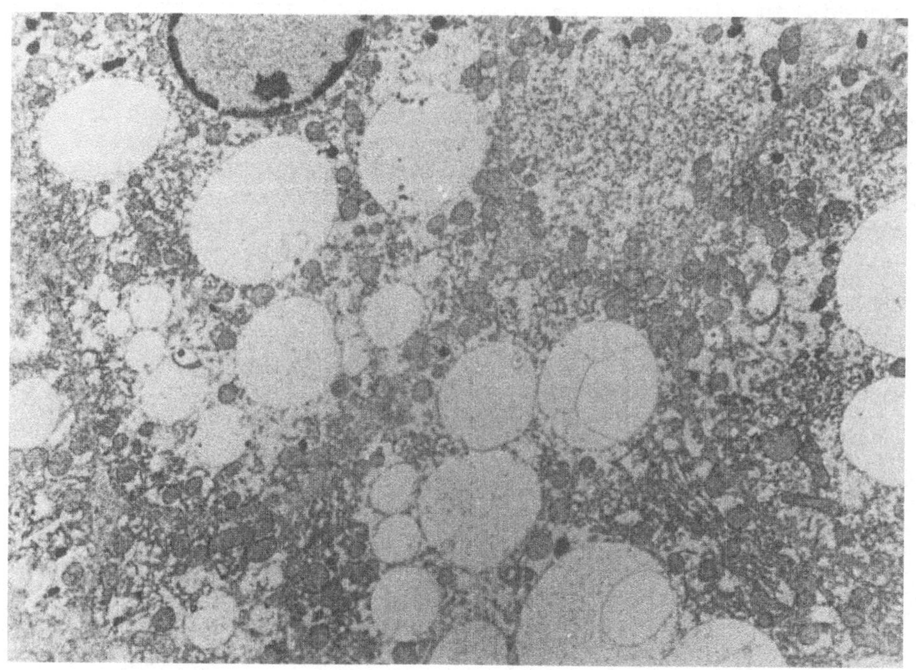

Abb. 3. Vacuoläre Einschlüsse in der Leber eines Patienten mit Mucopolysaccharidose II.
Elektronenmikrospie x 13.000

Biochemisch lassen sich die gespeicherten Glykosaminoglykane in Organen und gezüchteten Fibroblasten, einfacher noch in Körperflüssigkeiten, vor allem dem Urin nachweisen. Sie gelangen dorthin aus Zellen, die zugrunde gingen oder sich der exzessiv gespeicherten Glykosaminoglykane entledigten. Der Nachweis einer exzessiven Ausscheidung von Glykosaminoglykanen im Urin ist die einfachste Möglichkeit zur sicheren Diagnose einer Mucopolysaccharidose (Abb. 7). Aus dem Muster der ausgeschiedenen Glykosaminoglykane lassen sich diagnostische Rückschlüsse ziehen (Abb. 8). Andererseits lassen sich aus der Art der ausgeschiedenen Glykosaminoglykane Vermutungen über die Ursache des defekten Glykosaminoglykan-Katabolismus anstellen.

2. Ursache der Glykosaminoglykan-Speicherung: Enzymdefekte

Die Annahme liegt nahe, daß bei exzessiver Ausscheidung von Dermatansulfat ein Dermatansulfat-spaltendes Enzym, bei exzessiver Ausscheidung von Heparansulfat ein Heparanfulfat-spaltendes Enzym defekt ist. Bei Ausscheidung beider Substanzen ist ein Defekt eines Enzymes anzunehmen, das Dermatansulfat und Heparansulfat angreift. Die Forschungen der letzten Jahre haben dies bestätigt (1-4, 6, 7, 9). Die Untersuchung der exzessiv gespeicherten und

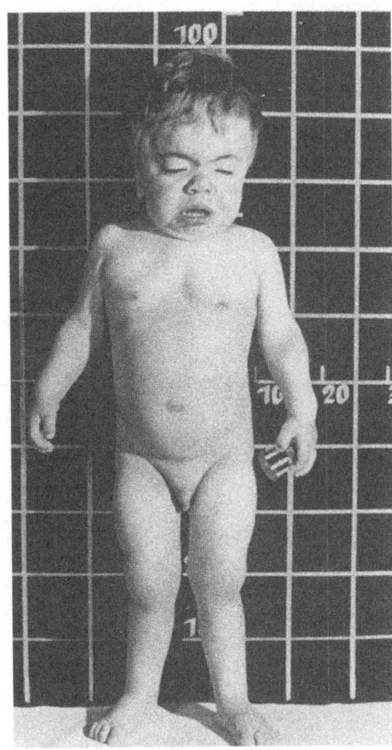

Abb. 4. 4 Jahre alter Patient mit Mucopolysaccharidose II

ausgeschiedenen Glykosaminoglykan-Bruchstücke und ihrer endständigen Strukturen warf erstmals Licht auf die Abbaumechanismen der Glykosaminoglykane und die hierbei aktiven Enzyme. Es zeigte sich, daß Glykosaminoglykane fast ausschließlich vom Kettenende her durch Exoglykosidasen abgebaut werden und daß der Abbau unterbrochen wird, wenn eines der sukzessiv wirkenden Enzyme inaktiv ist. Die Kaskade der am Dermatansulfat- und Heparansulfat-Abbau beteiligten Enzyme und die bei ihrem Fehlen entstehenden Mucopolysaccharidosen sind in Abbildung 9 und 10 dargestellt. Die wesentlichen Merkmale der verschiedenen Mucopolysaccharidosen finden sich in Tabelle 1 als Schema. Aus dem Schema geht die Ätiologie der Mucopolysaccharidosen hervor; es handelt sich um

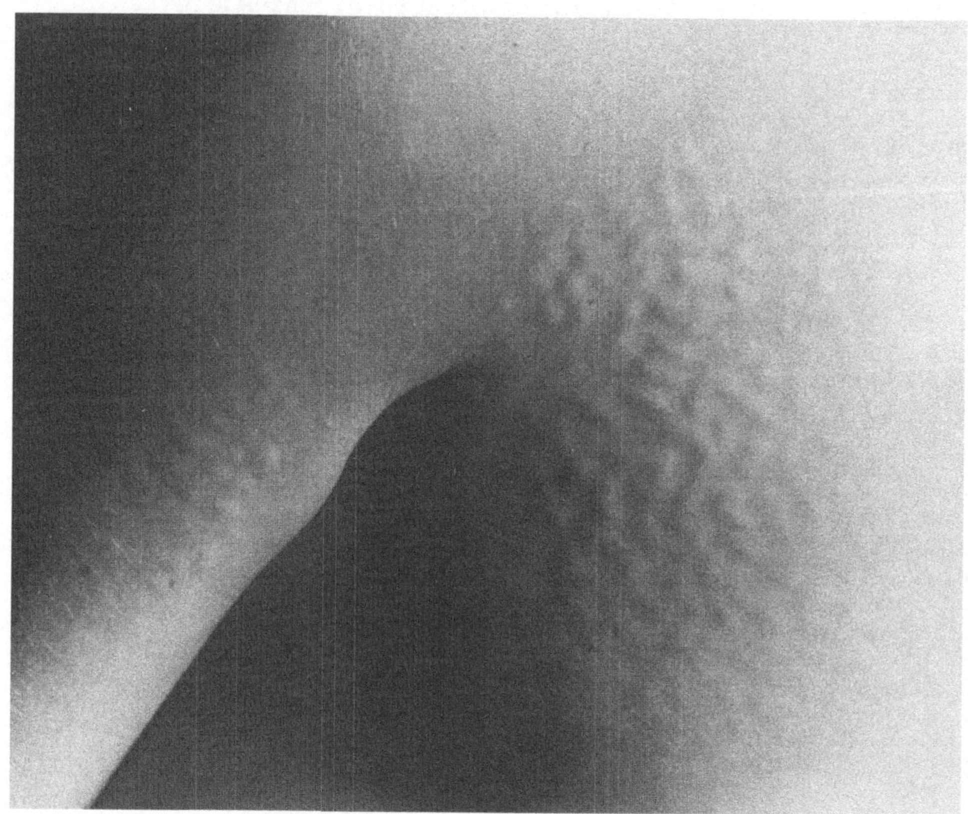

Abb. 5. "Apfelsinenhaut" bei Mucopolysaccharidose II. Bedingt durch umschriebene Glykosaminoglykan-Kollagen-Anhäufung

Tabelle 1. Klassifikation der Mucopolysaccharidosen

Mucopolysaccharidosen					
Typ	Synonym	Neuronaler Defekt	Mesenchymaler Defekt	Enzymdefekt	Erbgang
I-H	HURLER	schwer	schwer	alpha-L-Iduronidase	a.r.
I-S	SCHEIE	nein	leicht	alpha-L-Iduronidase	a.r.
I-H/S	Intermediär	mittel	mittel	alpha-L-Iduronidase	a.r.
II	HUNTER	wechselnd	wechselnd	Sulfoiduronat-Sulfatase	X.r.
III A	Sanfilippo A	schwer	kaum	Sulfamidase	a.r.
III B	Sanfilippo B	schwer	kaum	N-Ac-alpha-D-Glucosaminidase	a.r.
IV	MORQUIO	nein	schwer	CHS-N-Ac-Hexosamin-Sulfatase	a.r.
VI A	MAROTEAUX-LAMY A	nein	leicht	N-Ac-Galaktosamin-4-Sulfatase	a.r.
VI B	MAROTEAUX-LAMY B	leicht	schwer	N-Ac-Galaktosamin-4-Sulfatase	a.r.
VII	SLY	wechselnd	wechselnd	beta-Glucuronidase	a.r.

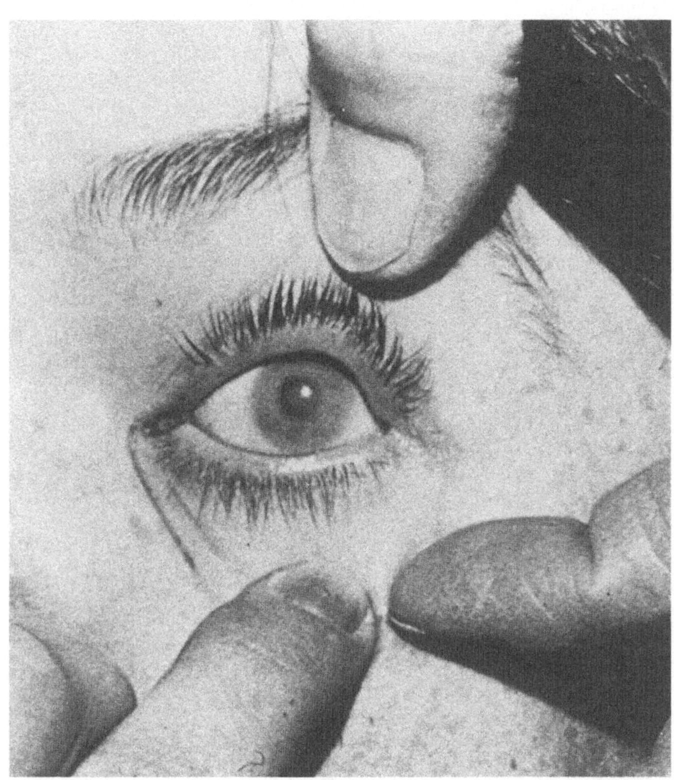

Abb. 6. Diffuse Hornhauttrübung bei Patientin mit alpha-Iduronidase-Defekt

Gen-Mutationen. Die Mucopolysaccharidose II wird X-chromosomal rezessiv, die übrigen Mucopolysaccharidosen werden autosomal rezessiv vererbt.

3. Biochemie und Phänotyp

Wie in Abschnitt 1 ausgeführt, sind einige der klinischen Erscheinungen wie Hautverdickung, HURLER-Gesicht, Hornhauttrübung, Zahnfleischhyperplasie, Hepatosplenomegalie mechanisch als Speicherphänomene zu deuten.

Funktionelle Störungen lassen sich auf Ausfälle von Zellen zurückführen, die durch die exzessive Glykosaminoglykanspeicherung geschädigt wurden. So ist die schwere,progrediente Demenz bei manchen Mucopolysaccharidosen (Abb. 11) auf speicherbedingte neuronale Ausfälle zurückzuführen. Neuronal werden dabei nicht nur Glykosaminoglykane, sondern auch eine Reihe von Sphingolipiden vermehrt gefunden. Kleinwuchs und Skelettdysplasie (Abb. 12) sind durch speicherbedingte Funktionsstörung von Chondroblasten und Osteoblasten zu erklären. Hierbei ist von Interesse, daß neuronale Ausfälle vor allem dann auftreten, wenn der Abbau von Heparansulfat gestört ist, mesenchymale Ausfälle bei einer Störung im Abbau von Dermatansulfat (Abb. 13).

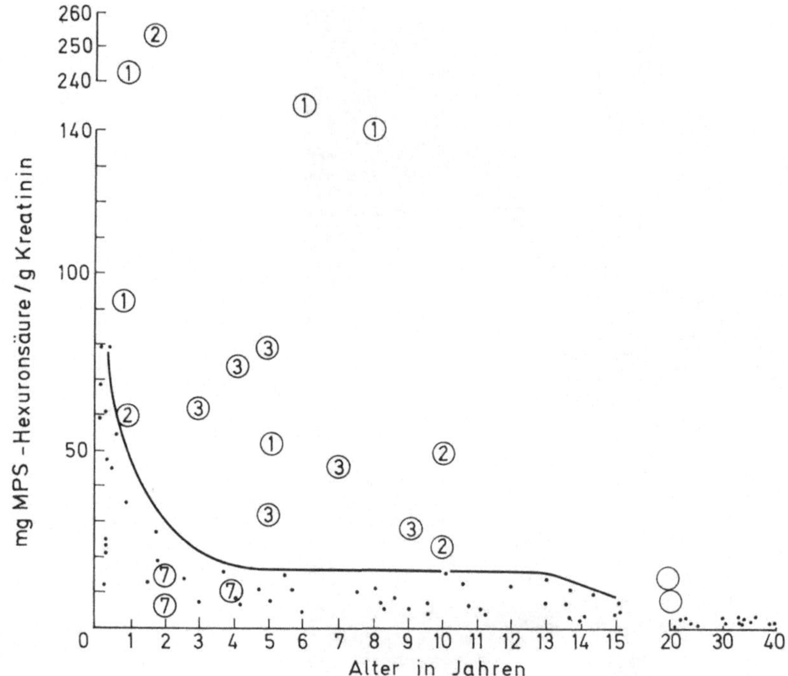

Abb. 7. Mucopolysaccharidausscheidung im Harn.
Ordinate: mg Glykosaminoglykan-Hexuronid pro g Kreatinin.
Abszisse: Alter in Jahren.
Die durchgezogene Linie entspricht dem obersten Normbereich aktuell beobachteter Werte. Die Zahlen 1-3 entsprechen Patienten mit Mucopolysaccharidosen I, II und III. Die im Normbereich liegenden Werte (7) stammen von Patienten mit Glykoproteinosen

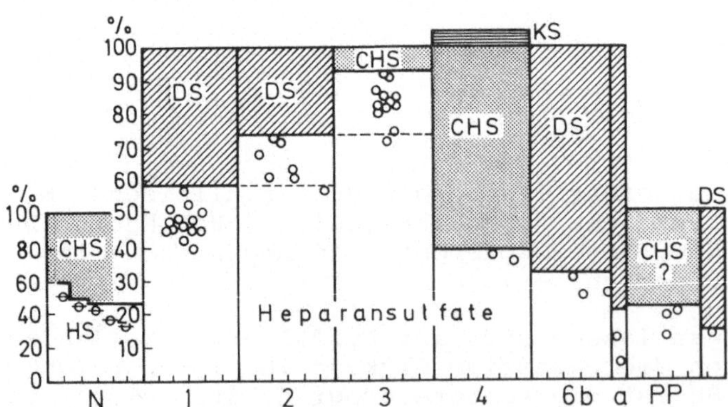

Abb. 8. Glykosaminoglykan-Ausscheidungsmuster bei verschiedenen Mucopolysaccharidosen.
Jeder Kreis entspricht einem Patienten. Prozentuale Verteilung der Carbazolwerte nach Säulenchromatographie über Dowex 1 x 2 und Glykosaminoglykan-Elution durch steigenden NaCl-Gradienten. N = Normalkolletiv, HS = Heparansulfat, DS = Dermatansulfat, CHS = Chondroitinsulfat, KS = Keratansulfat, 1-6 = Mucopolysaccharidosen I-VI, PP = Pseudopolydystrophie (= Mucolipidose III)

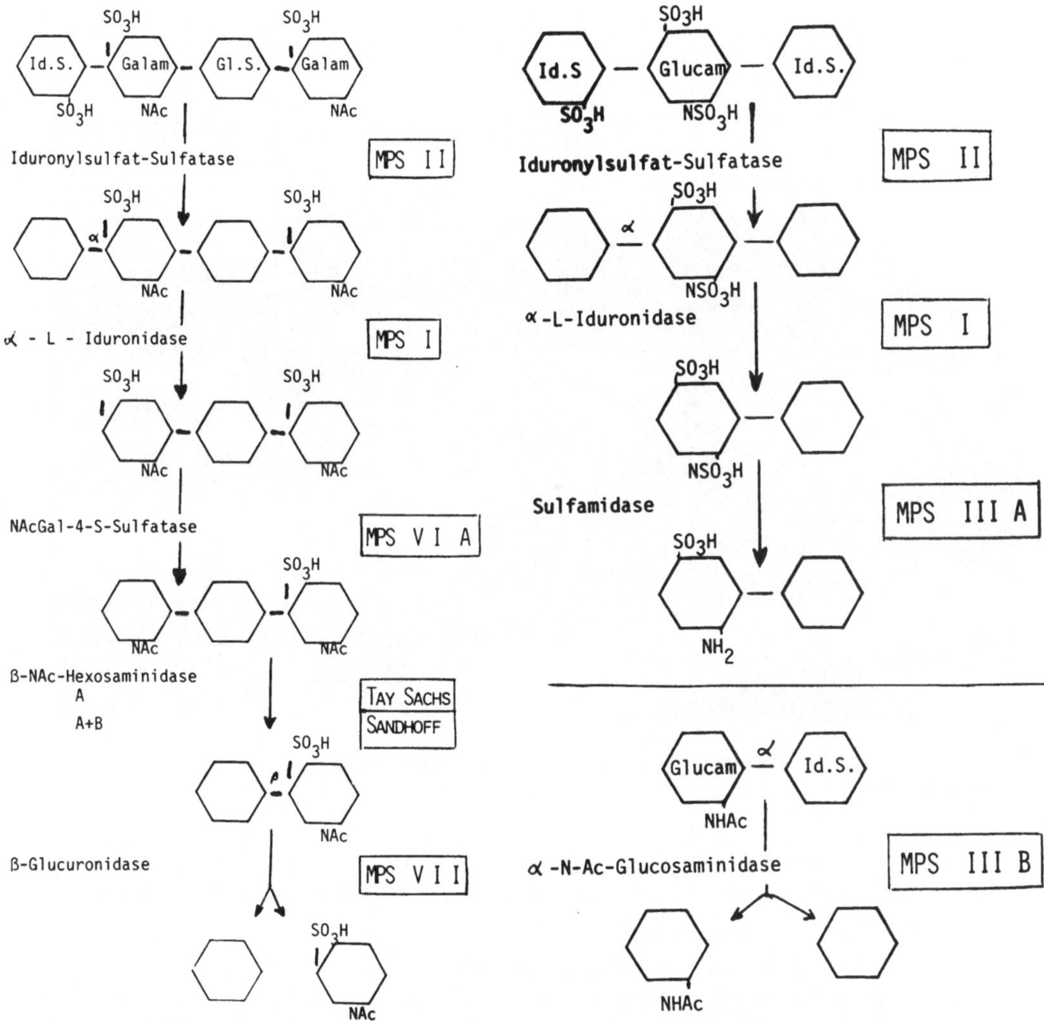

Abb. 9. Schema des Abbaus von Dermatansulfat durch verschiedene Exo-Glykosidasen und Mucopolysaccharidose-Typen, die bei Blockierung des Dermatansulfat-Abbaus an verschiedenen Stellen entstehen

Abb. 10. Schema des Heparansulfat-Abbaus und Mucopolysaccharidosen bei gestörtem Katabolismus

Eine Reihe von klinischen Veränderungen lassen sich noch nicht befriedigend erklären.

1. Nicht befriedigend erklärt sind die mesenchymalen Defekte. Abbaustörungen von Dermatansulfat gehen überwiegend mit Kontrakturen einher (Abb. 14), solche von Keratansulfat dagegen mit einer Bänderschlaffheit. Kontrakturen, Bänderschlaffheit, Hernien (Abb. 15) sind allein durch eine Zellspeicherung von Glykosaminoglykanen nicht zu erklären. Es müssen zusätzliche, wahrscheinlich sekundäre, Defekte im Kollagenstoffwechsel vor-

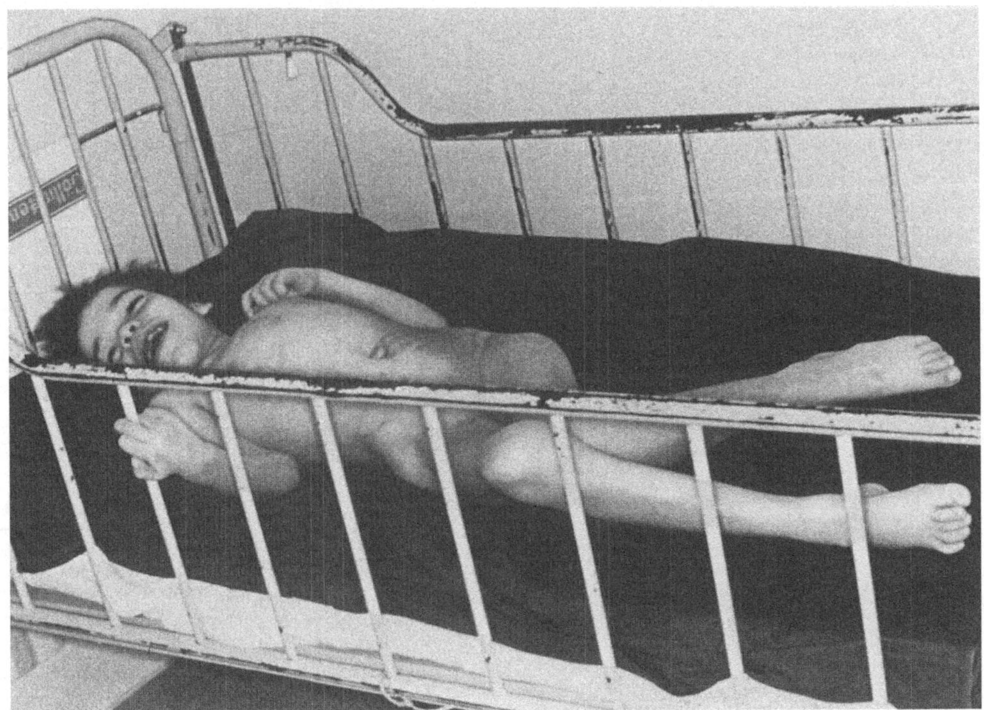

Abb. 11. 13 Jahre alte Patientin mit Mucopolysaccharidose III. Schwerste Demenz

liegen, wobei in Zukunft die Mucopolysaccharidosen interessante Einblicke in die Interaktion zwischen Glykosaminoglykanen und Kollagen geben können.

2. Nicht befriedigend geklärt sind die oben erwähnten Relationen Dermatansulfat-Mesenchymale Defekte und Heparansulfat-Neuronale Defekte. Unerklärt ist auch, warum bei der MORQUIOschen Krankheit mit einem Abbaudefekt des Keratansulfats keine Gelenkkontrakturen, sondern im Gegenteil Gelenkschlaffheit und Bänderschlaffheit beobachtet werden.

3. Weitgehend unklar ist die Art-Genese der Skeletdysplasie: warum führen Störungen im Stoffwechsel komplexer Kohlenhydrate zu der relativ spezifischen Skeletdysplasie der "Dysostosis multiplex" und nicht zu anderen Skeletdeformitäten? Bei der MORQUIOschen Krankheit sind insbesondere die Skeletabschnitte betroffen, bei denen Faserbündel in Knorpel-Knochen-Gewebe einstrahlen, d.h. Faserknochen gebildet werden (Abb. 16).

4. Nicht geklärt ist in vielen Fällen auch die Variabilität der Krankheitserscheinungen. Bei identischem Enzymdefekt können die Knochenveränderungen leicht oder schwer sein (Abb. 12). Die in Abbildung 17 gezeigten Patienten leiden sämtlich an einem Mangel an alpha-Iduronidase; die (mit einem künstlichen Substrat gemessene) Restaktivität liegt bei allen Patienten

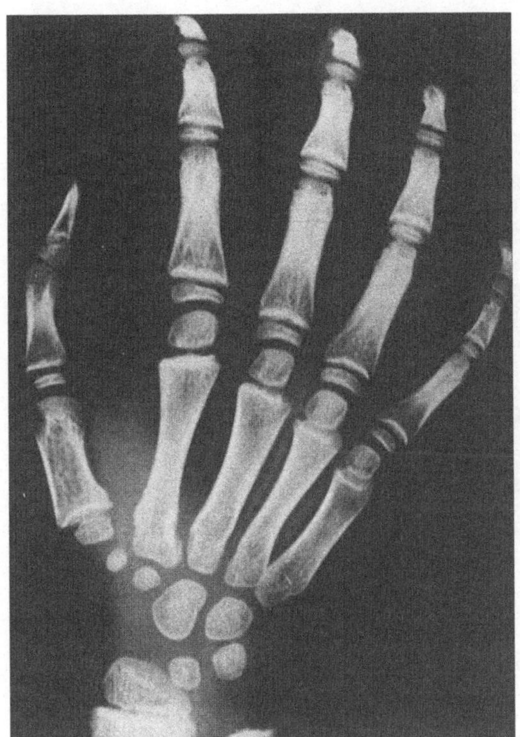

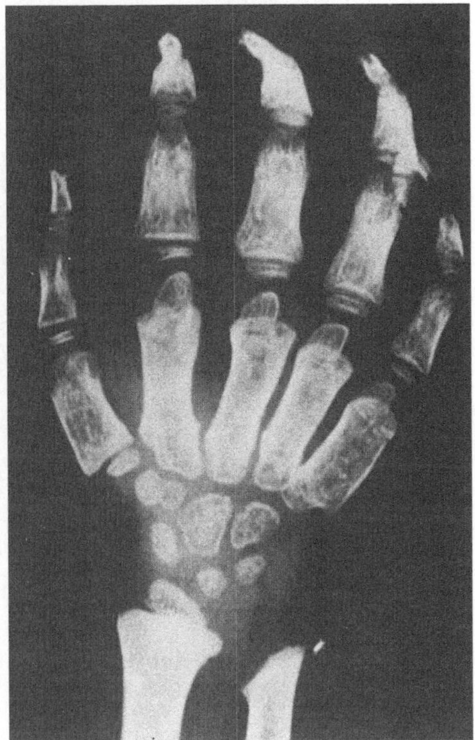

Abb. 12. Skeletveränderungen bei Mucopolysaccharidose VI.
Trotz identischem Enzymdefekt (N-Ac-Galaktosamin-4-Sulfatase = Arylsulfatase B) und gleichem Alter der Patienten sind die Veränderungen in b) sehr viel schwerer als in a)

Mucopolysaccharidoses

Type	Neuronal Defect	Storage Substance		Mesenchymal Defect
I-H	++	← HS	DS →	++
I-S	-		DS →	+
I-H/S	+	← HS	DS →	++
II	+	← HS	DS →	++
III	++	← HS		-
IV	-		KS (CS) --→	"++"
VI	-		DS →	++
VII	+	← HS	DS →	+

Abb. 13. Korrelation zwischen Speichersubstanz, neuronalen und mesenchymalen Defekten.
Speicherung von Heparansulfat ist vorwiegend mit neuronalen Ausfällen verbunden. Speicherung von Dermatansulfat vorwiegend mit mesenchymalen Defekten. Der mesenchymale Defekt bei der Mucopolysaccharidose IV (M. MORQUIO) unterscheidet sich von denen bei anderen Mucopolysaccharidosen qualitativ (Bänderschlaffheit statt Kontrakturen)

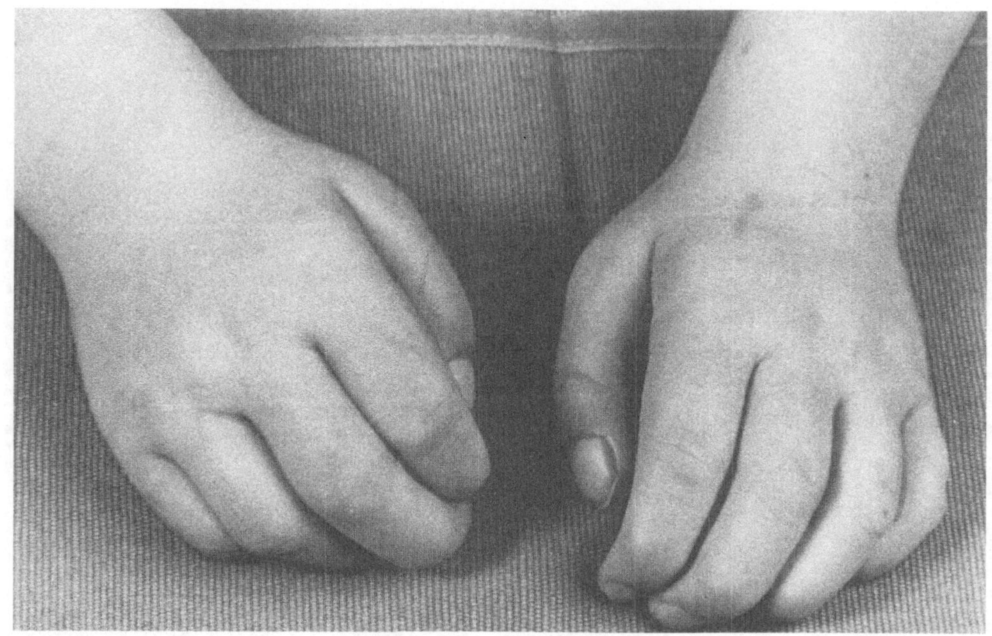

Abb. 14. Kontrakturen der Fingergelenke bei Mucopolysaccharidose I

gleich niedrig. Möglicherweise lassen sich hier Aktivitätsunterschiede des Enzyms gegen natürliche Substrate finden (5).

4. Praktische Diagnostik

Die diagnostische Abklärung bei Verdacht auf eine Mucopolysaccharidose erfolgt schrittweise in enger Zusammenarbeit zwischen Kliniker und Biochemiker.

Die einzelnen Schritte sind im Fließdiagramm (Abb. 18) dargestellt:

1. Genaue klinische Untersuchung; Ermittlung der differentialdiagnostisch wichtigsten Merkmale, insbesondere von geistigem Entwicklungsstand, Hornhauttrübung, Grad der mesenchymalen Veränderungen.

2. Röntgenaufnahmen des Skelets. Störungen im Katabolismus komplexer Kohlenhydrate äußern sich fast durchweg in Skeletveränderungen. Fehlen sie, so ist eine Mucopolysaccharidose sehr unwahrscheinlich.

3. Suchtest auf erhöhte Mucopolysaccharidurie. Bewährt hat sich hier insbesondere der Toluidinblau-Spot-Test, der praktisch keine falsch-negativen Ergebnisse bringt (8). Falsch-positive

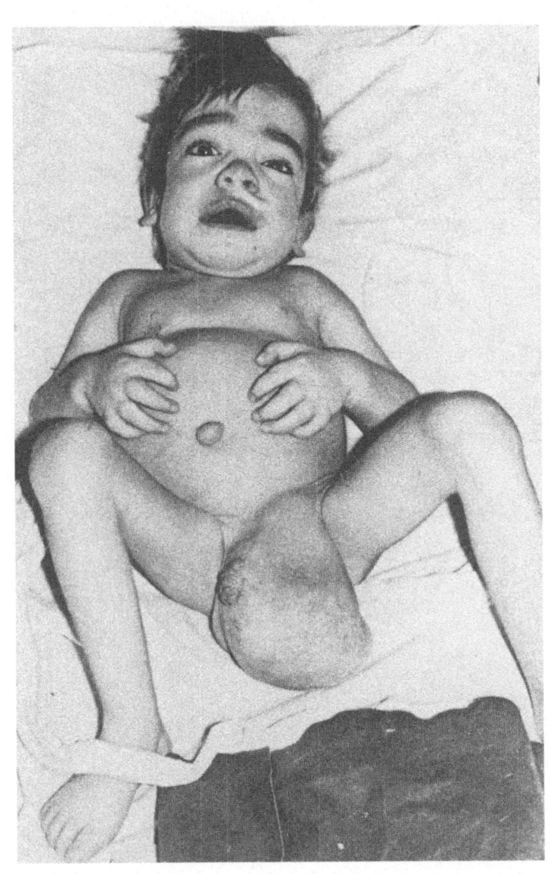

Abb. 15. Inguinalhernie bei 5-jährigem Patienten mit Mucopolysaccharidose I

Testergebnisse sind nicht selten, können aber jederzeit durch die quantitative Bestimmung der Urin-Glykosaminoglykane korrigiert werden.

4a. Speichervacuolen
Bei normaler Mucopolysaccharidurie, aber eindeutigen klinischen und röntgenologischen Symptomen besteht Verdacht auf eine Störung im Abbau von Glykoproteinen oder Glykolipiden. In diesen Fällen soll nach abnormen Speichervacuolen in Lymphocyten und Knochenmarkszellen gesucht werden.

4b. Quantitative Glykosaminoglykanbestimmung und -differenzierung
Bei erhöhter Mucopolysaccharidurie genügt häufig die Synopsis der klinischen, radiologischen Befunde und der quantitativ (säulenchromatographisch oder elektrophoretisch) aufgetrennten Urin-Glykosaminoglykane für eine ausreichende Klassifizierung des Krankheitsbildes.

5. Enzymdiagnostik. Eine Bestimmung der lysosomalen Enzym-Aktivitäten aus Serum, Leukocyten oder gezüchteten Fibroblasten ermöglicht die spezifische Diagnose einer Mucopolysaccharidose. Enzymatisch können wegen Fehlens von künstlichen Substraten derzeit die Mucopolysaccharidosen II und IV noch nicht rou-

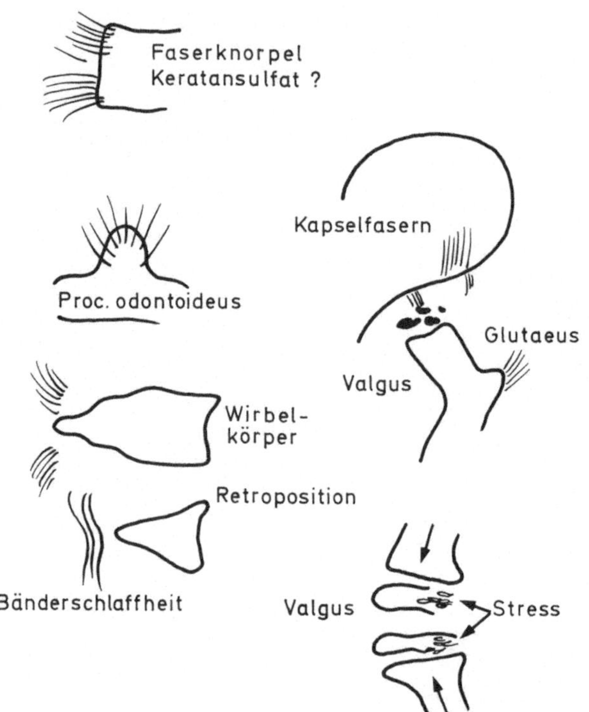

Abb. 16. Schema der Skeletveränderungen bei der Mucopolysaccharidose IV (MORQUIO).
Defekte finden sich vor allem in den Regionen, in denen Faserbündel in den Knochen einstrahlen. Die in diesen Regionen lokalisierte Knochenbildung hängt möglicherweise vom Keratansulfat-Stoffwechsel ab. Stress-Faktoren führen am Knie zu sekundären zusätzlichen Veränderungen

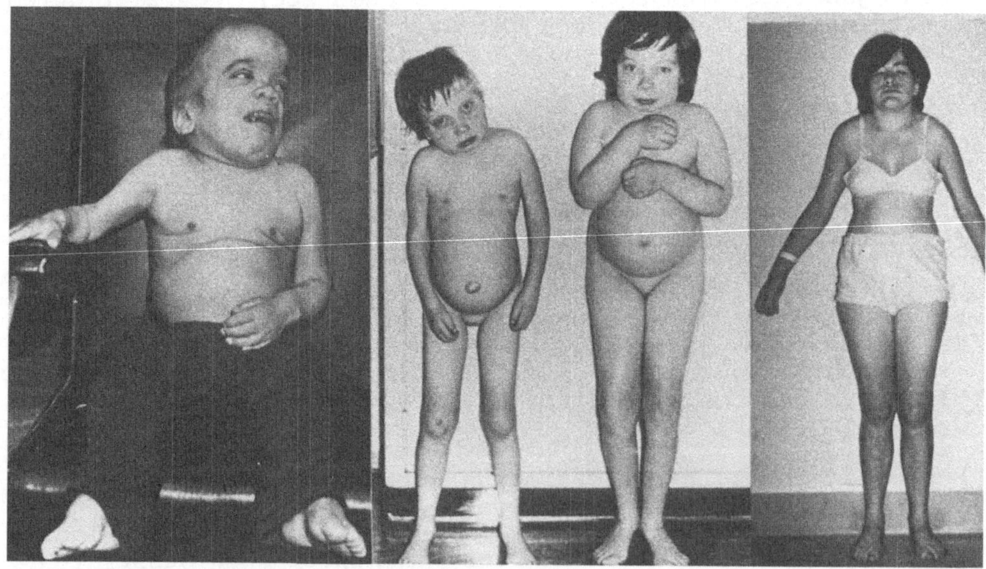

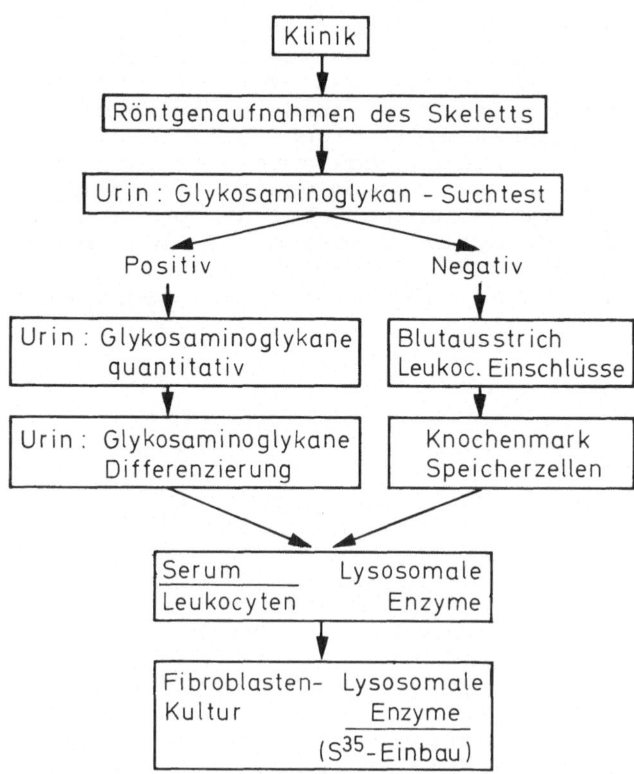

Abb. 18. Fliessdiagramm zur Diagnose einer Mucopolysaccharidose

tinemäßig diagnostiziert werden. Bei der Mucopolysaccharidose II behilft man sich durch den Nachweis einer Normalisierung des Glykosaminoglykan-Stoffwechsels in Fibroblasten (Punkt 6) mittels eines aus Urin von Normalpersonen gewonnenen "Korrekturfaktors". Die Mucopolysaccharidose IV läßt sich klinisch-radiologisch eindeutig diagnostizieren.

◁

Abb. 17. Verschiedene Phänotypen bei alpha-Iduronidase-Mangel.
Links: 12-jähriger Patient mit Mucopolysaccharidose I-H (HURLER): schwerste mesenchymale und neuronale Ausfälle.
Mitte: 12 und 9 Jahre alte Geschwister mit Intermediärtyp: deutliche mesenchymale Ausfälle, nur geringe Beeinträchtigung der intellektuellen Funktionen.
Rechts: 21 Jahre alte Patientin mit Mucopolysaccharidose I-S (SCHEIE). Die Patientin hat etwas grobe Gesichtszüge, Gelenkkontrakturen - im Ganzen jedoch ein ungleich viel leichteres Krankheitsbild als die anderen Patienten. Sie ist geistig normal entwickelt

6. Bestimmung der S^{35}-Einbaurate in Fibroblasten
Dem Kulturmedium zugesetztes S^{35} wird von Mucopolysaccharidose-Fibroblasten vermehrt aufgenommen und vermindert wieder abgegeben. Die Bestimmung der Einbaurate und der intracellulären Verlustquote ist in Ausnahmefällen geeignet, pauschal einen gestörten Glykosaminoglykan-Katabolismus nachzuweisen. Die Methode wird vor allem bei der Mucopolysaccharidose II und - jeweils neben der Enzymbestimmung - bei der pränatalen Diagnostik eingesetzt. Die Mucopolysaccharidose IV läßt sich mit S^{35}-Einbaustudien nicht fassen, da Fibroblasten kein Keratansulfat synthetisieren und infolgedessen S^{35} nicht vermehrt inkorporieren.

Literatur

1. CANTZ, M., GEHLER, J.: The Mucopolysaccharidoses: Inborn errors of Glycosaminoglycan Catabolism. Hum. Gene. 32, 233 (1976)
2. DORFMAN, A., MATALON, R.: The mucopolysaccharidoses (A Review). Proc. Nat. Acad. Sci. USA 73, 630 (1976)
3. GAJDOS, A.: Les mucopolysaccharidoses. Nouv. Presse méd. 6, 1745 (1977)
4. KELLY, T.E.: The Mucopolysaccharidoses and Mucolipidoses. Clin. Orthop. 114, 118 (1976)
5. MATALON, R., DEANCHING, M.: The enzymic basis for the phenotypic variation of HURLER and SCHEIE Syndromes. Pediat. Res. 11, 887 (1977)
6. NEUFELD, E.F.: The biochemical basis for mucopolysaccharidoses and mucolipidoses. Prgr. Med. Genet. 10, 81 (1974)
7. RAMPINI, S.U.: Klinik der Mukopolysaccharidosen. Beihefte Klin. Pädiat. Heft 74, Stuttgart: Enke 1976
8. SPRANGER, J., VON GERMAR, R.: Mukopolysaccharid-Suchtest. Pädiat. Prax. 6, 659 (1967)
9. SPRANGER, J.: The Genetic Mucopolysaccharidoses. Ergebn. inn. Med. Kinderheilk. 32, 165 (1972)

Aufgaben, Möglichkeiten und Grenzen der Klinischen Biochemie in der Erforschung pathologischer Zustände und Mechanismen

Moderator: A. Delbrück

In die Mitte des Themenkreises des diesjährigen Merck-Symposiums ist eine Besinnung über die Aufgaben, Möglichkeiten und Grenzen der Klinischen Biochemie in der Erforschung pathologischer Zustände und Mechanismen gesetzt worden, nachdem zuvor an einem speziellen Gebiet der Pathobiochemie methodisches Vorgehen und Interpretationen pathobiochemischer Erkenntnisse aufgezeigt wurden. Die dort angedeuteten Linien lassen sich in viele Teilgebiete der Pathobiochemie verfolgen. Herr TRAUTSCHOLD und Herr GEROK haben es unternommen, diese Fragestellungen unter einem allgemeinen Aspekt aus der Sicht der Klinischen Chemie und Klinik darzustellen. Wie am Vormittag sind auch Sie alle herzlich gebeten und aufgerufen, durch Ihre Diskussionsbeiträge die Breite der Betrachtungsweisen zu erweitern, die Fragestellungen zu vertiefen und mitzuarbeiten an einer Synthese der auf den Teilgebieten gewonnenen Erkenntnisse. Von besonderem Gewicht erscheint mir dabei die Suche nach den methodischen Wegen, welche zu einer optimalen Ausschöpfung der Informationen aus Klinik und Klinischer Chemie zur Lösung pathobiochemischer Fragestellungen führen.

Aufgaben, Möglichkeiten und Grenzen der Klinischen Biochemie in der Erforschung pathologischer Zustände und Mechanismen aus der Sicht des Klinischen Chemikers

I. Trautschold

Ein wesentliches Anliegen der Merck-Symposien ist die Förderung der Zusammenarbeit von Klinik und Klinischer Chemie.

Aus der Sicht des Klinischen Biochemikers wird diese Zusammenarbeit in Zukunft mehr als bisher zwei wesentliche Entwicklungen in unserem Lande mitbestimmen: Einmal wird eine international anerkannte klinische Forschung nur unter intensiver Beteiligung der Klinischen Chemie überhaupt durchführbar sein und zum anderen kann nur diese Zusammenarbeit verhindern, daß die Klinische Chemie von dem Status einer eigenständigen wissenschaftlichen Disziplin, den sie nach der schmerzlichen Ausgliederung aus der Klinischen Medizin in den letzten zwei Jahrzehnten mühsam errungen hat, in die Funktion eines reinen Dienstleistungsbetriebes abgleitet.

Diese einleitende These, mag sie vom Kliniker und Klinischen Chemiker auch zunächst als übertrieben empfunden werden, läßt sich unschwer aus einer nicht einmal sehr tiefschürfenden Analyse der heutigen Situation der klinischen Forschung ableiten.

1. Klinische Biochemie

Die breiteste Basis für eine interdisziplinäre Zusammenarbeit bietet zweifelsohne die Klinische Biochemie, d.h. der Bereich Pathobiochemie-Pathophysiologie.

Diese Disziplin bemüht sich um den analytischen Nachweis von Stoffwechselstörungen der Zell-, Gewebe- und Organfunktionen als Ursache für die Entstehung von Krankheiten. Dazu wird das gesamte Spektrum der physikalisch-chemischen Analysenmethoden herangezogen. Weiter gilt es, die dem pathologischen Zustand zugrunde liegenden molekularen Mechanismen zu erfassen, die das Verständnis für die Symptomatik und den Verlauf von Erkrankungen liefern und Wege für eine kausale Therapie aufzeigen.

Es sind Meßparameter zu ermitteln und die dafür erforderlichen Testverfahren auszuarbeiten, die als spezifische Indikatoren eine eindeutige und möglichst frühzeitige Erkennung einer Störung ermöglichen, eine Kontrolle des Heilverlaufes gestatten und vorbeugende Maßnahmen erlauben.

Da selbst einfache Störungen, wie das Fehlen eines einzelnen Enzyms, sehr komplexe Krankheitsbilder erzeugen können, muß von den vielfältigen phänotypischen Merkmalsänderungen ausgehend die Kausalkette der Störungen bis zu dem eigentlichen auslösenden

Defekt analysiert und Wechselwirkungen als Ursachen für sekundäre Krankheitserscheinungen erkannt und analytisch abgegrenzt werden. Klinisch biochemische Forschung geht somit direkt vom Patienten aus, ihre Resultate sollten auch wieder dem Patienten zugute kommen, ohne die für gesicherte Fortschritte der Grundlagenforschung übliche Latenzzeit von mehreren Jahren.

Bei der Beurteilung von Messungen der Konzentration von Metaboliten und biologisch aktiven Substanzen wie z.B. Enzymen und Hormonen können zwar bekannte physiologische Konzentrations- und Aktivitätsbereiche zum Vergleich herangezogen werden, jedoch sind häufig die Zusammenhänge normaler Regulations- und Wirkungsmechanismen noch unerforscht. Klinische Biochemie bedeutet somit zum Teil auch Aufklärung physiologischer Mechanismen anhand ausgeprägter Abweichungen vom Normalzustand.

Noch ein Wort zur Klinischen Biochemie: Den meisten von Ihnen wird es nicht entgangen sein, daß um die Bezeichnung "Klinische Biochemie" in den letzten Jahren ein gewisser Kompetenzstreit eingesetzt hat. Aus früheren Empfehlungen des Wissenschaftsrates war die Einrichtung klinisch-theoretischer Fächer wie z.B. Klinische Biochemie oder Klinische Pharmakologie im klinischen Bereich vorgesehen. Funktion dieser, den klinischen Departments zugeordneten Abteilungen, sollte die klinische Forschung sein, offen für alle klinischen und theoretischen Disziplinen. Zudem sollte die Klinische Biochemie über kleine Einheiten zur Stoffwechsel- und Organfunktionsuntersuchung, sogen. "metabolic wards" verfügen, die bei unklaren Fällen eine speziellere Diagnostik direkt am Patienten ermöglichen.

Infolge der Finanzmisere der Länder konnte dieses Vorhaben nur an wenigen Hochschulen realisiert werden. Auch diese wenigen Abteilungen wurden so unzulänglich angelegt und ausgestattet, daß sie diesen hohen Ansprüchen in keiner Weise gerecht werden können.

So kam es als Reaktion auf diesen Fehlschlag vielerorts zu einer bloßen Erweiterung von Institutsbezeichnungen, wie Institut für Klinische Biochemie und Physiologische Chemie oder Klinische Chemie und Klinische Biochemie, wobei in den wenigsten Fällen auch eine Übernahme der mit dieser Bezeichnung verbundenen Pflichten erfolgte. Dem Biochemiker kam diese Ergänzung der Institutsbezeichnung gelegen, da sich seine Forschungsschwerpunkte ohnehin zunehmend auf die Erfassung pathologischer Stoffwechselvorgänge verlagert haben und die Einbeziehung der Pathobiochemie in die Lehre eine willkommene Motivierung des vorklinischen Studenten für die Lernbereitschaft naturwissenschaftlicher Fakten bedeutete. Katalysiert durch die neue Ausbildungs- und Prüfungsordnung für Mediziner, hat sich die Pathobiochemie und Pathophysiologie zunehmend auch als eigenständiges Lehrfach abgegrenzt. Diese Abnabelung, vorwiegend von der Inneren Medizin, war beschwerlich; sie wäre wohl - schon aus der gewachsenen Tradition der großen medizinischen Fächer heraus - nicht denkbar, wenn nicht durch die neue Approbationsordnung und die Notwendigkeit der Erstellung eines Gegenstandskataloges "Pathobiochemie-Pathophysiologie" der erforderliche äußere Zwang dazu vorgegeben gewesen wäre.

2. Situation des Klinischen Chemikers

Nun zum Klinischen Chemiker: Anders als in den angelsächsischen und skandinavischen Ländern, in denen ein eigener Ausbildungsweg zum Klinischen Chemiker zum Teil schon länger besteht, ist die Klinische Chemie in Deutschland gerade in ihre zweite Generation getreten. Nach Abtrennung von der Inneren Medizin sowie von der analytischen und physiologischen Chemie hat sie unter der Anleitung einer kleinen Führungsgruppe, die sich mit eigener Kraft aus der Mutterdisziplin herauskristallisiert hat, die Voraussetzungen erhalten, die für die Eigenständigkeit einer akademisch-wissenschaftlichen Fachrichtung notwendig sind. Diese Disziplin trat mit dem Anspruch auf, die Methoden der analytischen Chemie und der Biochemie auf Probleme der Diagnose und Therapie von Erkrankungen beim Menschen anzuwenden und vorbeugende Maßnahmen zu bieten.

Die steigende Zahl der Analysenanforderungen von Seiten der Klinik, die ständige Zunahme der Vielfalt der Methoden und der instrumentellen Ausrüstung konnte nur durch Zentralisierung und oft allzu überstürzte Rationalisierungsmaßnahmen wie Automation und Datenverarbeitung im klinisch-chemischen Laboratorium aufgefangen werden. Die gesamte Arbeitskapazität mußte zunächst in die Erlernung neuer Technologien und in die Anpassung der Methoden an neue Apparate investiert werden. Dazu kamen die Bemühungen, die Analysenmethoden durch Kontroll- und Optimierungsverfahren, bei steigender Analysenfrequenz und kürzeren Analysenzeiten, zuverlässiger und ökonomischer zu gestalten und die Aussagekraft der analytischen Daten für die Krankheitserkennung und den Therapie- und Rehabilitationsverlauf des Patienten zu verbessern. Wenige Impulse flossen in die Entwicklung neuer Analysenmethoden, eine ständige Beratung des Klinikers bei der Befundbeurteilung ist der Ausnahmefall und eine Zusammenarbeit in der klinischen Forschung fehlt weitgehend. Der Kontakt mit der Klinik erschöpft sich vorwiegend in der Diskussion organisatorischer Probleme. Allenfalls findet noch eine Beratung der Kliniker bei der Festlegung des klinisch-chemischen Analysenprogrammes und der Parameterkombination statt und dieses oft nur, um nicht in der Flut von Analysenanforderungen unterzugehen.

Eine grundsätzliche Schwierigkeit ergibt sich beim Klinischen Chemiker zusätzlich aus dem Curriculum, wenn Chemiker und Biochemiker sich diesem Beruf zuwenden. Auch nach Ableistung der von der Deutschen Gesellschaft für Klinische Chemie aufgestellten Weiterbildungskriterien nach einem abgeschlossenen Hochschulstudium und nach der Erlangung der Anerkennung als Klinischer Chemiker ist für diese Kollegen die Kontaktaufnahme mit der Klinik besonders schwierig. Es sind nicht allein anfängliche Schwierigkeiten in der bloßen Terminologie, die eine Verständigung mit dem Kliniker behindern, sondern vielmehr prinzipielle Unterschiede in der fachbezogenen Denkschematik; hier die Patienten-bezogene praktische Denkweise und dort das abstrakte naturwissenschaftliche in vitro-Denken. Dies führt häufig zu unterschiedlichen Auffassungen über klinische Probleme oder verursacht Schwierigkeiten bei der Einpassung von Analysenergebnissen in klinische Befunde im Rahmen einer Differentialdiagnose.

Eine Durchsicht der einschlägigen wissenschaftlichen Literatur läßt klar erkennen, daß neue pathobiochemische Erkenntnisse nur in wenigen Fällen von Klinischen Chemikern stammen. Zu dem gleichen Ergebnis kommt Poul ASTRUP, der in seinem Vortrag auf dem 9. Internationalen Kongress für Klinische Chemie feststellte, daß in spezifisch klinisch-chemischen Zeitschriften über einen 2-Jahreszeitraum, nur 2-4% der Beiträge rein biochemische Aspekte beinhalten, 3-5% klinisch orientiert waren und der Rest sich überwiegend mit klinisch-chemischer Methodik, Organisationsfragen und Zuverlässigkeits- und Datenverarbeitungsproblemen beschäftigten. Dabei zeigten sich erhebliche Unterschiede in den Forschungsschwerpunkten einzelner Länder. So beschäftigen sich etwa 60% der Publikationen aus 11 skandinavischen Zentren für Klinische Chemie mit biochemischen und Medizin-bezogenen Aspekten. Eine Befragung von 1562 Biochemikern in der Bundesrepublik ergab eine Quote von 3,9% für die Kombination der Forschungsschwerpunkte Klinische Biochemie und Klinische Chemie, während jeweils 5,6% bzw. 5,1% der Befragten diese Fachrichtungen als alleiniges Hauptfach angegeben haben.

Ein junger Wissenschaftler mit Ideen und Forscherdrang wird es sich in unserem Land unter diesen Umständen gut überlegen, ob er seine Wünsche und Neigungen in einem klinisch-chemischen Laboratorium den vorrangigen Routinezwängen opfern soll. Eine negative Auslese könnte allzuleicht die Folge sein.

Diese Situationsschilderung zeichnet nur ein vermeintlich negatives Bild der Klinischen Chemie. Was die junge Disziplin in der kurzen Zeit ihres Bestehens geleistet hat, kann nur bei genauer Kenntnis des vielfach ineinander verzahnten Funktionsablaufs eines großen Zentrallaboratoriums ermessen werden.

Auch Zahlen, wie ein Anfall von 10 000 Analysendaten pro Tag, verteilt auf 100-120 Parameter, wie z.B. im Klinisch-Chemischen Institut der Medizinischen Hochschule Hannover, sagen nur wenig. Man muß sehen, daß zur Standardisierung einer Methode die Wahl der Test- und eventueller Referenzmethoden, Wahl und Kontrolle des Standards, Methodenvergleiche und -Optimierungen, Einführung eines internen Qualitätskontrollsystems und eine ständige Methodenüberprüfung anhand von Mindestanforderungen sowie eine überregionale Überwachung durch eine externe Qualitätskontrolle gehören. Ein derart technisch hochspezialisiertes System eines Dienstleistungsbetriebes benötigt gut geschultes Fachpersonal insbesondere zur Wartung der Automaten und zur Datenverarbeitung. Interne Schulungsmaßnahmen gehören daher heute selbstverständlich zum Aufgabenbereich der Klinischen Chemie.

Es wäre denkbar, daß eine Weiterentwicklung der analytischen Technologien und Instrumentation in dem bisherigen Ausmaß aus Gründen der Rationalisierung und Ökonomisierung zu einer Abtrennung der klinisch-chemischen Dienstleistung aus dem akademischen Bereich auf der Grundlage einer kostendeckenden Bewirtschaftung unter Leitung eines modernen Managements führen könnte.

Im übrigen hat die Klinische Chemie noch zahlreiche ungelöste Aufgaben vor sich, die den vollen Einsatz des wissenschaftlichen und technischen Personals und erhebliche finanzielle Aufwendungen bis in die 80iger Jahre erfordern. Dazu gehört z.B. die Ausarbeitung von Referenzmethoden, die Erarbeitung von Normalwerten bzw. Referenzwerten für die Gesamtbevölkerung, der on-line Anschluß von Analysenautomaten mit positiver Probenidentifizierung und Prozeßsteuerung, die Festlegung von indiskriminierten Analysen, die Entwicklung kontinuierlicher in vivo-Untersuchungsmethoden für diagnostische und therapeutische Eingriffe, sowie die ständige Anpassung klinisch-toxikologischer Analysenmethoden an den Therapiefortschritt und Untersuchungen im Rahmen der Arzneimittelprüfung. Es wird unter den gegebenen Umständen kaum denkbar sein, für klinisch-experimentelle Forschung in nächster Zeit noch zusätzlichen Freiraum zu schaffen.

3. Situation des Klinikers

Erlauben Sie mir jetzt, als einfacher Theoretiker auch die Situation des forschenden Klinikers aus meiner Sicht zu skizzieren. Dazu ist es notwendig, die Arbeits- und Entwicklungsmöglichkeiten auf den verschiedenen Stufen eines klinischen Werdegangs zu erfassen. Die starke Belastung eines jüngeren Kollegen durch die klinische Tätigkeit erlaubt in der ersten Ausbildungsstufe in der Regel keine Forschungstätigkeit. Oft erst nach Jahren und einer Rotation durch mehrere klinische Abteilungen ermöglicht eine Freistellung die Aufnahme selbständiger Forschungsarbeiten. Dieser Weg führt ohne die notwendige experimentelle Unterstützung im allgemeinen zu keiner fruchtbaren Arbeit. Die immer stärkere thematische und methodische Auffächerung der klinischen Forschung macht eine intensive Spezialausbildung unseres wissenschaftlichen Nachwuchses notwendig. Diese nach mehreren Klinikjahren erst zu beginnen, stellt beide Ausbildungsziele in Frage. Der Einstieg in die klinisch-praktische Weiterbildung nach einer wenigstens 2-jährigen Tätigkeit in einer experimentellen Forschungsabteilung hat ebenfalls erhebliche Nachteile. Die begonnene wissenschaftliche Entwicklung wird durch die Eingliederung in die klinische Routine zunächst auf längere Zeit unterbrochen und kann dann meist nur als Nebentätigkeit fortgesetzt werden. Häufig fehlen hierfür ohnehin die erforderlichen räumlichen und insbesondere apparativen Voraussetzungen. In seltenen Fällen kommt eine echte Zusammenarbeit mit Kollegen einer klinisch-experimentellen Arbeitsgruppe zustande. Es bleibt häufig bei einer heute untragbaren 1-Mann-Forschung; hieraus mag zum Teil der Eindruck entstanden sein, daß Forschung in der Klinik häufig ohne klares Konzept, ohne detaillierte Versuchsplanung und mit inadäquater Methodik an klinischen Einzelbefunden orientiert, betrieben wird. Ein weiterer traditioneller Mißstand belastet das Verhältnis des Klinikers zur Forschung: Einerseits die Notwendigkeit, sich mit Forschungsquantität zu profilieren (publish or perish) und einen Qualifikationsnachweis anhand der Habilitation zu erbringen, andererseits eine möglichst breite klinische Erfahrung zu sammeln, welche die Übernahme leitender Positionen im Krankenhauswesen z.B. als Chefarzt ermöglicht.

Häufig werden dadurch wertvolle Arbeitsprogramme abgebrochen und erhebliche geistige und materielle Investitionen brachgelegt.

4. Bedingungen für eine Zusammenarbeit

Die Konsequenz dieser Überlegungen bedeutet, daß klinisch-experimentelle Forschung nur durch Kooperation der Klinik mit der theoretischen Medizin sinnvoll ist. Die Problematik dieser Forschung geht in der Regel vom Patienten und damit vom Kliniker aus. Der Kliniker muß von seiner wissenschaftlichen Ausbildung her in der Lage sein, die Vielschichtigkeit der Problematik zu erfassen sowie unter Einbeziehung der Literatur experimentelle und methodische Zugangsmöglichkeiten grob skizzieren zu können. Bereits in dieser Phase ist das Wechselgespräch mit Spezialisten notwendig; die Verständigung auf einer gemeinsamen Kontaktebene ist eine wesentliche Voraussetzung. Dabei muß der Kliniker die Entwicklung der Grundlagenforschung auf dem spezifischen Arbeitsgebiet soweit überblicken, daß er das Problem dem Theoretiker verständlich machen kann. Der Kliniker muß den Theoretiker zunächst führen, er muß es verstehen, ihn zu begeistern.

In einem nächsten Schritt gilt es, das Versuchsdesign zu präzisieren, das Versuchsobjekt zu wählen, die problemspezifischen Methoden und deren Kontrollmöglichkeiten zu ermitteln, die Randbedingungen der Versuchsplanung zu fixieren, um eine einwandfreie statistische Auswertung im Sinne der Fragestellung zu garantieren, einen Zeit- und Kostenplan aufzustellen und eine sinnvolle Arbeitsteilung vorzunehmen. Dieser Katalog enthält wesentliche Forderungen, die in dieser Vielfalt nahezu ideal von der Klinischen Chemie abgedeckt werden können. Der Klinische Chemiker bringt Erfahrung in der Versuchsplanung mit, er verfügt über die erforderlichen methodischen und analytischen Kenntnisse, er ist in der Lage, bestehende Analysenmethoden an die Problemstellung zu adaptieren oder neue Verfahren zu erproben, er kann durch entsprechende Methodenkontrollen die Aussagekraft der Meßresultate optimal ausschöpfen; er verfügt zugleich über einen stattlichen Gerätepark und kann meist mit der eigenen EDV-Anlage die Datenauswertung vornehmen. Spezielle Belange sind durch Mitarbeiter aus klinisch-theoretischen Bereichen abzudecken; dies trifft besonders für morphologische und für molekular-biologisch-genetische Untersuchungen zu.

In manchen Fällen wird das persönliche wissenschaftliche Interessengebiet des Klinischen Chemikers mit dem Forschungsgegenstand übereinstimmen und er könnte die Spezialistenfunktion selbst übernehmen. Beispiele hierfür liegen in den beiden speziellen Problemkreisen dieses Symposiums vor.

Die Eingliederung der Arbeitsgruppe in einen Forschungsschwerpunkt oder ein anderes überregionales Forschungsprogramm erleichtert Finanzierungsprobleme und fördert die an deutschen Hochschulen wenig ausgeprägte Kooperationsbereitschaft.

Eine längerfristige Freistellung des Klinikers und des Klinischen Chemikers ist eine weitere wichtige Voraussetzung. Da mit einer Ausweitung der Stellenpläne in den öffentlichen Haushalten in nächster Zeit nicht zu rechnen ist, könnte die in der Hochschulgesetzgebung vorgesehene Reform der klinischen Hochschullehrerlaufbahn den nötigen Freiraum für Forschungsvorhaben schaffen.

Beispielhaft als Modell im klinisch-chemischen Bereich ist das Institut von ELDJARN am Rikshospital in Oslo. Durch eine Trennung von Routine- und Forschungsbereich ist wenigstens zeitweise eine Freistellung der wissenschaftlichen Mitarbeiter von der Routine möglich. Diese Zweiteilung klinisch-chemischer Institute ist bei uns allerdings in den meisten Fällen wegen Raum- und Personalmangel nicht durchführbar. Eher wäre es noch möglich, einen Teil der Routinekapazität für das Analysenprogramm im Rahmen eines Forschungsvorhabens freizumachen, obwohl eine apparative Auslastung vielfach bereits heute gegeben ist und die Frequenz der Routineanalysen noch im Steigen begriffen ist.

Die Zusammenarbeit zwischen Klinik und Klinischer Chemie muß aber auch über gemeinsame Arbeitsprogramme hinaus enger und besser werden. Dies betrifft besonders die oft überzogenen und wenig sinnvollen Anforderungen an die klinisch-chemische Routine, ein Zeichen, daß das pathobiochemische Verständnis des Arztes nicht mit seinem handwerklichen Fortschritt adäquat gewachsen ist. Mehr Daten bringen nicht immer mehr Information. Eine an der Anamnese und klinischen Symptomatik orientierte gezielte Auswahl einer Analysenkombination kann mehr aussagen als eine große Zahl unzusammenhängender Meßparameter, die nur verwirren. Durch mehrstufige kleine Analysenprogramme für zunächst nur grob gerasterte Krankheitsgruppen könnte in den meisten Fällen rationeller die gleiche diagnostische Aussagekraft erzielt werden wie durch ein ungezieltes Mammutprogramm. Weiterhin bedeutet der Verzicht auf den Klinischen Chemiker bei der Meßwertbeurteilung auch einen Verzicht auf wertvolle Zusatzinformationen über die diagnostische Wertigkeit der einzelnen Ergebnisse und von Meßwertkombinationen. Der Meßwert wird so zu keinem echten Befund. Dabei ist anzustreben, daß ein größeres Zentrallaboratorium über Mitarbeiter verfügt, die sich auf den weit gefächerten Gebieten der Inneren Medizin spezialisiert haben und einen entsprechenden Kontakt zur Klinik optimal ermöglichen.

5. Aktuelle Probleme und Grenzen

Eine besondere Schwierigkeit der Klinischen Biochemie ist eine der Problemstellung adäquate Auswahl des Untersuchungsobjektes. Die Problematik der medizinischen Versuche am Menschen hat in der Öffentlichkeit bereits hohe Wellen geschlagen. Die Risikobereitschaft des Patienten ist dadurch sehr in Mitleidenschaft gezogen worden. Das Risikobewußtsein des jüngeren Arztes ist, da es sich um negative Erfahrungswerte handelt, oft noch wenig ausgeprägt.

Kontrollmaßnahmen für experimentelles Arbeiten an kranken Menschen sind nur vereinzelt vorhanden und haben bisher lediglich empfehlenden Charakter. Auch die revidierte Fassung der Deklaration von Helsinki, die von der Generalversammlung des Weltärztebundes 1975 in Tokio akzeptiert wurde, orientiert sich mehr an ethisch-moralischen Normen und weniger an Rechtsgrundsätzen. Deshalb ist z.B. die Deutsche Forschungsgemeinschaft bestrebt, besonders für Sonderforschungsbereiche, die sich mit biomedizinischer Forschung am Menschen befassen, Richtlinien zu erarbeiten, die sich zum Teil an den Grundsätzen ausrichten, die der Gesetzgeber neuerdings für die klinische Prüfung von Arzneimitteln aufgestellt hat.

Das Ausweichen auf ein Tiermodell zur Untersuchung klinisch-experimenteller Fragen ist stets ein Notbehelf, der infolge der Individualität einer jeden Spezies keinerlei Garantie für die Erzielung humanrelevanter Ergebnisse darstellt. Zum Teil ist die eigentliche Kausalkette der Pathogenese einer Erkrankung bei in vivo-Modellen durch die Vielschichtigkeit der veränderten Wechselwirkungen nicht mehr klar zu erkennen. Die Verwendung isolierter perfundierter Körperregionen und Organe sowie von isolierten Zellen oder deren subzellulären Elemente bedeutet eine graduelle Reduzierung dieser störenden Wechselwirkungen auf eine überschaubare Zahl biologischer Merkmale. Gleichermaßen wird jedoch die Übertragbarkeit der an diesen Modellen gewonnenen Erkenntnisse auf das biologische Gesamtsystem erschwert oder in Frage gestellt. Dabei muß noch berücksichtigt werden, daß jedes Gewebe, auch das isolierte Organ, eine heterogene Population verschiedener Zelltypen repräsentiert. Somit können bereits geringfügige Änderungen eines Merkmals am Gesamtgewebe z.B. einer Biopsieprobe, bezogen auf den einzelnen Zelltyp, hoch signifikant sein. Eine Hierarchie darunter, d.h. auf dem Zellniveau, wiederum bedeutet z.B. ein ATP-Abfall in der Gesamtzelle nicht notwendigerweise eine Einschränkung ATP-abhängiger Prozesse in bestimmten subcellulären Bereichen. Entsprechend der vorgegebenen Problematik muß abgewogen werden, welcher Grad an Vereinfachung im Experiment noch tragbar ist.

Noch 55 Jahre nach der Entdeckung des Insulins z.B. forschen Hunderte von Wissenschaftlern über den Diabetes mellitus, obwohl wir bis heute kein dem menschlichen Diabetes vergleichbares Versuchsmodell besitzen.

In Anbetracht einer Zahl von 1,3 Millionen Diabetikern in unserem Land, zu denen mindestens eine weitere Million noch unerkannter Fälle kommen, oder sogar 5% der Bevölkerung in den USA, ist der wissenschaftliche Einsatz zur Aufklärung der Pathogenese z.B. des Altersdiabetes und seiner Spätfolgen unbefriedigend. Mit den Kosten verglichen, die diese Stoffwechselkrankheit weltweit verursacht, ist der Forschungsaufwand praktisch zu vernachlässigen. Allein in Westdeutschland werden pro Jahr 500 Millionen DM für Diabetiker-Lebensmittel ausgegeben, die Pharmaindustrie verkauft für 200 Millionen DM orale Antidiabetika (deren Nebenwirkungen laut Studie des University Group Diabetes Program eine zum Teil ernste Gefährdung des Patienten darstellen können). Dazu kommen die nicht abschätzbaren Kosten in Milliardenhöhe, die durch Behandlung der Spätfolgen und Invaliditätsfälle entstehen. Trotz aller therapeutischen Bemühungen liegt auch heute noch die durchschnittliche Lebenserwartung des Diabetikers 25% unter der von Gesunden.

Zu den methodischen Aufgaben der Klinischen Biochemie zählen in erster Linie die Entwicklung von Ultramikromethoden, die in zunehmendem Maß für die Untersuchungen an Biopsiematerial, Einzelzellen und subzellulären Strukturen im molekularen Bereich erforderlich sind. Stoffkonzentrationen im Pico- und Femtomolbereich sind dabei zu erfassen. In zunehmendem Maße werden radioaktive Label sowie immunologische und radioimmunologische Methoden verwendet, ferner biophysikalische Methoden, wie Kernresonanzspektroskopie z.B. zur Erfassung stereospezifischer Effekte an Rezeptoren, Massenspektrometrie z.B. zur Strukturaufklärung von Metaboliten des Eigen- und Fremdstoffwechsels, Circulardichroismus z.B. zur Messung von Konformationszuständen und Elektronenspinresonanz-Spektroskopie z.B. zum Nachweis von Radikalmechanismen bei der chemischen Cancerogenese; ferner zur Untersuchung von Membraneigenschaften die Verwendung von Mikroelektroden, Kapazitätsmessungen, Leitfähigkeitsmessungen, Bestimmung der Oberflächenspannung und Streulichtmethoden, sowie direkte Elastizitätsmessung von Membranen. Photometrische Methoden sind durch Verwendung der Laser-Impulstechnik und durch die Reflexions-Absorptions-Spektrophotometrie in celluläre Bereiche vorgestoßen; sie werden durch die noch empfindlicheren fluorometrischen Mikroverfahren ergänzt wie z.B. durch die mehrparametrige Impuls-Mikrospektralfluorometrie, die Konzentrationsbereiche von weniger als 10^{-15} Mol/l erfassen kann.

Schließlich ist die Ergänzung und Verifizierung biochemischer Befunde durch begleitende morphologische Untersuchungen mit Elektronenmikroskopie und Immunhistologie unerläßlich.

In zunehmendem Maße rücken auch molekularbiologisch-genetische Aspekte in den Vordergrund. Von den etwa 2000 bekannten genetisch bedingten Krankheiten, die über das ganze Spektrum der Pathobiochemie verteilt sind, sind es wieder die mono-genetischen Defekte, die besonderes Interesse im Zusammenhang mit der sich abzeichnenden Gentherapie erweckt haben. Exemplarisch sollen die heute zur Verfügung stehenden therapeutischen Möglichkeiten kurz behandelt werden.

1. Das Prinzip der Substitution eines defekten oder fehlenden Wirkstoffes läßt sich nur begrenzt anwenden, vorzugsweise bei hormonellen Fehlregulationen wie beim Diabetes oder bei Enzymdefekten der Corticosteroid-Biosynthese.

2. Die Beseitigung von Metabolit-Anhäufung und toxischer Nebenprodukte wie im Fall des Morbus WILSON oder der Cystinurie durch Ausschleusen der Stoffe mit Penicillamin, Cysteamin oder Dithiothreitol ist ebenfalls eine sehr begrenzte Therapiemöglichkeit.

3. Die Verhütung der Anhäufung von Metaboliten durch eine diätetische Behandlung z.B. bei der Phenylketonurie, der Galaktosämie, der Ahornsirup-Krankheit kann eine normale Entwicklung des betroffenen Neugeborenen ermöglichen.

4. Die chemische und physikalische Modifizierung eines abnormen Genproduktes z.B. bei der Homocystinurie mit hohen Dosen von Vitamin B_6, um die gestörte Bindung des Vitamins an die Cystathionin-Synthetase zu überwinden oder durch Vitamin B_{12} die Fehlfunktion der MethylmalonylCoA-Carbonyl-mutase infolge der gestörten Synthese des Desoxyadenosyl-Vitamin B_{12} bei der Methylmalonacidurie zu korrigieren; auch die Besserung des Löslichkeitsverhaltens des Sichelzell-Hämoglobins durch Cyanat gehört zu diesem Prinzip.
5. Der direkte Enzymersatz hatte bisher nur bei einigen lysosomalen Speicherkrankheiten bei in vitro-Zellkulturen Erfolg. Mehr kann man sich von der gezielten Einschleusung von Enzymen mit Hilfe artifizieller Lipidmembranen und Liposomen erwarten.
6. Die Wiederherstellung einer Organfunktion durch Gewebeersatz ist bisher bei Immunglobulinmangel und aplastischer Anämie durch Knochenmarktransplantation gelungen, ferner hat die Nierentransplantation bei der FABRY'schen Krankheit durch Wiederherstellung der Ceramidtrihexosidase-Aktivität Besserung gebracht.
7. Wichtiger als diese weitgehend unzulänglichen Maßnahmen wäre eine konsequente perinatale Diagnostik mit einer strengen Indikation zur Schwangerschaftsunterbrechung sowie eine Verbesserung der Heterozygoten-Analytik und Ausarbeitung entsprechender Screening-Programme.
8. Die Gentherapie durch Gentransformation und Virus- Transduktion hat im Experiment erste Erfolge gebracht. Fehlende oder defekte Geninformationen werden durch Zufuhr intakter Gene substituiert. Das Gen wird zunächst mit Hilfe der korrespondierenden m-RNA isoliert, in einem bakteriellen System in größerer Menge reproduziert und der defekten tierischen Zelle in vitro zugeführt. Als genetischer Mediator können neben der Rekombinanten-DNA auch direkt Virus-DNA, Bakterienplasmide oder transduzierende Phagen verwendet werden. Zur Vermeidung eines Mißbrauchs dieser neuen Molekulartechnologie zur Genkombination wurden auf der GORDON-Konferenz 1973 und der Tagung in Asilomar 1975 Richtlinien ausgearbeitet.

Bei den meisten pathobiochemischen Problemen stoßen wir auf Regulationsstörungen, die häufig auf genetisch bedingten oder erworbenen Veränderungen von Membraneigenschaften beruhen wie z.B. Membranpotentiale und Ladungsverhältnisse, Transport und Diffusionsvorgänge, Rezeptoreigenschaften, intercelluläre Kommunikation, Adhäsivitäts- und Agglutinationsverhalten und Oberflächenantigenität. Dabei gehen spezifische Schutzmechanismen verloren wie bei den Autoimmunerkrankungen oder transformierten Tumorzellen, die Signalvermittlung durch Erregungsübertragung oder humorale Wirkstoffe versagt, die Substratversorgung ist eingeschränkt oder die Wirkungsspezifität von Arzneimitteln ist verändert. Noch weitgehend unklar sind die Ursachen und Folgen veränderter Funktionen subcellulärer Membranen.

Es gibt kein spezifisches Aufgabenfeld für eine Zusammenarbeit des Klinischen Chemikers mit der Klinik. Das Spektrum reicht von den genetischen Defekten über multifaktorielle endogene Krankheitsursachen bis hin zu den durch Umweltfaktoren bedingten Erkrankungen z.B. Infektionen, Arzneimittelnebenwirkungen oder Auswirkungen von Emissionsschadstoffen. Besonderes Augenmerk sollte den degenerativen Prozessen als Ausdruck somatischer Veränderungen von Zellinformationen gelten. Dabei wird der Klinische Chemiker analysenintensive Problemstellungen bevorzugen.

6. Forschung und Gesellschaft

Die Verbesserung der Lebensqualität auf allen Gebieten - technisch wohl machbar - ist heute nicht mehr zu bezahlen. Sollte nicht wenigstens der medizinische Fortschritt voll ausgeschöpft werden und wäre das volkswirtschaftlich tragbar? Es zeichnet sich bereits jetzt ab, daß die Forschung in den letzten 10 Jahren Fortschritte gebracht hat, die in der Tat nicht allen Kranken zur Verfügung stehen und auch nicht für alle Bedürftigen bezahlt werden könnten. Dies kann und darf für die Forschungsplanung jedoch kein Kriterium sein. Das heute realisierbare Transplantationsprogramm, würde es bei gelöstem Spenderproblem voll angewendet, überstiege bei weitem die zur Verfügung stehenden technischen Möglichkeiten, von den finanziellen Aspekten ganz zu schweigen. Ebenso wäre es kaum realisierbar, alle Patienten mit chronischem Nierenversagen einer lebenslangen Hämodialyse zuzuführen, ohne gleichzeitig Mittel auf anderen wichtigen Versorgungsgebieten abzuziehen. Unerfüllbar werden auch Forderungen der Psychiater nach Versorgung der 8,5 Millionen Neurotiker in der BRD bleiben, wie auch die Hochdruck- und Rheuma-Liga vergeblich 8 Millionen Hochdruck-Kranke und mehrere Millionen Rheumatiker besser versorgt wissen will, oder auch jüngst die Herzchirurgie den Mißstand von fast 1 Million Koronarkranker angeprangert hat, die der Koronarchirurgie zugeführt werden müßten.

Die Einsicht, daß hier nur ein planvolles Setzen von Schwerpunkten möglich ist, die sich am gesellschaftlichen Bedarf orientieren müssen, kann von jedermann erwartet werden. Dies sollte auch bei einer sinnvollen forschungspolitischen Planung mit der Freiheit der Forschung vereinbar sein. Es bedarf hierzu neuer Organisationsformen, die eine staatliche Steuerung der Gesundheitspolitik neben einer ungehinderten Entscheidungskompetenz eines wissenschaftlichen Forums über Forschungsprioritäten ermöglicht.

Die Notwendigkeit eines vernünftigen Forschungsmanagements mit Forschungskoordination und Schwerpunktförderung ist allein wegen der zu erwartenden ökonomischen Vorzüge kaum abzulehnen. Das Setzen von Prioritäten in der Forschung ist Wissenschaftsplanung und Wissenschaftspolitik, in die auch sozioökonomische und ethische Beweggründe einfließen. Für eine sinnvolle und richtungsweisende Forschungsplanung und Prioritätenwahl fehlt es noch an Daten, entsprechenden Informationssystemen und Normentheorien. Nur Sachverständige aus möglichst vielen Bereichen sind zur Zeit in der Lage, hier Vorschläge auszuarbeiten. Diese Planung sollte jedoch sehr behutsam mit entsprechenden kurzfristig wirksamen Rückkopplungsmechanismen für eine Zielanpassung und Zieländerung betrieben werden. Erfahrungen, wie sie z.B. vom Medical Research Council in England gemacht wurden, sollten dabei Berücksichtigung finden.

Noch kann die Hochschulforschung dank der Förderung durch die Deutsche Forschungsgemeinschaft und anderen Förderorganisationen aufrecht erhalten werden. Besonders die Sonderforschungsbereiche verstärken die Kooperation innerhalb der Hochschulen und fördern das Zusammenwirken mit außeruniversitären Forschungseinrichtungen und leiten eine maßvolle und gezielte Spezialisierung der einzelnen Hochschulen ein. Es ist sicherlich richtig, daß die Sicherheit des Landes und die Prosperität der Wirtschaft eine hohe Priorität eingeräumt bekommt, doch darf gerade in Jahren der Rezession die Förderung der Forschung nicht eingeschränkt werden.

Es ist eine traurige Wahrheit, daß die Universitäten bis heute nicht in der Lage waren, eigene Konzepte für eine aus den Sachzwängen abgeleitete Forschungsplanung zu entwickeln. Die vielfach unsachlichen und ermüdenden Reformdiskussionen sind völlig ergebnislos verlaufen. Diese Passivität hat zu der in vielen Punkten unerträglichen Hochschulgesetzgebung geführt. Damit wird der Eigeninitiative für Reformversuche in Zukunft der notwendige Freiraum genommen.

Das schlechte Abschneiden gerade der klinischen Forschung im internationalen Vergleich ist nicht in erster Linie auf unzureichende technologische und ökonomische Voraussetzungen zurückzuführen, sondern liegt in unserem Ausbildungs- und Forschungssystem, das die Unantastbarkeit der Forschung und Lehre über eine koordinierte Projektplanung, den rationellen Einsatz von Finanzmitteln und Personal und leistungsorientierte Kompetenzverteilung stellt. Kooperationsbereitschaft und eine kritische Einschätzung eines dem Problem adäquaten Einsatzes von Mitteln sind mangelnde Tugenden an unseren Forschungsinstitutionen.

Die Kopflastigkeit der Lehre, verbunden mit den neu definierten Zielen der Medizinausbildung, zu denen auch die Erziehung zum kritischen wissenschaftlichen Denken im Rahmen von Kleingruppenunterricht gehört, verstärkt die Diskrepanz zwischen Lehre und Forschung.

Die neuen Kapazitätsverordnungen und die Personalstruktur in der Hochschulgesetzgebung machen die Möglichkeiten, den Nachwuchs durch kritisches Forschen für seinen verantwortungsvollen Beruf vorzubereiten, vollends zunichte.

Unsere Kenntnisse über die molekularen Mechanismen der Ätiologie und Pathogenese der Erkrankungen sind in den letzten Jahrzehnten ständig gewachsen. Die medizinische Versorgung der Bevölkerung kann als gut bezeichnet werden, auch wenn wir die Qualität von Gesundheit noch nicht erreicht haben, wie sie von der Welt-Gesundheits-Organisation definiert wird, nämlich als "den Zustand des vollkommenen körperlichen, geistigen und sozialen Wohlbefindens". Immerhin verfügen wir Ende 1976 über 144 336 Ärzte, von denen 62 000 oder 43% hauptberuflich im Krankenhauswesen tätig sind, 55 000 oder 38,1% in einer freien Praxis arbeiten und 10 000 oder 6,9% sich in Forschung, Verwaltung und sonstiger abhängiger Tätigkeit befinden. Für die Versorgung der Bevölkerung bedeutet das im Durchschnitt einen berufstätigen Arzt je 482 Einwohner. Auf die einzelnen Gruppen umgerechnet kommen jedoch auf 2261 Einwohner ein praktischer Arzt, auf 2192 Einwohner ein niedergelassener Facharzt und auf 986 Einwohner ein Krankenhausarzt.

Die mittlere Lebenserwartung ist heute bereits auf über 65 Jahre angestiegen. Die Gefahr großer Seuchen ist gebannt, Infektionen und Sepsis haben ihren Schrecken verloren. Eine Fortschreibung unseres Wissenszuwachses läßt erwarten, daß die noch verbliebene Lebensbedrohung durch Kreislauferkrankungen und durch den Krebs noch in diesem Jahrhundert wesentlich eingeschränkt wird. Wird dann Gesundheit eine zivilisatorische Grundforderung, die jeder Mensch stellen kann, oder wird sie das Vorzugsrecht der hochentwickelten Industrienationen bleiben?

Sicher, es bedrückt uns noch die Krücke des Alterns, das Ablaufen der biologischen Uhr. Doch könnten wir vielleicht eines Tages die Forschung einschränken und von unseren Erkenntnissen leben?

Das explosionsartige Anwachsen der Weltbevölkerung, der drohende Mangel an Nahrungsmitteln und die Erschöpfung der natürlichen Ressourcen läßt einen Zusammenbruch vorausahnen. Bereits jetzt wird die Forschung in zunehmendem Maße zur Behebung der Schäden gebunden, die sich der Mensch durch den Fortschritt selbst zufügt. Das beste, was wir noch erzielen können, ist die Einstellung eines Gleichgewichtes, das wir aller Voraussicht nach wahrscheinlich nie erreichen werden. Materielle Grenzen und die Unfähigkeit der Menschen, die Verantwortung für den Fortschritt zu tragen, werden es verhindern.

Aufgaben, Möglichkeiten und Grenzen der Klinischen Biochemie in der Erforschung pathologischer Zustände und Mechanismen aus der Sicht des Klinikers

W. Gerok

Das Thema, über das ich aus der Sicht des Klinikers referieren soll, betrifft einen wissenschaftlichen Bereich, den man mit dem Begriff "Pathobiochemie" bezeichnen kann. Ich werde zunächst eine Definition dieses Begriffes durch Beschreibung von Aufgaben und Zielen pathobiochemischer Forschung geben, werde dann Voraussetzungen und Möglichkeiten für die pathobiochemische Forschung und Lehre diskutieren und werde schließlich einige Konsequenzen für die Förderung der Forschung auf diesem Gebiet, speziell in der Bundesrepublik, abzuleiten versuchen (Tabelle 1).

Tabelle 1. Pathobiochemie

1) Definition des Faches "Pathobiochemie":
   Aufgaben und Ziele,
   Unterschiede zur "normalen" Biochemie.

2) Voraussetzungen pathobiochemischer Forschung
   a) beim einzelnen Forscher
   b) bei einer Forschergruppe.

3) Unterricht auf dem Gebiet der Pathobiochemie.

4) Konsequenzen für die Institutionalisierung und Verbesserung der Pathobiochemie in Forschung und Lehre.

1. Aufgaben und Ziele pathobiochemischer Forschung

Die pathobiochemische Forschung befaßt sich mit dem Phänomen der Krankheit unter drei Aspekten, wie in Abbildung 1 schematisch dargestellt:

Der zentrale Aspekt betrifft die Pathogenese. Hierbei ist das Ziel, die Krankheitsentstehung durch biochemische Vorgänge zu erklären und letztlich auf Veränderungen im molekularen Bereich zurückzuführen.
Eine solche Deutung der Krankheit auf molekularer Ebene ist bislang nur in wenigen Fällen möglich. Ein Beispiel hierfür ist die Sichelzellanämie. Hier ist die molekulare Variante des abnormen Hämoglobins exakt definierbar, wobei aus der Variation auch die veränderten funktionellen Eigenschaften des Hämoglobins abgeleitet werden können. Bei anderen, genetisch determinierten Erkrankungen kennt man den primären me-

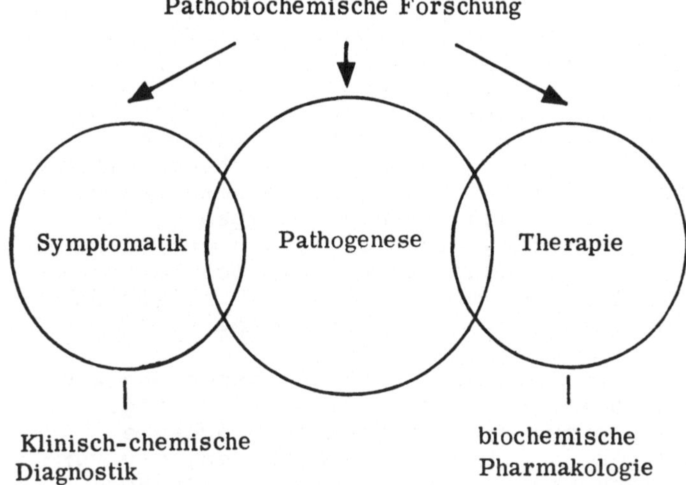

Abb. 1. Aufgaben und Ziele pathobiochemischer Forschung

tabolischen Defekt, er ist jedoch nicht auf molekularer Ebene definierbar. Bei den meisten erworbenen Erkrankungen ist hingegen die biochemische Pathogenese noch weitgehend ungeklärt, wir wissen z.B. nicht, welche biochemischen Prozesse bei der derzeit häufigsten Infektionskrankheit, der Virushepatitis, den Krankheitsprozeß primär auslösen, wir kennen nicht die biochemischen Prozesse in der Pathogenese des Lungenemphysems und ebenso dunkel sind bislang die biochemischen Prozesse, die im Herzmuskel bei einer Druckbelastung eine Hypertrophie auslösen. Viele weitere Beispiele ließen sich anführen.

Wenn die Pathogenese einer Krankheit biochemisch noch nicht definiert werden kann, ist das Nahziel der pathobiochemischen Forschung, die Symptome einer Erkrankung durch biochemische Veränderungen oder biochemische Prozesse zu erklären. Beispiele für eine solche Pathobiochemie von Krankheitssymptomen sind die biochemische Deutung verschiedener Ikterusformen und die Ableitung der Symptome des akuten diabetischen Syndroms aus biochemischen Prozessen. Viele Krankheitssymptome sind jedoch biochemisch noch nicht erklärbar. Als Beispiele hierfür nenne ich die zentral-nervösen Symptome, die bei vielen genetischen Stoffwechselkrankheiten auftreten, oder die Symptome der schweren Leberinsuffizienz. Für das chronische diabetische Syndrom sind erste Ansätze einer biochemischen Erklärung erkennbar. Natürlich wird die pathobiochemische Deutung von Symptomen umso eher möglich sein, je mehr die Pathogenese biochemisch geklärt ist. Aus der Pathobiochemie der Symptome ergeben sich sehr häufig Aufschlüsse für die klinisch-chemische Diagnostik. Hier berührt sich die Pathobiochemie mit dem Gebiet der klinischen Chemie.

Einen dritten Aufgabenbereich der Pathobiochemie sehe ich auf dem Gebiet der Therapie. Dabei sind 2 Wege gangbar: Beim einen wird aus den biochemischen Erkenntnissen zur Krankheitspatho-

genese eine symptomatische oder kausale Therapie abgeleitet, beim anderen wird eine empirisch vom Kliniker entwickelte wirksame Therapie biochemisch begründet.
Beispiele für die Ableitung einer symptomatischen Therapie aus der Pathobiochemie einer Erkrankung sind die Penicillamin-Therapie der Cystinurie oder die Behandlung der Gicht mit Xanthinoxidase-Hemmstoffen. Als Beispiel für die biochemische Begründung einer empirisch ermittelten Therapie kann man die neuen Befunde zur Digitaliswirkung erwähnen. Insgesamt ist aber dieses Gebiet der Begründung einer empirisch gefundenen Therapie durch biochemische Methoden noch wenig bearbeitet. Von diesem Aspekt der Pathobiochemie ergeben sich fließende Übergänge zum Gebiet der biochemischen Pharmakologie.

Diese Definition der Pathobiochemie nach ihren Aufgaben und Zielen soll nicht abgeschlossen werden, ohne kurz auf die Frage einzugehen, worin sich Pathobiochemie und normale Biochemie unterscheiden. Beide arbeiten ja mit gleichen Methoden, mit verwandten Fragestellungen, Denkansätzen und Hypothesen. Dennoch ergeben sich wesentliche Unterschiede (Tabelle 2):

Tabelle 2. Erschwerung pathobiochemischer Forschung im Vergleich zu normal-biochemischer Forschung

1) Hohe Komplexität der Krankheitsprozesse (meist mehrere ursächliche und den Ablauf modifizierende Faktoren).

2) Untersuchungsobjekt "Krankheit" im Tierexperiment meist nicht reproduzierbar.

3) Erforschung der Dynamik biochemischer Prozesse beim Menschen methodisch schwierig.

4) Ethische Probleme.

Krankheitsprozesse des Menschen sind meist außerordentlich komplex. Häufig resultiert die Erkrankung aus einem Konglomerat von ursächlichen Faktoren und Bedingungen. Auch wenn die Ursache eindeutig definierbar ist, werden Krankheitsphänomene und der Ablauf einer Erkrankung durch zusätzliche Faktoren modifiziert. Man sieht sich deshalb bei der pathobiochemischen Forschung einem Netz von kausalen Verknüpfungen gegenüber. Wenn sich Kausalketten überschneiden, wird die Unterscheidung von Zufall und kausaler Beziehung schwierig.

Die Schwierigkeit durch Komplexität der Krankheitsphänomene wird noch dadurch gesteigert, daß viele Krankheiten im Tierexperiment nicht erzeugt oder imitiert werden können. Auch das Arbeiten mit isolierten Organen, Zellen oder Zellorganellen - Verfahren, durch die der Biochemiker die Komplexität der Versuchsbedingungen einschränkt - sind bei der Krankheitsanalyse nur begrenzt anwendbar. Wenn an solchen Modellsystemen oder im Versuch am ganzen Tier Krankheitsmodelle ent-

wickelt werden, ist deren Übertragbarkeit auf den Menschen zu überprüfen.
Pathobiochemie hat damit ein Untersuchungsobjekt, das nicht nur äußerst komplex, sondern nur sehr begrenzt reproduzierbar ist.

Ein weiterer Unterschied ergibt sich durch methodisch-technische Schwierigkeiten. Die Möglichkeiten, pathobiochemische Erkenntnisse durch Analyse von leicht zugänglichen Körperflüssigkeiten (z.B. Urin, Blut) zu gewinnen, sind zunehmend erschöpft. Der Schwerpunkt der Forschung verschiebt sich auf die Untersuchungen von Geweben und auf Untersuchungen der Stoffwechseldynamik, z.B. durch arteriovenöse Bilanzen, durch funktionelle Belastungstests und Untersuchungen mit markierten Metaboliten. Solche Untersuchungen sind bei der pathobiochemischen Erforschung von Krankheiten des Menschen außerordentlich schwierig in der Durchführung. Sie erfordern häufig die Gewebsentnahme in vivo, Sondierung der zu- und abführenden Gefäße eines Organs oder den Einsatz von Isotopen-markierten Metaboliten.

Dies führt dazu, daß bei pathobiochemischen Untersuchungen an Krankheiten des Menschen häufig ethische Fragen berührt werden. Ich nenne nur wenige, die aber dem auf dem Gebiet der Pathobiochemie tätigen Kliniker häufig begegnen: Ist die Gewebsentnahme, z.B. aus der Leber, vertretbar? Ist eine aufwendige arterielle und venöse Sondierung zur Ermittlung einer Metabolitbilanz zumutbar? Bleibt eine pathobiochemische Untersuchung mit Isotopen-markierten Precursoren unter der kritischen Belastungsgrenze?
Die Forschung auf dem Gebiet der Pathobiochemie wird somit durch mehrere Faktoren erschwert und eingeengt.

2. Voraussetzungen und Möglichkeiten für die pathobiochemische Forschung

Aus den vorausgehenden Definitionen und ihrer Begründung ergibt sich, welche Voraussetzungen der Forscher auf dem Gebiet der Pathobiochemie erfüllen muß. Im Idealfall verfügt er über eine langjährige Ausbildung und umfangreiche Erfahrung auf dem Gebiet der klinischen Medizin wie auch auf dem Gebiet der Biochemie. Dabei geht es nicht so sehr um Ausbildungszertifikate als vielmehr um die Gewinnung von fundierter eigener Erfahrung mit einem breiten methodischen Untersuchungsspektrum sowie um die Fähigkeit zur kritischen Befundinterpretation auf biochemischem und klinischem Gebiet. Einzelne Forscher, die beide Gebiete gleichermaßen beherrschten, hat es in der Vergangenheit sicher gegeben: Als Beispiele nenne ich Friedrich von MÜLLER, Sigfried THANNHAUSER, C. WATSON und J. WALDENSTRÖM.
Mit der immensen Ausdehnung der beiden Gebiete, allein schon hinsichtlich der Untersuchungstechnik, wird eine solche ausgewogene Ausprägung beider Gebiete in der Person des Einzelforschers immer seltener und nahezu unmöglich. Im Hinblick auf die

Einzelpersönlichkeit des Forschers - auf die Forschergruppe wird weiter unten noch eingegangen - ergeben sich 2 Alternativen (Tabelle 3):

Tabelle 3. Typen des Forschers auf dem Gebiet der Pathobiochemie

1) Biochemiker oder klinischer Chemiker
mit zusätzlicher Einarbeitung in klinische Probleme und Methodik.

2) Klinisch tätiger Arzt (Facharzt)
mit zusätzlich methodischer Ausbildung auf dem Gebiet der Biochemie.

Der Biochemiker, der sich nach der Ausbildung auf diesem Gebiet der pathobiochemischen Forschung in der Klinik zuwendet und dabei zusätzlich einen klinischen Kenntnis- und Erfahrungsschatz erwirbt.

Der klinisch gut ausgebildete Facharzt, meist Internist, der zusätzlich zu seiner klinischen Ausbildung durch intensive Arbeit in einem Institut der Biochemie die biochemischen Methoden, kritische Versuchsplanung und die Interpretation biochemischer Befunde erlernt hat.

Obwohl ich in diesem Kreis auf Widerspruch stoßen werde, möchte ich klar bekennen, daß ich im Hinblick auf die Einzelpersönlichkeit des Forschers die zweite Alternative als günstiger und mit größerer Erfolgsaussicht ausgestattet sehe. Es ist zwar nicht ungewöhnlich und in vielen Fällen berechtigt, daß Biochemiker über die pathobiochemische Forschung von Klinikern ein skeptisches und abwertendes Urteil abgeben. Ein Blick in viele wissenschaftliche Publikationen genügt, um die Berechtigung zu dieser Skepsis zu belegen, denn häufig werden unzureichende biochemische Methoden eingesetzt oder geeignete Methoden werden technisch fehlerhaft durchgeführt oder die Befunde werden falsch interpretiert. Doch sollte man auch die andere Fehlerseite sehen. Es ist oft überraschend, mit welcher Naivität die Bedeutung und Problematik einer sorgfältigen klinischen Analyse übersehen wird. Erst eine solche Analyse kann darüber Aufschluß geben, wie weit die Abstraktion des Krankheitsbegriffes im Einzelfalle anwendbar ist und welche zusätzlichen Faktoren zu berücksichtigen sind. Wenn eine solche klinische Analyse unterbleibt oder fehlerhaft durchgeführt wird, so werden die Untersuchungen am Kranken auch bei einwandfreier biochemischer Methodik wenig ertragreich sein oder zu falschen Ergebnissen führen. Ein weiterer Gesichtspunkt betrifft die ethischen Probleme. Bereits bei der Definition pathobiochemischer Forschung ist deutlich geworden, wie sehr bei der Erforschung von Krankheitsphänomenen mit biochemischen Methoden ethische Fragen involviert sind. Diese Fragen zu entscheiden, bedarf es vor allem ärztlicher Erfahrung, z.B. über Schweregrad der Erkrankung, weiteren Verlauf, Befinden des Kranken und seiner Belastbarkeit. Auch erfordern viele Untersuchungen die Einwilligung, ja sogar die Mitarbeit des Kranken. Sie durch Überzeugung des Kranken zu erreichen, ist Sache des klinisch-tätigen Arztes. Diese Argumente veranlassen mich, bei der pathobiochemischen Forschung am Menschen dem vollausgebildeten Kliniker mit fundierter biochemischer Zusatzausbildung den Vorzug zu geben und ihm die größere Erfolgsaussicht einzuräumen.

Die Komplexität der Krankheitsphänomene und die stürmische Entwicklung von klinischer Untersuchungsmethodik und biochemischer Analytik wird allerdings dazu führen, daß pathobiochemische Forschung in zunehmendem Maße nicht mehr durch den einzelnen Wissenschaftler, sondern durch eine Forschergruppe getragen und bestimmt wird. Dabei scheint der Erfolg vorprogrammiert zu sein, wenn ein sehr versierter, "reiner" Kliniker mit einem hervorragenden Biochemiker zusammenwirkt. Wenn dennoch Fehlschläge und Enttäuschungen auftreten, so hat dies - etwas schematisch dargestellt - 2 Ursachen:

Der biochemisch nicht versierte Kliniker kann seine Fragestellung und Versuchsplanung an Methodik und Denkansatz des Biochemikers nicht adaptieren. Der Biochemiker wird deshalb mit unrealistischen oder technisch unlösbaren Fragen konfrontiert. Seine methodisch-kritischen Bedenken werden vom Kliniker nicht verstanden oder fehlgedeutet. Der Biochemiker fühlt sich in diesem Gespann als "Messknecht" verkannt. Nach einer Zeit der Frustration löst sich der Biochemiker von der Krankheitsforschung am Menschen und wendet sich wieder den übersichtlichen Rattenkollektiven zu.

Die andere Ursache des Mißerfolgs liegt darin, daß der Biochemiker die klinische Problematik nicht übersieht und nicht in der Lage ist, gemeinsam mit dem Kliniker die Komplexität der Krankheitsphänomene durch sorgfältige klinische Analysen und eine darauf abgestimmte Versuchsplanung einzuschränken. Die Untersuchungen werden dann durch immer neue Modifikationen umfangreicher, ohne zu wesentlichen Ergebnissen zu führen. Die Kooperation "läuft leer".

Aus diesen beiden Extremfällen ist die Konsequenz zu ziehen, daß eine Forschergruppe auf dem Gebiet der Pathobiochemie, d.h. bei der Erforschung von Krankheitsphänomenen des Menschen mit biochemischen Methoden, nur erfolgreich arbeiten wird, wenn der Kliniker in der Gruppe eine Ausbildung auch auf dem Gebiet der Biochemie erhalten hat und biochemische Methoden, Versuchsplanung und Befundauswertung aus eigener Erfahrung kennt, und wenn andererseits der Biochemiker in die klinische Problematik und klinische Krankheitsanalyse eingeführt ist, d.h. nicht in einem abgeschlossenen Reservat in der Klinik wirkt, sondern regelmäßig die klinische Problematik bei Fallbesprechungen, Visiten und durch Teilnahme an speziellen Untersuchungen kennenlernt.

Der Verstoß gegen diese Grundsätze ist m.E. eine der Ursachen für die geringe Effektivität pathobiochemischer Forschung in der Bundesrepublik, wobei Ausnahmen die Regel bestätigen.

3. Voraussetzungen und Möglichkeiten für die Lehre auf dem Gebiet der Pathobiochemie

In einem dritten Abschnitt möchte ich einige Bemerkungen zur Lehre auf dem Gebiet der Pathobiochemie einfügen (Tabelle 4).

Tabelle 4. Lehre auf dem Gebiet der Pathobiochemie

- studentischer Unterricht
- post-graduate-Unterricht der Assistenten

Unterricht durch
a) Kliniker
mit Ausbildung und wissenschaftlicher Erfahrung auf dem Gebiet der Biochemie.

b) Biochemiker oder klinischen Chemiker
mit zusätzlicher persönlicher klinischer Erfahrung.

Cave: "Vielmännerkollegs"

Im Zeitalter des Numerus clausus sehen wir die Probleme der Lehre ausschließlich unter dem Aspekt des studentischen Unterrichts. Doch sollte nicht aus dem Blick verloren werden, daß eine wesentliche Aufgabe in der post-graduate-Unterrichtung der Assistenten liegt. Wer die Verhältnisse in angelsächsischen Ländern kennt, weiß, welcher Nachholbedarf in der Bundesrepublik hinsichtlich eines systematischen Trainings der Assistenten besteht. Doch will ich mich im folgenden vorwiegend dem Unterricht der Studenten zuwenden.

Die neue Approbations-Ordnung sieht im ersten klinischen Studienabschnitt Pathobiochemie als Lehrfach vor. Wie vieles andere in der neuen Approbationsordnung, ist auch dies nicht ganz schlüssig, denn ein Unterricht über die biochemische Deutung der Pathogenese, Symptomatik oder Therapie einer Krankheit kann nur sinnvoll und ertragreich sein, wenn der Student die Krankheitsphänomene und -probleme bereits kennengelernt hat. Eine zeitliche Überschneidung von klinischer Ausbildung und Unterricht über Pathobiochemie erschiene mir sinnvoller.

Hinsichtlich der Frage, wer den Unterricht auf dem Gebiete der Pathobiochemie erteilen soll - der Kliniker, der Biochemiker oder der klinische Chemiker - bin ich für eine rein pragmatische Lösung. Der Kliniker kann den Unterricht erteilen, wenn er durch eine spezielle Ausbildung und wissenschaftliche Arbeit auf dem Gebiet der Pathobiochemie ausgewiesen ist, und andererseits soll der Biochemiker oder klinische Chemiker die Krankheitsphänomene (Pathogenese, Symptomatik, Therapie) nicht nur aus dem Lehrbuch, sondern aus eigenen Erfahrungen kennen. Wenn die reziproken Erfahrungen zum eigenen Arbeitsschwerpunkt vorhanden sind, sollte sowohl der Kliniker wie auch der klinische Biochemiker oder klinische Chemiker - didaktische Fähigkeit und pädagogisches Engagement vorausgesetzt - den Unterricht auf diesem wichtigen Gebiet erteilen können.

Analog zur Forschung kann auch durch ein Team von Klinikern und Biochemikern der Unterricht gestaltet werden. Meine persönlichen Erfahrungen mit einer solchen Unterrichtung durch ein Lehrerteam sind jedoch eher negativ. Auch in anderer Hinsicht möchte ich vor dem "Vielmännerkolleg" warnen. Es ist beim studentischen Unterricht heute of üblich, daß innerhalb einer Klinik jeder der Organspezialisten seinen Unterrichtsbeitrag nur über das von ihm "betreute" Organ leistet. Doch sollte ein Kliniker oder Biochemiker, der die Pathobiochemie der Schilddrüse wissenschaftlich bearbeitet, auch zur Unterrichtung über die Pathobiochemie der Nebenniere und des Diabetes in der Lage sein. Die Pathobiochemie von Skeletmuskel und Leber sollte trotz der verschiedenartigen Probleme von einem durch pathobiochemische Forschung ausgewiesenen Lehrer vertreten werden können. Dies würde insgesamt bedeuten, daß das Gesamtgebiet der Pathobiochemie von 2-3 Lehrern unterrichtet wird. Eine Aufteilung auf 10-12 Unterrichtende, wie dies manchen Orts geschieht, ist im Lehrerfolg sicher ungünstig. Enge Spezialisierung ist in der Forschung unerläßlich, im Unterricht schädlich. Es liegt nicht zuletzt auch im Interesse des Lehrers, mehrere Gebiete zu unterrichten: Wir lernen, indem wir lehren.

4. Förderung der Forschung auf dem Gebiet der Pathobiochemie

Während die Lehre auf dem Gebiet der Pathobiochemie mit den vorhandenen Institutionen bewältigt werden kann, sind umfangreichere Maßnahmen zur Förderung und Verbesserung der pathobiochemischen Forschung nötig.

Den Nachwuchskräften unter den Klinikern, die an pathobiochemischer Forschung interessiert sind (und sich diesem Gebiet nicht nur aus Habilitationsgründen zuwenden), sollte die Gelegenheit zu einer fundierten, biochemischen Ausbildung gegeben werden. Sie muß nicht unbedingt in den angelsächsischen Ländern erfolgen, obwohl dort die Verzahnung von Biochemie und Klinik besonders eng ist.
Die Deutsche Forschungsgemeinschaft hat durch ihre Ausbildungs- und Forschungsstipendien für solche Zusatzausbildungen in den vergangenen Jahren wesentliche Unterstützung geleistet. Zahlreiche Beispiele zeigen, daß gerade die für Ausbildungszwecke investierten Mittel besonders effektiv angelegt waren. Dieses Instrument der Forschungsförderung sollte unbedingt erhalten werden.
Eine solche Ausbildungsförderung verliert jedoch ihre Wirkung, wenn der Stipendiat nach seiner speziellen Ausbildung auf dem Gebiet der Biochemie bei der Rückkehr in die Klinik keine Resonanz für seine spezielle Ausbildung findet. Es sollte das Recht des Stipendiengebers sein, für den Stipendiaten geeignete Kliniken zur weiteren wissenschaftlichen Arbeit auszuwählen. Schlimm ist auch die neuerdings von ver-

schiedenen Kultusministerien eingeführte starre zeitliche Befristung der Tätigkeit klinischer Assistenten ohne Berücksichtigung der vorausgehenden mehrjährigen biochemischen Ausbildung, manchmal sogar unter Anrechnung dieser speziellen Ausbildungsphase als klinische Tätigkeit. Der biochemisch ausgebildete Kliniker, der wissenschaftlich arbeitet, muß die gleiche oder eine längere klinische Ausbildungszeit zur Verfügung haben, wenn die vorausgegangene Ausbildung auf dem Gebiet der Biochemie fruchtbar werden soll.

Um den Biochemikern zu ermöglichen, klinische Erfahrung zu sammeln und die pathobiochemische Forschung in klinischen Instituten zu aktivieren, sollten ihnen feste Arbeitsplätze im klinischen Bereich zur Verfügung stehen. Dabei darf es sich nicht um frustrierte Biochemiker handeln oder um Forscher, die ohne Konnex zu klinischen Belangen ihren speziellen Problemen nachgehen. Der Biochemiker an der Klinik sollte vielmehr beratend und stimulierend auf die biochemisch ausgebildeten und interessierten Kliniker wirken.

Da die Entwicklungen bei der Bearbeitung eines Forschungsprojektes oft schwer voraussehbar sind und sich die Originalität eines Forschers ebenso wie die äußeren Konstellationen ändern können, sollte der Start einer solchen pathobiochemischen Forschergruppe nicht durch starre Institutionen erfolgen. Eine Einrichtung pathobiochemischer Forschergruppen mit zunächst zeitlicher Befristung, z.B. durch die DFG, erschiene mir sinnvoll, wobei aufgrund einer Begutachtung durch externe Experten nach 2-3 Jahren festzusetzen wäre, ob die Gruppe echte pathobiochemische Forschung geleistet hat und deshalb weiterhin zu unterstützen ist, oder ob die Erwartungen nicht erfüllt wurden und damit eine Streichung stattfinden sollte. Erst bei erfolgreicher Arbeit über 3-4 Jahre und erfolgversprechenden weiteren Projekten sollte die definitive Einsetzung einer solchen Gruppe stattfinden.

Voraussetzung für den Erfolg solcher Gruppen ist hohes Engagement und Selbstkritik aller Beteiligten. Bei der Begrenzung finanzieller und personeller Mittel bedarf es auch des Mutes, nicht effektive Gruppen aufzulösen. Es mag menschlich verständlich sein, die Förderung "wegen früherer Verdienste" auch bei versiegender oder versiegter Originalität der Forschergruppe weiterzuführen. Was aber an der einen Stelle ohne Effizienz investiert wird, fehlt an der anderen Stelle einem aktiven Forscher. Mut zu kritischen und vor allem selbstkritischen Entscheidungen gehört zur Forschung. Persönliche Rücksichtnahme und Hilfsbereitschaft sind die Voraussetzungen einer guten Forschergruppe, sie dürfen jedoch nicht dazu führen, daß mangelnde Originalität oder mangelndes Engagement verdeckt werden.

Ich danke Ihnen, daß Sie diesem mehr grundsätzlichen und vielleicht zu theoretischen Exkurs über die Probleme der Pathobiochemie aus der Sicht des Klinikers gefolgt sind. Mein Interesse an pathobiochemischer Forschung und Lehre hat dazu geführt, daß ich manches überspitzt dargestellt habe. Ich kann nicht erwarten, daß Sie allem zustimmen, aber ich hoffe, daß ich einen Anstoß zum Nachdenken gegeben habe, wie wir dieses Gebiet der Pathobiochemie in Forschung und Lehre gestalten und verbessern können.

Lipid-Stoffwechsel

Moderator: M. Eggstein

Für den Auftrag, die Abhandlung des Themas "Lipidstoffwechsel" bei der Begegnung von Klinikern und Klinischen Chemikern zu moderieren, habe ich mich zu bedanken. Zur Diskussion steht - ich zitiere unseren Gastgeber, Herrn LANG - "ob bzw. in welchem Umfang die Klinische Chemie Grundlagen der Pathobiochemie erarbeitet".

Die MERCK-Symposien sollen belegen, daß der wissenschaftlich tätige Mediziner auch als Arzt effektiver ist und damit vergleichbar der wissenschaftlich tätige Klinische Chemiker als Analytiker eine Aufwertung erfährt. Das Modell "Lipidstoffwechsel" kann in der Tat unter diesen Gesichtspunkten vorgestellt werden. Es gelang den Klinischen Chemikern die Entwicklung spezifischer und praktikabler Nachweismethoden für die wichtigsten Blutfette. Es war darüber hinaus ein besonderes Anliegen mehrerer Gruppen, die physikochemischen Eigenschaften und die Chemie von Fett-Eiweiß-Assoziaten, wie sie im Blutplasma vorkommen, zu erforschen. Die qualitative und quantitative Fettcharakterisierung wurde durch die chemische und immunologische Analyse der Apolipoproteine ergänzt. Aus diesem Bereich hören wir zumindest in halbjährlichen Abständen "fundamental Neues" zum Sinn oder Unsinn des "Typings", zur Dringlichkeit der Therapie erhöhter Blutfettwerte, zur pathogenetischen Bedeutung der verschiedenen Blutfettfraktionen mit Herausstellung der sogenannten "Dangerlipoproteine" u.a.m. Daneben nehmen sich die Untersuchungen zur Differenzierung heterozygoter und homozygoter Hypercholesterinämieformen anhand von Fibroblastenkulturen, über den fehlenden Feedback-Mechanismus auf die Hydroxy-methyl-glutaryl-CoA-Reduktase, also zu Problemen, die als eigentliche Beispiele für einen gestörten Lipidstoffwechsel angesehen werden können, recht bescheiden aus. Weitere wichtige Ansätze zum eigentlichen Thema sehe ich in dem Artikel im "Panorama der Naturwissenschaften 1976/77", welcher am Beispiel der biologischen Fettsäuresynthese die Struktur und Wirkungsweise der Enzyme abhandelt. Dazu zählen die Bemühungen zur Erforschung der Cholesterin-Homöostase, auch in Anlehnung an moderne Erkenntnisse über den Gallensäurestoffwechsel, die Erforschung der Genetik des Low Density-Lipoprotein-Metabolismus, Untersuchungen über die Funktion der Leber und die Einflüsse von Insulin und Glucagon auf deren Stoffwechsel.

Beispiele über Forschungen, die tatsächlich dem "Fettstoffwechsel" gelten, lassen sich erweitern. Wir erinnern uns, daß vor 3 Jahren erstmals ein Hypercholesterinämie-Patient mit einem portocavalem Shunt, wenn auch vorübergehend, erfolgreich behandelt wurde. Wir erinnern uns an frühere und jüngste Untersuchungen über die heparininduzierte Lipaseaktivität des Plasmas und an die Möglichkeit, an isolierten Fettzellen Stoffwechselstudien durchzuführen.

Die Themen des heutigen Vormittages handeln:

einmal von der Darstellung und der Untersuchung der Blutfette. Wie der Klinische Chemiker, der Immunologe und der Kliniker Konzentration und Verteilung von Lipiden im Blut untersucht und welche pathogenetischen und diagnostischen Schlüsse daraus gezogen werden.

Zum *andern* gelten die Themen den Wechselbeziehungen von Fett- und Kohlenhydratstoffwechsel und ihren Auswirkungen auf die Zusammensetzung der Blutfette und deren Derivate, der Wirkung von Hormonen und Medikamenten auf im Blut und im Gewebe faßbare Fette und Metabolite.

Lassen sich aus den an isolierten Organen, an Fettgewebe und Zellkulturen gewonnenen Ergebnissen Rückschlüsse auf die im gesunden und kranken Organismus beobachteten Verschiebungen der Blutfette bzw. der Blutchemie überhaupt ableiten? Können wir beim heutigen Stand der klinisch-chemischen und klinischen Forschung Gesetzmäßigkeiten erwarten, die uns eine Beurteilung des Fettstoffwechsels unter klinischen und vorsorgemedizinischen Gesichtspunkten, dem Kohlenhydratstoffwechsel vergleichbar, erlauben? Auf diese Fragen erwartet der Arzt, zunächst die hier versammelten Zuhörer aus Kliniken und Laboratorien, eine Antwort.

Stoffwechsel der Lipide im Blut

Biochemie und Regulation des Lipid- und Lipoproteinstoffwechsels

D. Seidel

1. "Risiko-Faktoren"

Die große klinische- und ohne Frage inzwischen auch gesundheitspolitische-Bedeutung der Fettstoffwechselstörungen ergibt sich durch die vielfältigen Hinweise und Beweise, daß den Lipiden, oder besser und genauer gesagt, den verschiedenen Lipoproteinen des Plasmas eine besondere Rolle in der Ätiologie degenerativer vaskulärer Erkrankungen, speziell der Atherosklerose, zukommt. Seit dem Vorliegen der Ihnen allen bekannten Daten der Framingham-Studie, die durch nachfolgende epidemiologische Untersuchungen gestützt wurde, muß man heute annehmen, daß das Risiko bei einem Menschen mit erhöhten Cholesterinwerten, häufiger und früher an einer coronaren Herzkrankheit zu leiden, größer ist als bei anderen mit niedrigeren Plasmacholesterinwerten und, daß die Todesrate an cardiovasculären Erkrankungen eine hohe Korrelation zur Aufnahme an Cholesterin mit der Nahrung zeigt.

Ähnliches, wenn auch nicht ganz unumstritten, gilt für die Plasmatriglyceride. Aus diesem Wissen entwickelte sich das Postulat, daß eine Senkung des Plasmacholesterins bei einer einzelnen Person oder einer Bevölkerungsgruppe zu einer Verminderung dieses Risikos führen müsse. Diese Prämisse ist jedoch so bisher nicht bewiesen und muß sogar in Anbetracht mehrerer kürlich erschienener Berichte von groß angelegten Doppel-Blindstudien über den therapeutischen Nutzen lipidsenkender Maßnahmen neu überdacht werden, nachdem der Ausgang dieser Studien eher negativ zu bewerten ist. Es erscheint daher jetzt notwendiger denn je zu realisieren, daß die üblicherweise gemessenen und verfolgten Gesamtkonzentrationen der Plasmatriglyceride, des Plasmacholesterins und der Plasmaphospholipide eine ungenügende oder keine Auskunft darüber geben können, in Form welcher Lipoproteinfraktionen diese Lipide im Plasma vorliegen und schon gar nicht darüber, welche metabolischen Defekte zu erhöhten Plasmalipiden und der Entwicklung einer frühzeitigen Atherosklerose führen können. Entsprechend scheinen diese Bestimmungen ungeeignete Parameter zu sein, sinnvolle Wege der Therapie zu entwickeln.

2. Plasma-Lipoproteine

Die Ergebnisse der genetischen sowie biochemischen Forschung der letzten Jahre auf diesem Gebiet zeigen in klarer Übereinstimmung und - wie ich glaube - eindeutig an, daß die pathobiochemischen Zusammenhänge des Lipidstoffwechsels nur dann endgültig erkannt und therapeutisch erfolgreich angegangen werden können, wenn sich unsere Analytik auf definierte Lipoproteineinheiten und deren Stoffwechselregulation im Plasma und den verschiedenen Geweben konzentriert. Dies gilt gleichermaßen für die primären wie die sekundären Hyperlipoproteinämien; sie gehen alle mit absoluten Konzentrationsänderungen und/oder relativen Konzentrationsverschiebungen der Plasmalipoproteinfraktionen einher. Sie können darüberhinaus durch das Auftreten abnormer Lipoproteinklassen charakterisiert sein.

Unterschiede in physikochemischen und chemischen Eigenschaften der verschiedenen Plasmalipoproteine, die festgelegt sind durch die Natur und die Konzentration ihrer einzelnen Protein- und Lipidkomponenten, bedingen eine unterschiedliche metabolische Beziehung zwischen einer Lipidfraktion und den am Lipidstoffwechsel beteiligten Organen ebenso wie eine unterschiedliche Wertigkeit bezüglich der Entwicklung der Atherosklerose. Die biochemischen und klinischen Forschungsaktivitäten haben sich entsprechend in den letzten Jahren eindeutig in dieser Richtung konzentriert.

Ich will versuchen, einige dieser Aspekte anzudeuten und zur Diskussion zu stellen.

Die Einteilung und Klassifizierung der Plasmalipoproteine wird auch heute noch in den meisten Fällen nach physikochemischen Kriterien vorgenommen, wobei man sich darüber im Klaren sein sollte, daß eine biochemische und biologisch sinnvolle Einteilung wohl nur dann gegeben ist, wenn die Proteinanteile der Lipoproteine, die verschiedenen Apoproteine, als Basis und Kriterium herangezogen werden. Der nach wie vor schnellste und methodisch einfachste Überblick über das Plasmalipoproteinspektrum ergibt sich aus der Lipoproteinelektrophorese in 0,8% Agarose, in der sich 4 mögliche Banden (die Chylomikronen, die β-Lipoproteine, die prä-β-Lipoproteine und die α-Lipoproteine) darstellen und nach Einführung der Polyanionenpräzipitation auch quantifizieren lassen. Das typische Muster des Lipoproteinspektrums in der analytischen Ultrazentrifuge läßt in den Dichtebereichen d = 1.006 und d = 1.063 g/ml deutliche Konzentrationsminima erkennen, was zunächst dazu führte, die Plasmalipoproteine in 3 hauptsächliche Dichteklassen, in die VLDL (very low density lipoproteins d < 1.006 g/ml), die LDL (low density lipoproteins d 1.006 - 1.063 g/ml) und die HDL (high density lipoproteins d 1.063-1.21 g/ml) zu fraktionieren. Später wurden weitere Unterteilungen dieses Spektrums vorgenommen (Abbildung 1): der Dichtebereich d 0.90-1.006 wurde in die Chylomikronen und eigentliche VLDL weiter aufgeteilt (Grenzdichte bei d = 0.95 g/ml); die LDL-Fraktion wurde bei der Dichte 1.019 in die LDL-1 und LDL-2, und die HDL-Fraktion bei der Dichte 1.125 weiter in die HDL-2 und HDL-3 Unterklassen aufgegliedert. Elektronenmikroskopisch erscheinen alle Lipoproteinfraktionen als runde Partikel, allerdings von sehr unterschiedlicher Größe, die von 10.000 Å (Chylomikronen) bis zu 75 Å (HDL) reichen kann. Obgleich alle Lipoproteinfraktionen die 3 Hauptlipidklassen Phospholipide, Triglyceride und Cholesterin enthalten, unterscheiden sie sich erheblich in ihrer relativen Lipidzusammensetzung ebenso wie in dem Protein-Lipid-Verhältnis, das zwischen 1:99 (Chylomikronen) und

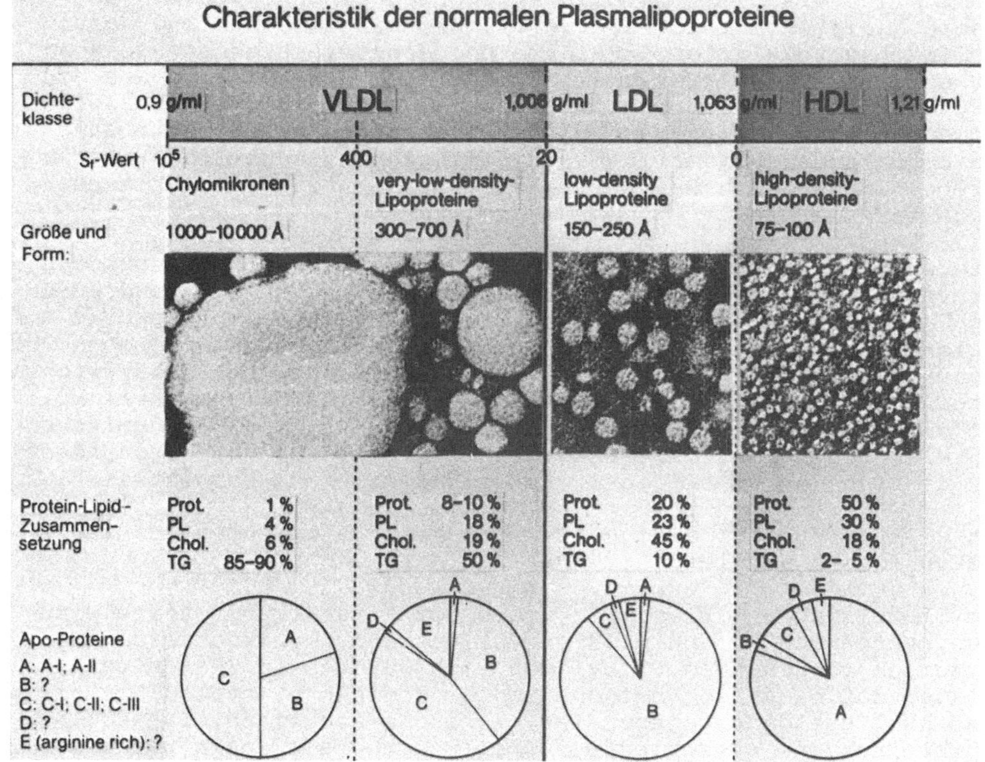

Abb. 1

50:50 (HDL) liegen kann. Entscheidender als diese Unterschiede sind jedoch die Unterschiede in der Apoproteinkomposition, was von größter biologischer Bedeutung ist, wie später aufgezeigt werden soll.

3. Apoproteine

Nach einer neueren Nomenklatur werden die Lipoproteine aufgrund ihres Proteinanteils in Familien eingeteilt (ALAUPOVIC). Im wesentlichen unterscheidet man bisher 3 Hauptfamilien, die sich allerdings weiter untergruppieren lassen:

1. Das Lipoprotein-A (LP-A) findet sich zum größten Teil in der HDL-Fraktion und α-Lipoproteinbanden;
2. Das Lipoprotein-B (LD-B) als Hauptbestandteil der LDL-Klasse mit β-Mobilität und
3. Das Lipoprotein-C (LP-C), das sich als "reine" Familie wohl nur in der HDL-Fraktion findet.

Die Apoproteine D und E finden sich im gesamten Dichtebereich der VLDL, LDL und HDL-Fraktion. Die VLDL und Chylomikronen stellen bezüglich ihrer Apoproteinkomposition heterogene Makrokomplexe dar, die ein Molekulargewicht bis zu mehreren Millionen Daltons zeigen können.

Es gehört ohne Frage zu den hervorzuhebenden Erfolgen der Lipoproteinforschung, daß es ihr in den letzten Jahren gelungen ist, diese Apoproteine durch die Kombination aufwendiger physikochemischer Verfahren in reinster Form auch in ihren Untereinheiten zu isolieren und sie somit der weiteren biochemischen und physikochemischen Analytik zugänglich zu machen. Von allen Apoproteinen (Apo-AI, Apo-AII, Apo-B, Apo-CI, Apo-CII, Apo-CIII, Apo-D und Apo-E) kennen wir heute die Aminosäurezusammensetzung, ihre Kohlenhydratanteile und darüber hinaus konnte bisher die Primärstruktur des Apo-AI, Apo-AII, Apo-CI sowie Apo-CIII aufgeschlüsselt werden. Die Molekulargewichte dieser Apoproteine reichen von 7-30.000; genaue Angaben für das Apo-B fehlen bisher aufgrund seiner schweren Löslichkeit im delipidierten Zustand.

Einige Arbeitsgruppen verfügen bereits über monospezifische Antiseren gegen alle Apoproteine und deren Untereinheiten, was nun erstmals die Basis für das Studium der Regulation des Lipid-Lipoprotein-Stoffwechsels auf cellulärer und molekularer Ebene bietet.

Neben ihrer Rolle bei der Aufrechterhaltung der Struktur, der Zusammensetzung und Stabilität der einzelnen Plasmalipoproteine aktivieren oder hemmen Apo-C-Proteine in unterschiedlicher Weise die verschiedenen Lipoproteinlipasen des Plasmas. Wahrscheinlich spielen sowohl das Apo-D als auch das Apo-AI bei der Regulation der Aktivität der Lecithin:Cholesterin-Acyl-Transferase eine Rolle, während das Apo-B wahrscheinlich ebenso wie das Apo-E vor allen Dingen als Strukturproteine und als Marker für Zelloberflächenrezeptoren Bedeutung erhalten, die den Abbau der Lipoproteine regulieren.

Wie groß insgesamt der Einfluß der Apoproteine auf die Regelmechanismen zur Aufrechterhaltung normaler Plasmalipidwerte ist, hat sich deutlich durch die Charakterisierung abnormer Lipoproteine, vor allen Dingen bei sekundären Hyperlipoproteinämien, gezeigt (siehe Referat ASSMANN).

4. Lipoprotein-Stoffwechsel

Wir wissen heute, daß es zwischen den einzelnen Lipoproteinfraktionen zu einem steten Austausch sowohl ihrer Protein- wie ihrer Lipidkomponenten im Plasma kommt, und daß alle Lipoproteinfraktionen Regelmechanismen unterliegen, die eng miteinander verknüpft sind. Der größte Teil dieses überaus dynamischen und sowohl von der Nahrungsaufnahme wie von der Tageszeit abhängigen Stoffwechsels der Plasmalipoproteine geschieht im Plasmapool selbst und konnte in den letzten Jahren in einigen Teilabschnitten geklärt werden. Man geht heute davon aus, daß im wesentlichen 2

Organe zur Bildung von Lipoproteinen befähigt sind: die Mucosa der Darmwand, die vor allen Dingen in Abhängigkeit von der Nahrungsaufnahme Chylomikronen, aber nicht nur Chylomikronen, an das Plasma liefert, und die Leber, die unter normalen Bedingungen den überwiegenden Anteil der VLDL und HDL an den Plasmapool abgibt. Durch das durch Heparin aktivierbare und freisetzbare Lipasesystem kommt es im Plasmapool zu einer Hydrolyse der triglyceridreichen Chylomikronen und VLDL, die über einem stufenweisen Abbau in der Bildung der β-Lipoproteine endet. Während dieses stufenweisen Abbaus, an dem vor allen Dingen eine sogenannte CI-aktivierbare, eine CII-aktivierbare Lipoproteinlipase neben der sogenannten hepatischen Triglyceridlipase beteiligt ist, wird der größte Teil des Apoprotein C der abgebauten Lipoproteinfraktionen freigesetzt und in die HDL-Dichteklasse transferiert. Die ursprüngliche Annahme, daß das HDL als Akzeptor für das Apo-C notwendig sei, scheint aufgrund neuerer Befunde nicht mehr haltbar. Im Abbau des Lipidanteils der HDL-Fraktion nimmt die Lecithin:Cholesterin-Acyl-Transferase, das LCAT-Enzym, die zentrale Rolle ein, indem es unter Verwendung einer Fettsäure des Lecithins die Cholesterinveresterung reguliert und damit die Weitergabe des Cholesterins an andere Lipoproteinklassen ermöglicht. Die Leber ist das wichtigste Organ für den Abbau der HDL, wenngleich auch extrahepatisches Gewebe wie glatte Muskelzellen in der Lage sind, HDL zu metabolisieren. Im Abbau der LDL spielt die Leber ohne Frage eine überragende Rolle, obgleich man heute weiß, daß der Abbau der LDL auch in anderen Organen abläuft und daß diese Abläufe von größter biochemischer wie pathobiochemischer Bedeutung sind.

5. Pathobiochemie des Lipoprotein-Stoffwechsels

Durch die Pionierarbeit von GOLDSTEIN und BROWN (4), die als erste Fibroblastenkulturen zum Studium des Lipoproteinstoffwechsels verwendeten, wissen wir heute, daß es zwischen den Cholesterin-transportierenden Lipoproteinen und den Zellen zu einer eindeutigen und durch den Proteinanteil gesteuerten Wechselwirkung kommt. An Kulturen menschlicher Fibroblasten konnten GOLDSTEIN und BROWN zeigen, daß die celluläre Cholesterinsynthese unter normalen Verhältnissen durch gegen Apo-B gerichtete Rezeptoren entscheidend reguliert wird. Hierbei werden Apo-B-tragende Lipoproteine, also vor allen Dingen LDL und VLDL, durch den Rezeptor über den Proteinanteil spezifisch gebunden und in Form von endocytotischen Vesikeln in die Zelle inkorporiert. Der Apoproteinanteil wird durch lysosomale Enzyme zu Aminosäuren hydrolysiert, die von den Zellen abgegeben werden. Die aus den Lipoproteinen nunmehr freigesetzten Cholesterinester werden durch eine lysosomale Lipase gespalten und das freie Cholesterin kann nunmehr zu den Mikrosomen gelangen, wo es die HMG-CoA-Reduktase und damit die celluläre Cholesterinsynthese hemmt. Zusätzlich aktiviert das freie Cholesterin die Acyl-CoA-Cholesteryl-Acyl-Transferase, so daß das freie Cholesterin verestert und in der Zelle gespeichert werden kann. Die Aktivität dieses Apo-B-Rezeptors reguliert sich selbst durch einen Feedback-Mechanismus. Bei einer Verarmung an cellulärem Cholesterin kommt es zu einer vermehrten Apo-B-Rezeptorbildung an der Zelloberfläche, und umgekehrt führt die Cholesterinanreicherung zu einer Verminderung dieser Rezeptoren. Mit diesem Mechanismus schützt sich die Zelle selbst vor einer Überflutung an - von außen angebotenem und Apo-B-transportiertem - Cholesterin. Für viele Zellen, zu denen auch die glatte Muskelzelle zählt, reicht das von den LDL abgegebene Cholesterin für ihre Lebensfunktion aus. Bei Patienten mit familiärer Hyperlipoproteinämie vom Typ II sind im Falle der Heterozygoten die LDL-Rezeptoren stark vermindert, im Falle der Homozygoten fehlen diese völlig. Die Zellen sind daher nicht ausreichend oder überhaupt nicht in der Lage, LDL zu binden, aufzunehmen und zu metabolisieren, um damit die Aktivität ihrer eigenen HMG-CoA-Reduktase zu hemmen. Es fehlt diesen Patienten offenbar das für die Synthese des Apo-B-Rezeptors notwendige Gen. Während heterozygote Typ II-Patienten im Vergleich zu Gesunden etwa die doppelte LDL-Konzentration benötigen, um eine normale Protein-Bindung, einen normalen LDL-Abbau und eine normale Inhibierung der HMG-CoA-Reduktase zu erreichen, zeigen die Fibroblasten homozygoter Patienten weder eine LDL-Bindung noch einen LDL-Abbau noch eine Inhibierung der HMG-CoA-Reduktase, auch dann nicht, wenn die LDL-Konzentrationen extreme Höhen erreichen. Der intracelluläre Cholesterin-Stoffwechsel ist demnach bei den homozygoten Patienten aufs schwerste gestört, während er sich bei den heterozygoten Patienten normal reguliert, allerdings auf einem doppelt so hohen LDL-Niveau - wie bei Gesunden.

Die Ausdehnung der Zellkulturen von Fibroblasten auf glatte Muskelzellen eröffnet theoretisch die Möglichkeit zum Studium der Atherogenesis am isolierten Zellsystem. Die weitere Arbeit in dieser Richtung ist umso angezeigter, als heute allgemeine Übereinstimmung darin besteht, daß die Proliferation der glatten Muskelzelle eine conditio sine qua non im atherosklerotischen Geschehen darstellt. Die große Bedeutung, die bei solchen Untersuchungen den - das Cholesterin und die anderen Lipide tragenden - Apo-Proteinen zukommt, hat sich bereits in eindrucksvoller Weise in den Resultaten mehrerer Arbeitsgruppen der letzten beiden Jahre gezeigt. Während, wie dargestellt, das der Zelle zugeführte Cholesterin an die Aufnahme und den Abbau von Apo-B-tragenden Lipoproteinen niedriger Dichte gebunden ist, spricht vieles dafür, daß Lipoproteine hoher Dichte, charakterisiert vor allen Dingen durch Apo-AI und AII, eine entgegengesetzte Wirkung ausüben, d.h. den Entzug von cellulärem Cholesterin fördern. Auf die Möglichkeit eines durch die HDL und das LCAT-System initiierten Abtransports von Cholesterin aus Zellen wurde bereits vor nahezu 10 Jahren von GLOMSET hingewiesen. Der gegensätzliche Effekt von Lipoproteinen niedriger Dichte und Lipoproteinen hoher Dichte im Bezug auf die Anreicherung von cellulärem Cholesterin konnte dann in eindrucksvoller Weise an Gewebekulturen glatter Muskelzellen und dem Zusatz definierter Lipoproteineinheiten dargestellt werden. Während Lipoproteine niedriger Dichte nach einem Wachstum der Kulturen in 10%igem fetalem Kälberserum zu nahezu einer Verdoppelung des cellulären Cholesterins führten, verminderte das Hinzufügen von Apo-HDL in Verbindung mit Phospholipiden den cellulären Cholesteringehalt auf nahezu 50% (7). Den gleichen Autoren ist darüber hinaus der Nachweis gelungen, daß hohe Konzentrationen an HDL zu einer Hemmung der Apo-B-Rezeptor:Apo-B-Interaktion führen und damit den Influx von Plasmacholesterin in die Zelle inhibieren können. Da sowohl LDL als auch HDL das Endothel passieren können, erscheint es durchaus einleuchtend, daß diese Lipoproteine mit den glatten Muskelzellen der Arterien in Wechselwirkung treten können; ihre Wirkung auf den Cholesteringehalt der Zelle ist jedoch gegensätzlicher Natur. Daß die mit Zellkulturen glatter Muskelzellen erzielten Ergebnisse auch Rückschlüsse auf in situ-Vorgänge der Arterienwände zulassen, ergibt sich durch den Nachweis, daß Apo-A, ohne abgebaut zu werden, glatte Muskelzellen durchqueren kann, ebenso wie durch den Befund, daß die Lipoproteine menschlicher peripherer Lymphe zum überwiegenden Anteil der HDL-Fraktion angehören.

Obwohl die meisten Zellen von Säugern über die zur Synthese von Cholesterin erforderliche Enzymausstattung verfügen, können sich jedoch hinsichtlich der Geschwindigkeit und Regulation der Synthese bei den einzelnen Geweben ausgeprägte Unterschiede ergeben. In diesem Zusammenhang möchte ich auf einige Befunde eingehen, die dazu verholfen haben, die Pathophysiologie der cholestatischen Hypercholesterinämie in ihren regulatorischen Mechanismen besser zu verstehen.

Wir konnten zeigen, daß bei dieser Form einer sekundären Hypercholesterinämie der überwiegende Anteil des Plasmacholesterins in Form eines abnormen Lipoproteins, des LP-X, transportiert wird. Bei diesem Lipoprotein handelt es sich um ein Phospholipid- und Cholesterin-reiches Lipoprotein der LDL-Fraktion, das sich jedoch in seinem Apoproteinmuster erheblich von allen normalen Plasmalipoproteinen unterscheidet, insbesondere verfügt es nicht über die üblicherweise in dieser Dichteklasse gefundene Apo-B-Komponente (Abbildung 2). Wir konnten den Nachweis erbringen, daß das LP-X im Plasma cholestatischer Patienten durch einen Reflux eines normalerweise mit der Galle ausgeschiedenen Lipoproteins entsteht (5). Die Transformation dieses Gallenlipoproteins in LP-X läßt sich in vitro nachvollziehen, ist unabhängig von energieliefernden Prozessen und alleine abhängig von bestimmten physikochemischen Voraussetzungen, die in der Galle und dem Plasma unterschiedlich sind. Der Mangel von Apo-B im LP-X ließ es plausibel erscheinen, daß diese abnorme Transportart des Cholesterins in Form des LP-X ungeeignet ist, den endogenen negativen Feedback-Mechanismus der hepatischen Cholesterinsynthese auszulösen. Im Gegenteil war zu vermuten, daß der hohe Phospholipidgehalt dieses Lipoproteins sogar die Ursache der gesteigerten hepatischen Cholesterinsynthese unter der Cholestase sein könnte. Solche Vorstellungen werden unterstützt durch den Nachweis, daß Infusionen von Phospholipiden zu einer Steigerung der Cholesterinsynthese und damit zur Hypercholesterinämie führen. In Experimenten an der perfundierten Rattenleber konnten wir mit definierten normalen Low-Density-Lipoproteinen und isoliertem LP-X zeigen, daß das LP-X im Gegensatz zu Apo-B-tragenden Lipoproteinen nicht in der Lage ist, die hepatische Cholesterinsynthese zu inhibieren. Gleiches gilt für die gesteigerte hepatische Cholesterinsynthese unter der Cholestase. Die interessante Frage, ob bei der Cholestase das neue und im Übermaß synthetisierte Cholesterin von der Leber in Form von VLDL bzw. LDL, oder in Form von LP-X bzw. Gallenlipoprotein an das Plasma abgegeben wird,

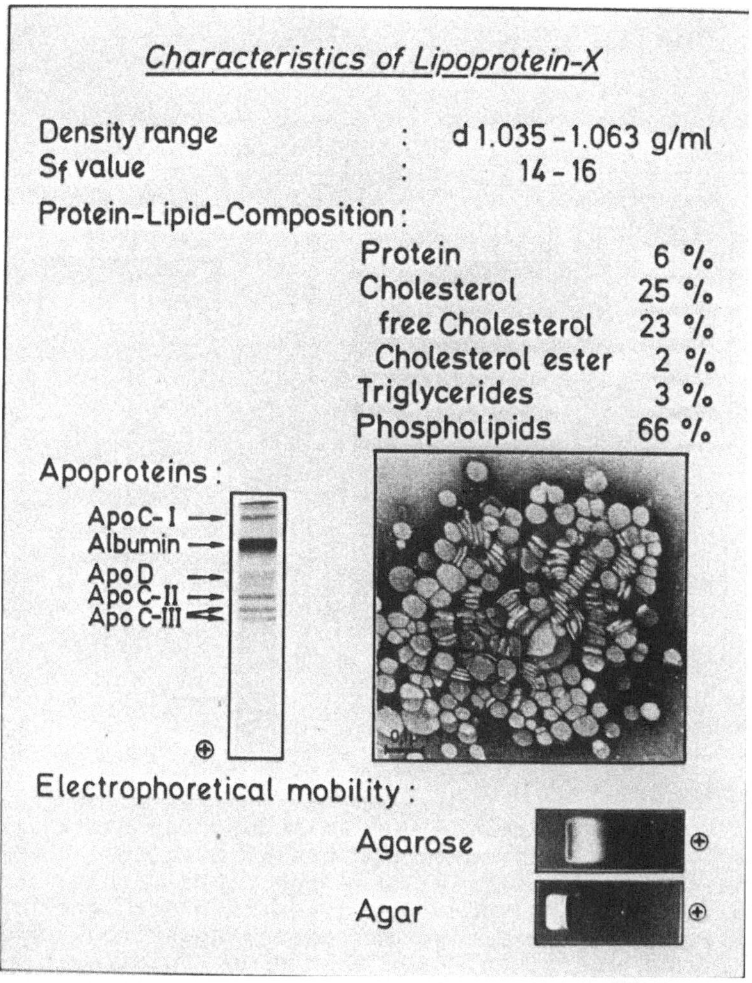

Abb. 2

läßt sich heute noch nicht eindeutig beantworten. Die Tatsache, daß der absolute LDL-Spiegel bei der Cholestase weit unter der Norm liegt, läßt die zweite Möglichkeit als die wahrscheinlichere erscheinen. Die regulative Wirkung der verschiedenen Apoproteine und lipolytischen Enzyme des Plasmas auf den Stoffwechsel der Lipide im Plasma wird somit überaus komplex und läßt sich nur noch mit wohldefinierten Systemen charakterisieren. Für das Cholesterin, als die entscheidende Lipidkomponente im atherosklerotischen Geschehen, kann nach dem heutigen Wissensstand vereinfacht der folgende Zyklus angenommen werden (siehe Abbildung 3): Am Aufbau cholesterintragender Lipoproteine sind sowohl der Darm unter Mitwirkung des durch die Nahrung zugeführten Cholesterins als auch die Leber befähigt. Die Mucosa des Darms gibt das Cholesterin zum überwiegenden Anteil in Form von Chylomikronen über den Ductus thoracicus an das Plasma ab. Hier kommt es durch Einwirkung der postheparinlipolytischen Aktivität unter dem regulativen Einwirken der Apo-C-Peptide als auch

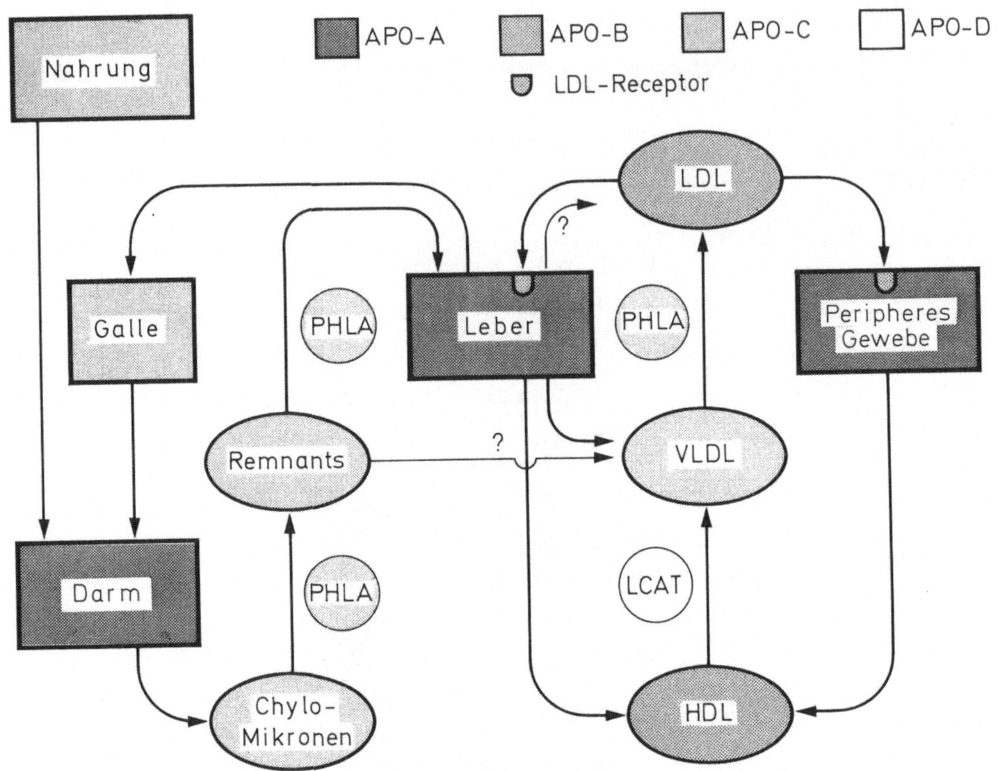

Abb. 3. Cholesterin-Cyclus

unter Umständen des Apo-E zu Hydrolyse der am Aufbau der Partikel beteiligten Triglyceride, was zu einer Verschiebung des Cholesterins in eine niedrigere Dichteklasse führt. Die Abbauprodukte der Chylomikronen können entweder direkt von der Leber aufgenommen und weiter katabolisiert werden oder - noch fraglich - in VLDL und später in LDL übergehen. Die Leber gibt Cholesterin entweder nach Abbau zu Gallensalzen als auch als Cholesterin in Form des Gallenlipoproteins an die Galle ab oder benutzt es zum Aufbau von HDL und VLDL. Das HDL kann, durch Einwirkung des LCAT-Enzyms, und reguliert durch Apo-D, A-I und Apo-E, Cholesterin an die VLDL-Fraktion abgeben. Von hier aus gelangt es durch die Wirkung der postheparinlipolytischen Aktivität, die wiederum durch Apo-C reguliert wird, in die LDL-Fraktion. Das LDL-Cholesterin wird, gesteuert durch den Apo-B-Rezeptor, entweder der Leber oder dem peripheren Gewebe zugeführt und dort weiter katabolisiert. Ebenso wie das periphere Gewebe ist die Leber zur Abgabe von Cholesterin in Form von HDL in der Lage; dieser Prozess ist mit größter Wahrscheinlichkeit an die Spezifität des Apo-A gebunden.

Das Wissen um diese Beziehungen hat zu der Erkenntnis verholfen, daß den Plasmalipoproteinen, der Analytik ihrer Struktur und ihres Stoffwechsels die entscheidende Rolle bei der Beurteilung von Fettstoffwechselstörungen zukommt. Von wie großer Bedeutung allein die Beurteilung der Frage ist, ob das Cholesterin in Form von HDL oder Lipoproteinen niedriger Dichte transportiert wird, sei zum Schluß kurz anhand einiger klinischer Studien, die unter diesem Aspekt durchgeführt wurden, dargestellt:

Als Erster wies GLUECK in einer Arbeit (3), in der eine genetisch bedingte Form einer Hyper-α-Lipoproteinämie dargestellt wurde, darauf hin, daß in solchen Familien die Hypercholesterinämie auftritt bei normalem LDL-Gehalt des Plasmas. Von 235 verwandten Mitgliedern aus 18 betroffenen Familien waren nur 3 an den Folgen cardiovasculärer Erkrankungen erkrankt, trotz bestehender Hypercholesterinämie. Umgekehrt berichtete MILLER (6) 1975, daß Patienten mit coronarer Herzerkrankung bei normalen Plasmacholesterinwerten Unterschiede lediglich im Bereich der HDL im Sinne einer Erniedrigung gegenüber Kontrollen zeigten. In ähnlicher Richtung weisen die Befunde von DAHLEN (1) 1976, der, unter Messung des Apo-AI, eine signifikant unterschiedliche HDL-Konzentration bei Herzinfarktpatienten gegenüber gesunden Kontrollen aufzeigen konnte. Unterstützt werden diese Befunde durch die bekannte Tatsache, daß Frauen im menstruierenden Alter ein bei weitem niedrigeres Risiko einer frühzeitigen Atherosklerose tragen als Männer, bei im Schnitt um etwa 30% höheren HDL-Konzentrationen. Daß die Verteilung des Cholesterins über die Lipoproteinfraktionen manipulierbar ist, zeigt schließlich eine Arbeit von WOOD (8) 1976, in der demonstriert wird, daß sich bei Langstreckenläufern im Vergleich zu Kontrollen eine signifikant höhere HDL-Konzentration einstellt. Wie bedeutungsvoll auch im Verfolgen einer therapeutischen Wirkung medikamentöser und diätetischer Maßnahmen die Verteilung des Plasmacholesterins sein kann, zeigt eine Studie von CARLSON (2), in der demonstriert wird, daß der "sogenannte" therapeutische Nutzen der Nikotinsäure bei der Behandlung einer Typ V-Hypercholesterinämie lediglich zur Verschiebung des Cholesterins aus der VLDL in die LDL-Fraktion führt und demnach hierdurch letztlich auch keine positiven Ergebnisse zu erwarten sind.

Aus den hier kurz dargestellten Aspekten, die zu einer vollen Würdigung einer wesentlich breiteren Darstellung bedürften, erscheint es mir notwendig, bei dem Versuch der Abklärung der Pathophysiologie der Fettstoffwechselstörungen den Risikofaktor der Plasmalipide auf cellulärer und molekularer Ebene zu definieren. Dies wird eine notwendige Voraussetzung sein für die so dringend geforderten und bisher noch sehr unbefriedigenden Therapieerfolge bei diesen Krankheitsprozessen. Zusätzlich zu der Bewertung quantitativer Verschiebung einzelner Lipoproteinklassen mit dem daraus resultierenden Krankheitswert können Strukturänderungen einzelner Fraktionen, ebenso wie das Auftreten abnorm strukturierter Lipoproteine, klinisch sowie diagnostisch bedeutungsvoll sein. Aspekte, auf die Herr ASSMANN im folgenden Referat näher eingehen wird.

Literatur

1. BERG, K., BØRRESEN, A.L., DAHLÉN, G.: The Lancet, March 6, 499 (1976)
2. CARLSON, L.A., OLSSON, A.G., BALLANTYNE, D.: Atherosclerosis 26, 603 (1977)
3. GLUECK, C.J.: Metabolism 24, 1243 (1975)
4. GOLDSTEIN, J.L., BROWN, M.S.: J. Biol. Chem. 249, 5153 (1974)
5. MANZATO, E., FELLIN, R., BAGGIO, G., WALCH, S., NEUBECK, W., SEIDEL, D.: J. Clin. Invest. 57, 1248 (1976)
6. MILLER, G.J., MILLER, N.E.: The Lancet, January 4, 16 (1975)
7. STEIN, O., VANDERHOEK, J., STEIN, Y.: Biochim. Biophys. Acta 431, 347 (1976)
8. WOOD, P.D., HASKELL, W., KLEIN, H., LEWIS, S., STERN, M.P., FARQUHAR, J.W.: Metabolism 25, 1249 (1976)

Zur Pathobiochemie der High Density-Lipoproteine

G. Assmann

Die vier Plasma-Lipoproteinklassen - Chylomikronen, VLDL, LDL, HDL - transportieren mit Ausnahme der freien Fettsäuren (gebunden an Albumin), des Vitamin K (spezifisches Transportprotein) und geringer Mengen von Lysophosphatidylcholin (gebunden an Albumin) alle anderen Lipide im Plasma. Die Funktion der Chylomikronen und der VLDL liegt hauptsächlich im Transport und Stoffwechsel der Triglyceride. Im Gegensatz zur Synthese der Chylomikronen (Darm) und der VLDL (Leber, Darm) werden die LDL durch einen plasmaspezifischen Prozess, an dem mehrere Enzyme beteiligt sind, aus VLDL gebildet. Diese Enzyme sind die Lipoproteinlipasen, welche die Hydrolyse von Glyceridesterbindungen katalysieren, die Lecithin-Cholesterin-Acyl-Transferase, welche die Bildung von Cholesterinestern mittels der Fettsäure aus β-Stellung des Phosphatidylcholin katalysiert, sowie Phospholipasen und eine Monoglyceridhydrolase.

Im Gegensatz zu Chylomikronen und VLDL liegt eine der wesentlichen Funktionen der LDL und HDL im Transport und Stoffwechsel des Cholesterin. Die Struktur der HDL, deren Funktion im Stoffwechsel der Plasmalipoproteine und des Cholesterin, sowie einige pathophysiologische Gesichtspunkte, insbesondere im Zusammenhang mit der Rolle dieser Lipoproteine in der Pathogenese der Arteriosklerose, werden im folgenden erläutert.

1. Struktur

High Density Lipoproteine sind die lipidärmsten Partikel des Lipoproteinspektrums. Sie werden in der Regel mittels präparativer Ultrazentrifugation zwischen den Dichten 1.063 und 1.21 g/ml KBr dargestellt. Die HDL wandern im elektrischen Feld (Papierelektrophorese, Agaroseelektrophorese) mit den α_1-Globulinen, weshalb sie auch als α-Lipoproteine bezeichnet werden. Elektronenmikroskopisch stellen sich die HDL als sphärische Partikel mit einem Durchmesser von 80-150 Å dar. HDL zeigen, wie auch die übrigen Lipoproteindichteklassen, eine beträchtliche molekulare Heterogenität und werden zumeist in vier Fraktionen unterschiedlicher Dichte (HDL_1, HDL_2, HDL_3, VHDL) unterteilt, wobei HDL_2 (1.063-1.125 g/ml KBr) und HDL_3 (1.125-1.21 g/ml KBr) die Hauptanteile repräsentieren. HDL_2 hat ein Molekulargewicht von ca. 360 000 Daltons und besteht zu ca. 60% aus Lipiden und zu ca. 40% aus Protein. HDL_3 hat ein Molekulargewicht von ca. 175 000 Daltons und besteht zu ca. 45% aus Lipiden und zu ca. 55% aus Protein. Das Verhältnis von verestertem zu freiem Cholesterin und das Verhältnis von Phosphatidylcholin zu Sphingomyelin ist größer in HDL_3 als in HDL_2. HDL_2 wandert elektrophoretisch etwas rascher als HDL_3. Prinzipielle Unterschiede in der Apoproteinkomposition und der Funktion von HDL_2 und HDL_3 sind bisher nicht beschrieben. Die Konzentration der HDL-Subfraktionen im Normalserum ist jedoch hinsichtlich Alter, Geschlecht, Nahrungszustand u.a. unterschiedlich; Lipidstoffwechselstörungen können in unterschiedlicher Weise mit einer Vermehrung oder Verminderung einzelner Subfraktionen einhergehen. Es ist zu beachten, daß bei der präparativen Darstellung der HDL in der Ultrazentrifuge ein weiteres Lipoprotein gefunden wird (wenn auch zumeist nur in geringer Menge), welches als Lp (a) oder "sinking prebeta" - Lipoprotein (Dichte 1.055-1.085 g/ml KBr) bezeichnet wird. Dieses Lp (a) Lipoprotein besteht zu ca. 27% aus Protein (Apoprotein B, Lp(a)-Apoprotein, Albumin), zu ca. 65% aus Lipiden und zu ca. 8% aus Kohlenhydraten. Der Proteinanteil der HDL, Apo HDL, kann durch Delipidierung mit organischen Lösungsmitteln dargestellt werden und setzt sich aus mehreren Polypeptiden zusammen. Trennung und Reindarstellung der Polypeptide erfolgt durch Chromatographie mittels Gelfiltration an Sephadex G-200 oder Ionenaustauschverfahren mittels DEAE-Cellulose in 6 M Harnstoff bzw. einer Kombination beider Verfahren. Die Proteine Apo A-I, Apo A-II, Apo C-I, Apo C-II und Apo C-III wurden als prinzipielle Strukturkomponenten mittels dieser Techniken erkannt (Abbildung 1). In geringen Mengen wird auch Apo A-III (= Apo D, = thin line peptide)

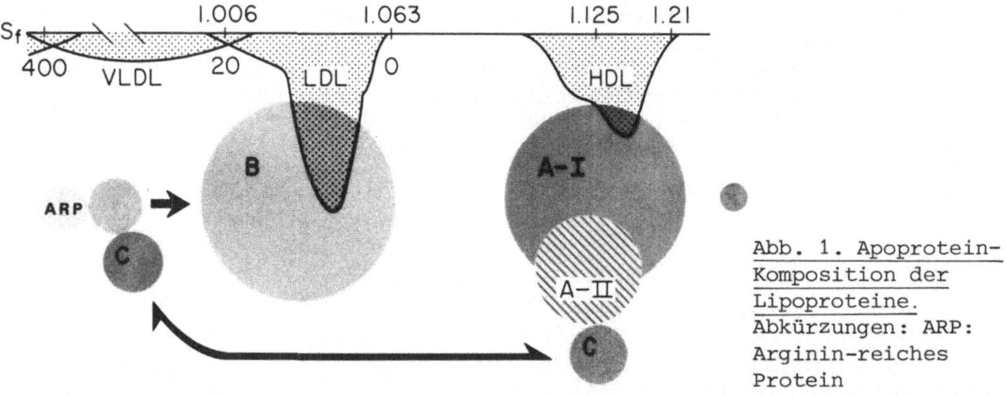

Abb. 1. Apoprotein-Komposition der Lipoproteine. Abkürzungen: ARP: Arginin-reiches Protein

im HDL-Dichtebereich gefunden. Die Primärstrukturen von Apo A-I (Molekulargewicht : 28 000, aminoterminales Ende Aspartat, carboxyterminales Ende Glutamin), Apo A-II (Molekulargewicht 16 000, aminoterminales Ende Pyrollidincarbonsäure, carboxyterminales Ende Glutamin), Apo C-I (Molekulargewicht 6500, aminoterminales Ende Threonin, carboxyterminales Ende Serin), und Apo C-III (Molekulargewicht 8700, aminoterminales Ende Serin, carboxyterminales Ende Alanin) sind beschrieben. Die Primärstrukturen anderer Apoproteine (Apo B, Apo C-II, Apo D, Apo E) sind bisher nicht mitgeteilt worden. Die Apoproteine A-I, A-II und C verteilen sich im HDL-Dichtebereich in einem Gewichtsverhältnis von ca. 70:20:5. Das molare Verhältnis von Apo A-I zu Apo A-II beträgt ca. 2:1. Während A-Apoproteine fast ausschließlich in der HDL Fraktion vorkommen, ist die Gesamtmenge der C-Apoproteine im Plasma zwischen HDL und VLDL ungefähr gleichmäßig verteilt (Abbildung 1).

Es ist bei Experimenten zur Erkennung der molekularen Struktur von Lipoproteinen zu berücksichtigen, daß diese in der Regel mittels präparativer Ultrazentrifugation dargestellt werden. Aus solchen Lipoproteindichteklassen lassen sich durch eine Vielzahl von Fraktioniertechniken Unterfraktionen darstellen, welche von manchen Autoren als Lipoproteinfamilien bezeichnet werden. Solche Lipoproteinfamilien werden als Lp A, Lp B, Lp C, Lp D, Lp E, Lp (a) bezeichnet, wobei z.B. im Falle des Lp A noch weitere Unterfamilien mittels immunospezifischer Absorber und Adsorptionschromatographie isoliert werden können: eine Unterfamilie mit Apo A-I-Protein, eine Unterfamilie mit Apo A-I- und Apo A-II-Proteinen und eine weitere Unterfamilie mit Apo A-I- und Apo A-III-Proteinen. Ob solche Lipoproteinfamilien im Plasma als selbständige Struktur- und Funktionseinheiten vorhanden sind oder ob größere Makromoleküle existieren, an deren Aufbau sich verschiedene "Familien" beteiligen (im Falle der HDL z.B. Apo A und Apo C), ist bisher nicht eindeutig entschieden. Die Technik zur Isolierung von Lipoproteinen kann sicherlich deren Struktur beeinflussen. Die molekularen Eigenschaften von Apoproteinen, die einerseits zur Selbst-Assoziation führen und andererseits spezifische Protein-Protein-Wechselwirkungen zwischen verschiedenen Apoproteinen (z.B. Apo A-I Apo A-II) bedingen, bedürfen weiterer Untersuchungen, um Grundfragen zur molekularen Struktur von Lipoproteinen besser als bisher zu verstehen. Hingegen ist die Bindung von Lipiden an Apoproteine in den letzten Jahren ausführlich untersucht worden. Als wesentliche Strukturkomponente von Apoproteinen wurden amphipatische Helixstrukturen erkannt, deren hydrophobe Oberflächenbereiche mit Fettsäureresten von Phospholipiden hydrophobe Bindungen eingehen. Ob darüber hinaus der Phosphorylcholin-Anteil des Sphingomyelin und Phosphatidylcholin mit polaren Anteilen von Apoproteinen in hydrophiler Interaktion steht, konnte bisher experimentell nicht gesichert werden.

Unterschiedliche physikalisch-chemische Messungen (Röntgenkleinwinkelstreuung, Rotationsdispersion, IR, NMR, ESR u.a.) von HDL und in vitro rekonstituierter Apo A- und Apo C-Phospholipid-Komplexe haben zu dreidimensionalen Strukturmodellen von HDL geführt. Es kann als gesichert angesehen werden, daß HDL radialsymmetrische, sphärische Makromoleküle sind, in deren Zentrum sich Cholesterinester und Triglyceride befinden und an deren Oberfläche Apoproteine sowie die hydrophilen Anteile der Phospholipide angeordnet sind.

2. Stoffwechsel

Es ist bisher nur wenig über Synthese und Katabolismus der HDL beim Menschen bekannt. Die meisten Autoren gehen von der Annahme aus, daß sowohl Leber als auch Darm Syntheseorte sind, während die Leber als hauptsächlicher Ort des Katabolismus in Frage kommt.

Die physiologische Rolle reticuloendothelialer Zellen, glatter Muskelzellen etc. im Katabolismus der HDL ist jedoch keineswegs bekannt; Versuche z.B. mit glatten Muskelzellen in der Gewebekultur haben gezeigt, daß diese durchaus HDL katabolisieren können. Untersuchungen zur HDL-Biosynthese mittels Leberperfusion und Darmperfusion (Rattenexperimente) haben ergeben, daß die Leber HDL-Partikel sezerniert, welche sowohl Apo A als auch Apo C enthalten, während der Darm nur zur Synthese von Apo A befähigt ist. Es ist ferner gezeigt worden, daß die perfundierte Rattenleber HDL-Protein-Lipid-Bilayer bildet, welche keine oder nur wenig Cholesterinester enthalten, und es kann postuliert werden, daß die endgültige Form und Zusammensetzung der HDL im Plasma erst nach Einwirkung der Lecithin-Cholesterin-Acyl-Transferase angenommen wird. Demnach ist die Konversion von HDL-Bilayer (native HDL) zu sphärischer Micelle (Plasma-HDL) ein plasmaspezifischer Prozess (Abbildung 2).

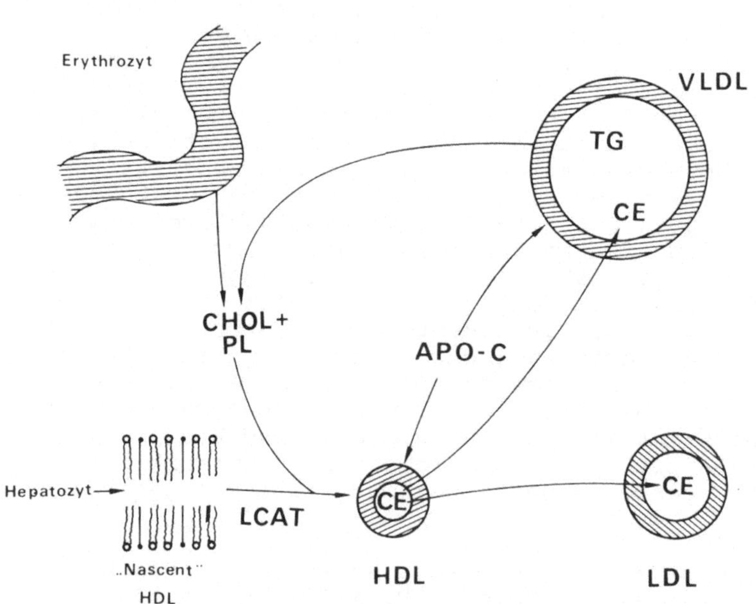

Abb. 2. Cholesterin- und Cholesterinester-Transfer-Mechanismen im Plasma. Abkürzungen: LCAT: Lecithin-Cholesterin-Acyl-Transferase, PL: Phospholipide, CE: Cholesterinester, TG: Triglyceride, Chol: Cholesterin

Die biologische Halbwertszeit von ^{125}J-HDL beträgt beim Menschen ca. 4-5 Tage und es ist in Turnover-Studien gezeigt worden, daß die Apoproteine A-I und A-II mit ähnlicher, wenn nicht identischer Halbwertszeit katabolisiert werden. Hingegen beträgt bei der Ratte die HDL-Halbwertszeit nur ca. 11 Stunden, wobei die Leber das wichtigste Organ für den Abbau darstellt. Autoradiographische Analysen haben ergeben, daß sich die Radioaktivität im Bereich sekundärer Lysosomen der Rattenleber anreichert.

Die Tatsache, daß HDL als selbständige Struktur- und Funktionseinheit im Plasma existieren, wird unterstrichen durch den Befund, daß bei Patienten mit Abetalipoproteinämie HDL-Makromoleküle sowie deren Apoproteine A-I und A-II nachweisbar sind, nicht jedoch Chylomikronen, VLDL und LDL.

Der HDL-Plasmaspiegel als Ergebnis von Synthese, Katabolismus und Verteilung ist beeinflußbar von zahlreichen Faktoren (insbesondere Geschlecht, Ernährung, Hyperlipidämien), ohne daß der spezifische Angriffspunkt in jedem Falle bekannt ist.

3. Funktion

Bei der Analyse der Funktionen der HDL ist zu unterscheiden zwischen Funktionen von HDL-Apoproteinen und der Funktion der Makromoleküle als solcher.

a) Es kann als gesichert angesehen werden, daß Apoprotein A-I ein Aktivatorprotein der Lecithin-Cholesterin-Acyl-Transferase und Apo C-II ein Aktivatorprotein der extrahepatischen Lipoproteinlipase ist. Der Mechanismus der Enzym-Aktivierung ist nicht im einzelnen bekannt, jedoch kommt der spezifischen Vermittlung der Interaktion zwischen Lipidsubstrat und Enzym im Oberflächenbereich der Lipoproteine durch Apo A-I und Apo C-II sicherlich eine besondere Bedeutung zu. Im Rahmen der Lipolyse Triglyceridreicher Partikel können die HDL als C-Apoproteinreservoir angesehen werden. Zu Beginn der Lipolyse kommt eine Verschiebung des relativen Anteiles der C-Apoproteine zugunsten Triglycerid-reicher Partikel zustande und es wird vermutet, daß dieser Donatorfunktion der HDL eine physiologische Bedeutung bei der Apo C-II abhängigen Aktivierung der extrahepatischen Lipoproteinlipase zukommt (Abbildung 2, 3).

b) Neben der Lecithin-Cholesterin-Acyl-Transferase Aktivatorfunktion von Apoprotein A-I sind die HDL von besonderer Bedeutung als Substrat dieses Enzyms. Wie bereits erwähnt, ist die LCAT-abhängige Veresterung des Cholesterin von Bedeutung für die molekulare Transformation von HDL-Bilayer zu sphärischer Micelle. Zu welchem Anteil die durch LCAT-Aktivität im Plasma entstandenen Cholesterinester als HDL-Cholesterinester katabolisiert werden bzw. mit Lipoproteinen anderer Dichteklassen austauschen, ist nicht genau bekannt. Bei der Entfernung des veresterten Cholesterin von HDL und der Übertragung auf VLDL bzw. LDL soll dem Arginin-reichen Peptid (Apo E) eine besondere Bedeutung zukommen.

c) Im Katabolismus der Triglycerid-reichen Lipoproteine, insbesondere bei der Klärung der alimentären Lipämie, sind die HDL durch zahlreiche Wechselwirkungen beteiligt (Abbildung 3). Im Gegensatz zu Triglyceriden und Phospholipiden der Chylomikronen und VLDL, die während der Lipolyse vorwiegend hydrolysiert werden, werden Apo C und Cholesterin auf HDL transferiert. Der Transfer-Mechanismus als Voraussetzung für einen intakten Ablauf der Lipolyse ist in seinem molekularen Mechanismus nicht geklärt. Es kann jedoch angenommen werden, daß das aus Chylomikronen und

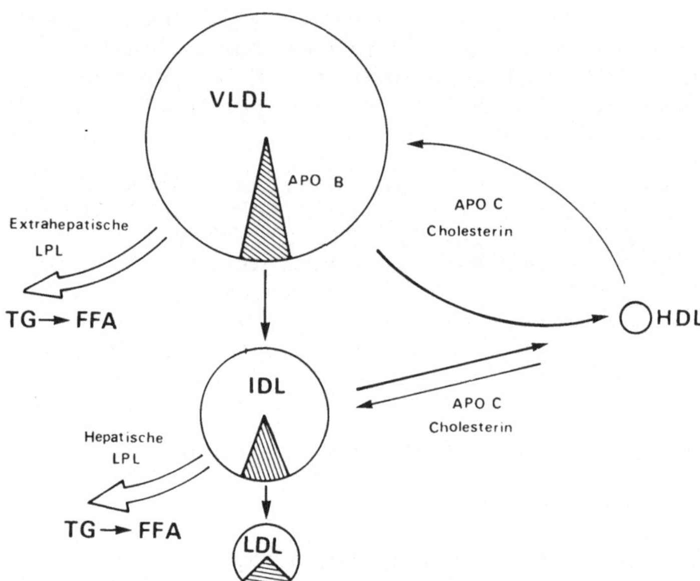

Abb. 3. Katabolismus Triglyceridreicher Lipoproteine. Abkürzungen: LPL: Lipoproteinlipase, FFA: Freie Fettsäuren, IDL: Lipoproteine intermediärer Dichte (1.006-1.019 g/ml KBr)

VLDL während der Lipolyse freigesetzte freie Cholesterin an HDL gebunden wird und dort zumindest partiell der Veresterung unterliegt. Die Rolle der C-Apoproteine als Carrier des freien Cholesterin ebenso wie die Rolle des Arginin-reichen Proteins als Carrier der Cholesterinester bedarf Bestätigung durch weitere Untersuchungen.

d) Die mögliche Rolle der HDL im Stoffwechsel und Transport des cellulären Cholesterin ist von besonderer Bedeutung für das Verständnis der Pathogenese der Arteriosklerose. LDL und HDL werden bezüglich des cellulären Cholesterinstoffwechsels als antagonistische Lipoproteine betrachtet, wobei diskutiert wird, daß erstere als Hauptspender von cellulärem Cholesterin in Frage kommen und letztere den Entzug des cellulären Cholesterin fördern (Abbildung 4). Die Möglichkeit 1) der Verminderung exogener Cholesterinzufuhr durch kompetitive Hemmung am LDL-Rezeptor und 2) eines effektiven Transportes von Cholesterin aus Zellmembranen mittels HDL wird in erster Linie durch Gewebekultur-Experimente gestützt. So konnte z.B. demonstriert werden, daß HDL-Apolipoprotein-Phospholipid-Komplexe in vitro den Cholesterintransport aus der Zelle (EHRLICH-Ascites-Zellen, menschliche Fibroblasten, glatte Muskelzellen der Arterienwand) ermöglichen. Ob die mit Kulturen glatter Muskelzellen erzielten Ergebnisse Rückschlüsse auf in situ-Vorgänge in der Aorta zulassen, ist Gegenstand laufender Forschungen. Da sowohl HDL als auch LDL das Endothel der Arterienwand passieren können, muß die Möglichkeit einer Wechselwirkung von Lipoproteinen und glatten Muskelzellen in Betracht gezogen werden.

Die durch Gewebekultur-Experimente gewonnenen Erkenntnisse werden gestützt durch die klinisch-epidemiologische Erfahrung, daß Patienten mit coronarer Gefäßkrankheit niedrigere HDL-Cholesterinspiegel aufweisen als gesunde Vergleichspersonen. Häufig

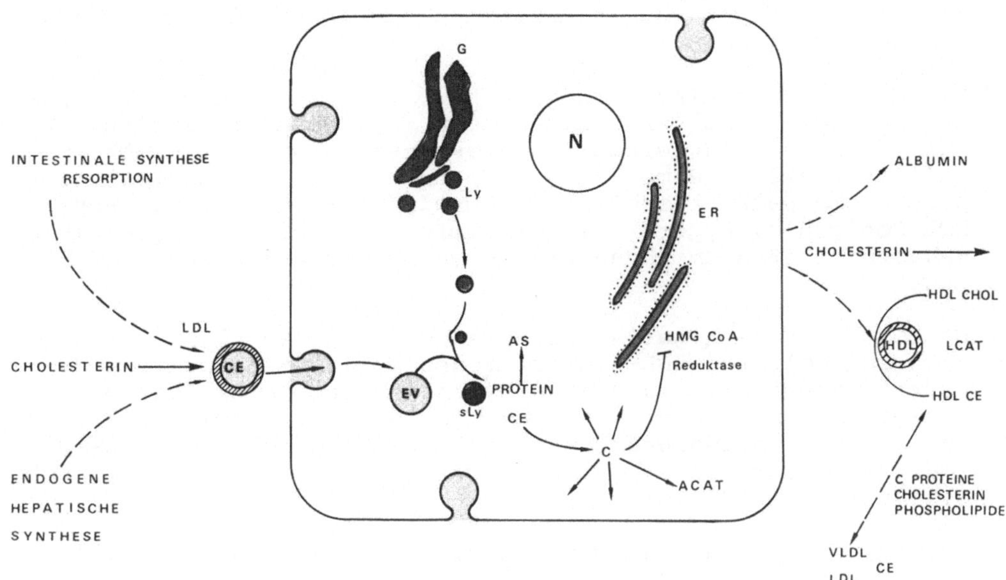

Abb. 4. Regulation der cellulären Cholesterin-Konzentration durch Lipoproteine.
Abkürzungen: EV: Endocytotische Vesikel, G: Golgi-Apparat, Ly: primäre Lysosomen, sLy: sekundäre Lysosomen, AS: Aminosäuren, N: Nucleus, ER: Endoplasmatisches Reticulum, HMG-CoA-Reductase: Hydroxy-methylglutaryl-Coenzym A-Reductase, ACAT: Acyl-Cholesterin-Acyl-Transferase

angeführte Beispiele sind ferner die Tatsache, daß Frauen, die statistisch höhere HDL-Spiegel als Männer aufweisen, seltener an coronarer Gefäßkrankheit leiden. Ebenso findet man bei Grönland-Eskimos relativ hohe HDL-Spiegel und (trotz relativ hoher LDL-Spiegel) eine niedrige Herzinfarkt-Frequenz. Ferner konnte in Cholesterin-Stoffwechseluntersuchungen gezeigt werden, daß die Größe des Körper-Cholesterinpools des Menschen in einem umgekehrten Verhältnis zum Plasma-HDL-Spiegel steht.

Eine kritische Betrachtung der solchen Aussagen zugrunde liegenden Experimente zeigt, daß gesicherte Erkenntnis und Hypothese oftmals nicht streng voneinander getrennt werden bzw. sich gegenseitig begünstigen. Insbesondere seien folgende Anmerkungen erlaubt:

1. In den meisten epidemiologischen Untersuchungen werden HDL-Cholesterin-Spiegel gleich HDL-Spiegel gesetzt, obwohl HDL-Cholesterin nur ca. 20% der Gesamtmasse der HDL repräsentiert. Geringe Verschiebungen in der Komposition der HDL-Partikel können bei gleicher HDL-Partikelzahl zu erheblichen Verschiebungen des HDL-Cholesterin führen. Immunologische Techniken zur Quantifizierung der Apoproteine A-I und A-II als Voraussetzung einer exakten Bestimmung der Komposition der HDL sind erst in jüngerer Zeit erarbeitet worden, so daß die Beantwortung der Fragen zur Korrelation einzelner HDL-Strukturkompo-

nenten zueinander und in Beziehung zur Anzahl der HDL-Partikel noch ausstehen.

2. Der Mechanismus einer Erhöhung bzw. Verminderung des Plasma-HDL-Spiegels kann verschieden sein (Synthese, Katabolismus, Verteilungsgleichgewicht intravasal-extravasal), jedoch spezifisch Einfluß nehmen auf Größe und Umsatz des Cholesterinpools. Die Halbwertszeit der HDL wird z.B. beeinflußt von HDL-Poolgröße, Hypertriglyceridämie u.a.; eine Analyse dieser Faktoren im Zusammenhang mit coronarer Gefäßkrankheit steht aus.

3. Es besteht eine negative Korrelation zwischen Plasma-Triglyceridspiegeln und HDL-Cholesterinspiegeln. Eine primäre Hypertriglyceridämie kann eine Hypoalphalipoproteinämie bedingen und umgekehrt. Wie diese Faktoren in einem größeren Kollektiv sich gegenseitig beeinflussen und ob sie einzeln oder gemeinsam ein erhöhtes Coronarrisiko bedingen, ist nicht eindeutig beantwortet.

4. Patienten mit Analphalipoproteinämie (TANGIER-Krankheit) (siehe unten) sind gefäßgesund. Diese Beobachtung schließt mit großer Wahrscheinlichkeit eine ausschließliche Rolle der HDL im Abtransport des cellulären Cholesterin der Gefäßwand aus.

5. Kollektive mit identischen HDL-Cholesterinspiegeln (z.B. finnische und schwedische Population) zeigen große Unterschiede in der Herzinfarkt-Frequenz).

Diese wenigen Beispiele mögen genügen, um aufzuzeigen, daß die durchaus attraktive Hypothese einer protektiven bzw. antiatherogenen Wirkung der HDL weiterer intensiver Forschung bedarf.

4. Pathobiochemie

Eine Zusammenstellung von Erkrankungen bzw. metabolischen Veränderungen, die mit hohen bzw. niedrigen HDL-Cholesterinspiegeln einhergehen, findet sich in Tabelle 1. Eine kritische Würdigung aller aufgeführten Stoffwechselsituationen sprengt den Rahmen dieser Übersicht, jedoch seien folgende Aspekte hervorgehoben:

a) TANGIER-Krankheit (Analphalipoproteinämie):
Bei der TANGIER-Krankheit handelt es sich um eine seltene autosomal vererbte Fettstoffwechselstörung. Bei homozygoten Patienten findet man außer der Abwesenheit der HDL im Plasma eine Hypocholesterinämie (25-80 mg/dl) sowie erhöhte Triglyceridspiegel und eine Nüchtern-Chylomikronämie. Es besteht ferner eine celluläre Anreicherung von Cholesterinestern, vornehmlich in reticuloendothelialen Zellen in Tonsillen, Lymphknoten, Thymus, Knochenmark, Leber, Milz sowie rectaler Schleimhaut. Die Kombination niedriger Plasma-Cholesterinkonzentrationen und vergrößerter, gelb-orange gefärbter Tonsillen wird als pathogonomisch für die TANGIER-Krankheit angesehen.

Tabelle 1. Konzentration der High Density-Lipoproteine im Plasma

hoch	niedrig
TANGIER-Krankheit	familiäre Hyperalphalipoproteinämie
Abetalipoproteinämie	Frauen > Männer
LCAT-Mangel	Östrogene
Familiäre Hyperchylomikronämie	Heparin-Medikation
primäre und sekundäre Hypertriglyceridämien	Nicotinsäure
Leberparenchymschaden	Chlorierte Kohlenwasserstoff-Pestizide
Dysglobulinämie	
Kohlenhydrat-reiche Diät	

Der Kausalzusammenhang zwischen Analphalipoproteinämie und cellulärer Cholesterinester-Speicherung ist bisher nicht eindeutig verstanden. Zwei Hypothesen stehen im Vordergrund: 1) Es kann als gesichert gelten, daß Nüchtern-Chylomikronämie und persistierende Hyperpräbetalipoproteinämie (Hypertriglyceridämie) eine unmittelbare metabolische Konsequenz der Analphalipoproteinämie sind: die fehlende Akzeptorfunktion (Cholesterin), Substratfunktion (LCAT) und Donatorfunktion (C-Apoproteine) gestatten keinen regulären Ablauf der Lipolyse. Es bestehen Hinweise, daß der defekte Katabolismus Triglycerid-reicher Lipoproteine mit der Formation abnormer Lipoproteine einhergeht, welche im RES gespeichert werden (Abbildung 5). 2) Der der Analphalipoproteinämie zugrunde liegende Defekt ist bisher nicht bekannt. Eine defekte Biosynthese der HDL infolge Strukturmutation von Apo A-I oder Apo A-II gilt aufgrund bisher durchgeführter Analysen als unwahrscheinlich, kann jedoch nicht ausgeschlossen werden; hingegen bestehen Hinweise auf einen defekten Katabolismus der HDL. Normale HDL, welche mittels Plasmapherese oder HDL-Infusion bei Patienten mit TANGIER-Krankheit substituiert wurden, verschwinden mit extrem kurzer Halbwertszeit aus dem Plasma. Weitere Untersuchungen werden erforderlich sein, um festzustellen, ob sich die Zellen des RES in abnormer Weise am HDL-Katabolismus beteiligen und es dadurch zu einer Ablagerung von Cholesterinestern kommt.

Zweifellos wird die Aufdeckung des molekularen Mechanismus der Cholesterinester-Speicherung bei der TANGIER-Krankheit dazu beitragen, die physiologische Rolle von HDL im Transport und Stoffwechsel des Cholesterin besser zu verstehen.

b) Lecithin-Cholesterin -Acyl-Transferase-Mangel:
Eine andere Mutante im Cholesterinstoffwechsel, bei der abnorme HDL gefunden werden, ist der genetische LCAT-Mangel. Zum klinischen Bild gehören u.a. Anämie, Proteinurie und Hornhauttrübungen. Alle Patienten haben deutlich erniedrigte Cholesterinester-

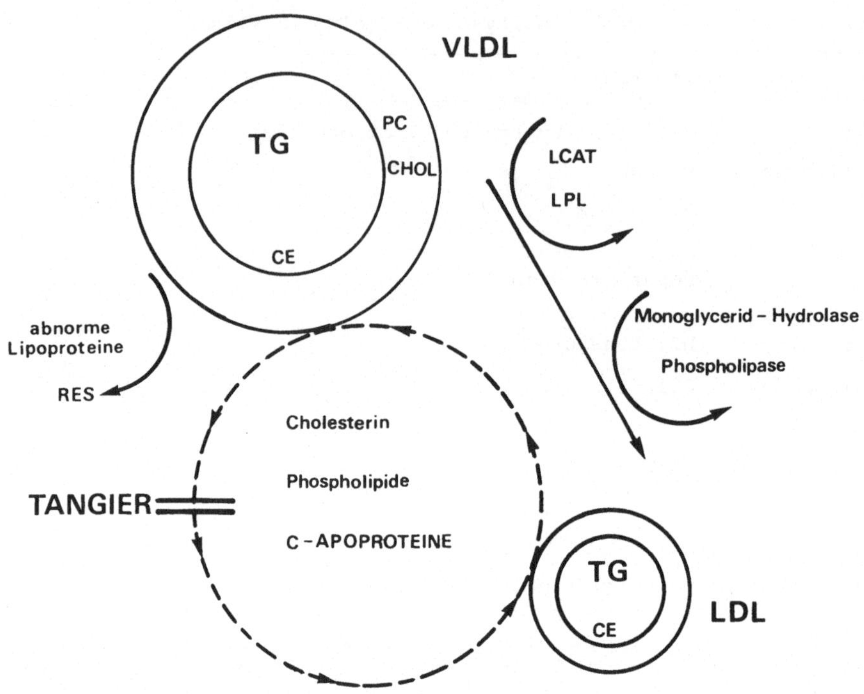

Abb. 5. Defekter Katabolismus von Chylomikronen und VLDL bei der TANGIER-Krankheit.
Abkürzungen: RES: Reticulo-Endotheliales-System

und Lysophosphatidylcholin-Werte sowie erhöhte Cholesterin- und Phosphatidylcholin-Werte im Plasma. Als Konsequenz des LCAT-Mangels zeigen die Plasmalipoproteine eine Reihe von Abweichungen. Am auffälligsten ist das Auftreten von Lipoprotein-X, von VLDL-Partikeln mit abnormer elektrophoretischer Wanderungsgeschwindigkeit sowie von zwei Arten abnormer HDL-Partikel: einer Fraktion mit hohem Molekulargewicht, welche elektronenmikroskopisch aus 40 Å dicken Scheibchen mit einem Durchmesser von 150-200 Å besteht, sowie einer kleineren Unterfraktion sphärischer Partikel mit einem Durchmesser von 45-60 Å. Obwohl die Herkunft der abnormen HDL-Fraktionen noch unklar ist, scheint zumindest erstere Fraktion das Produkt einer defekten Interkonversion von HDL-Bilayer zu sphärischer Micelle infolge LCAT-Mangel zu sein. Ebenso wie bei der TANGIER-Krankheit könnte ein Teil der Gewebelipide beim LCAT-Defekt aus Ablagerungen zirkulierender abnormer Lipoproteine bestehen.

c) Hyperalphalipoproteinämie:
Über die Hyperalphalipoproteinämie und deren Ursachen ist bisher wenig bekannt. Exposition mit chlorierten Kohlenwasserstoff-Pestiziden, erhöhte Östrogenspiegel sowie Alkoholintoxikation können sekundäre Ursachen einer Hyperalphalipoproteinämie sein; primärgenetische Formen sind bisher in nur wenigen Fällen beschrieben, wobei ein autosomal-dominanter Erbgang vorzuliegen scheint. Ob bei der familiären Form eine verlängerte Lebenserwartung bzw. ein

vermindertes Risiko zu coronarer Gefäßkrankheit vorliegen, bedarf sicherlich der Bestätigung durch weitere Untersuchungen. Auch hier gilt die bereits zuvor geäußerte Kritik, daß zur Quantifizierung der HDL bei Hyperalphalipoproteinämien bisher nur Cholesterin, nicht jedoch die anderen HDL-Strukturkomponenten herangezogen wurden.

Die größte Faszination in der Erforschung der Struktur und Funktion der HDL besteht sicherlich im noch hypothetischen Zusammenhang mit der Rolle dieser Lipoproteine in der Pathogenese der Arteriosklerose. Biochemische, klinische und epidemiologische Forschung kommender Jahre wird dazu beitragen, die Rolle der HDL im Cholesterinstoffwechsel des Menschen sowie deren Interaktion mit den multiplen Risikofaktoren der Arteriosklerose besser als bisher zu verstehen.

Literatur

Diesem Artikel liegen folgende Arbeiten des Autors zugrunde:

1. ASSMANN, G., KRAUSS, R.M., FREDRICKSON, D.S., LEVY, R.I.: Characterization, subcellular localisation and partial purification of a heparin-released triglyceride-hydrolase from rat liver. J. Biol. Chem. 248, 1992 (1973)
2. ASSMANN, G., KRAUSS, R.M., FREDRICKSON, D.S., LEVY, R.I.: Positional specificity of triglyceride lipases in post-heparin plasma. J. Biol. Chem. 248, 7148 (1973)
3. ASSMANN, G., MAHLEY, R.W., DAVIS, B.D., HOLCOMBE, K.S.: Cholesterol esterification by the rat liver Golgi apparatus. Scand. J. Clin. Lab. Invest. 33, Suppl. 137, 23 (1974)
4. ASSMANN, G., SOKOLOSKI, E.A., BREWER, H.B.: P-31 nuclear magnetic resonance spectroscopy of native and recombined lipoproteins. Proc. Nat. Acad. Sci. USA 71, 549 (1974)
5. ASSMANN, G., BREWER, H.B.: Lipid-Protein Interactions in high density lipoproteins. Proc. Nat. Acad. Sci. USA 71, 989 (1974)
6. ASSMANN, G., BREWER, H.B.: A molecular model of high density lipoproteins. Proc. Nat. Acad. Sci. USA 71, 1534 (1974)
7. ASSMANN, G., HIGHET, R., SOKOLOSKI, E.A., BREWER, H.B.: C-13 nuclear magnetic resonance spectroscopy of native and recombined lipoproteins. Proc. Nat. Acad. Sci. USA 71, 3701 (1974)
8. ASSMANN, G., FREDRICKSON, D.S.: Structure and metabolism of lipoproteins. In: SCHETTLER, G. and WEIZEL, A. (Eds.). Atherosclerosis III. Proc. III. Intern. Symp. Atheroscl., p. 641. Berlin, Heidelberg, New York: Springer 1974
9. ASSMANN, G., KRAUSS, R.M., FREDRICKSON, D.S., LEVY, R.I.: Lipolytic activities of plasma membrane origine in post-heparin plasma. In: SCHETTLER, G. and WEIZEL, A. (Eds.), Atherosclerosis III. Proc. III. Intern. Symp. Atheroscl., p. 569. Berlin, Heidelberg, New York: Springer 1974

10. ASSMANN, G., BROWN, B.G., MAHLEY, R.W.: Regulation of 3-hydroxy-3-methylglutaryl coenzyme A reductase in cultured swine aortic smooth muscle cells by plasma lipoproteins. Biochemistry 14, 3996 (1975)
11. BROWN, B.G., MAHLEY, R.W., ASSMANN, G.: Swine aortic smooth muscle cells in tisssue culture: some effects of purified swine lipoproteins on cell growth and morphology. Circulation Research 39, 415 (1976)
12. ASSMANN, G.: Structure-Function Relationships of Lipoproteins in Tangier Disease. In: GRETEN, H. (Ed.), Lipoprotein-Metabolism, p. 106. Berlin, Heidelberg, New York: Springer 1976
13. ASSMANN, G.: Tangier-Krankheit. Handbuch der inneren Medizin. Fünfte Auflage, Band 7, Stoffwechselkrankheiten, 4. Teil, Fettstoffwechsel, S. 461. SCHETTLER, G., GRETEN, H., SCHLIERF, G., und SEIDEL, D. (Hrsg.). Berlin, Heidelberg, New York: Springer 1976
14. ASSMANN, G.: Lecithin-cholesterol-acyltransferase, lipoprotein and phospholipid substrate specificity. In: PEETERS, H. (Ed.), Phosphatidylcholine, biochemical and clinical aspects of essential phospholipids, p. 34. Berlin, Heidelberg, New York: Springer 1976
15. WEISGRABER, K.H., MAHLEY, R.W., ASSMANN, G.: Identification of the rat arginin-rich apoprotein and its redistribution following injection of iodinated lipoproteins into normal and hypercholesterolemic rats. Atheroscl. 28, 121 (1977)
16. ASSMANN, G.: High Density Lipoprotein Abnormalities associated with Disease. Atherosclerosis IV. Proc. IV. Intern. Symp. Atheroscl. Berlin, Heidelberg, New York: Springer 1977 (in Druck)
17. ASSMANN, G., SMOOTZ, E., ADLER, K., CAPURSO, A., OETTE, K.: The lipoprotein abnormality in Tangier disease. Quantitation of A apoprotein. J. Clin. Invest. 59, 565 (1977)
18. ASSMANN, G., HERBERT, P.N., FREDRICKSON, D.S., FORTE, T.: Isolation and characterization of an abnormal high density lipoprotein in Tangier disease. J. Clin. Invest. 60, 242 (1977)
19. ASSMANN, G., SIMANTKE, O., SMOOTZ, E., SCHAEFER, H.E.: Characterization of high density lipoproteins in patients heterozygous for Tangier disease. J. Clin. Invest. 60, 1025 (1977)

Zusammenfassende Darstellungen und Übersichtsreferate finden sich ferner in:

1. JACKSON, R.L., MORRISETT, J.D., GOTTO, A.M., Jr.: Lipoprotein Structure and Metabolism. Physiological Reviews Vol. 56, No. 2, April 1976
2. GRETEN, H. (Ed.): Lipoprotein Metabolism. Berlin, Heidelberg, New York: Springer 1976
3. PAOLETTI, R., GOTTO, A.M., Jr. (Eds.): Atherosclerosis Reviews, Vol. 1. New York: Raven Press 1976

Stoffwechsel der Lipide in der Leber

Biochemie und Regulation des Fettsäure-Stoffwechsels in der menschlichen Leber

K. Oette

Der Stoffwechsel der Plasmalipoproteine ist eng mit dem der Leber verbunden. In der Anfangsphase der *Plasmalipoprotein-Forschung* standen aus methodischen Gründen vor allem die Struktur der Plasmalipide und deren quantitative Veränderungen durch physiologische und pathologische Einflüsse im Mittelpunkt. In den letzten 10 Jahren gelang es jedoch, einen wesentlich differenzierteren Einblick in Struktur, Funktion und Stoffwechsel der Plasmalipoproteine, insbesondere durch die *Apoproteinforschung*, zu erhalten (1, 2). Die Elektronenmikroskopie, physikalische und physikalisch-chemische Methoden der Proteinanalytik sowie die Aminosäure-Sequenzanalyse trugen hierzu besonders bei. Die wesentliche Bedeutung der Apoproteine liegt in der spezifischen Bindung von Lipiden. Sieht man von den freien Fettsäuren ab, ist der Transport der wasserunlöslichen Lipide ohne Apoproteine minimal. Der Lipidtransport kann dabei intracellulär, durch die Zelle penetrierend und intravasal ablaufen. Wahrscheinlich wird die Bindung der Lipoproteine an Zellmembranreceptoren maßgeblich durch die Apoproteine bestimmt. Arbeiten der letzten Jahre zeigen, daß Apoproteine enzymatische Prozesse aktivieren können. So ergaben sich neue Aspekte zur Funktion lipolytischer Enzyme und des LCAT-Enzyms im Prozeß der Interconversion und Katabolisierung von Lipoproteinen. Die Apoproteine stellen sich somit komplexer dar als anfangs vermutet. Hierüber wird in weiteren Referaten dieses Symposiums berichtet (3, 4).

1. Regulationsorgan des Plasmalipoproteinstoffwechsels

Die Leber ist das wichtigste Regulationsorgan des Plasmalipoproteinstoffwechsels. Zum Lipid- und Lipoproteinstoffwechsel der tierischen Leber liegen inzwischen umfangreiche Untersuchungen vor. Hierfür wurden Leberschnitte und -homogenate, subcelluläre Fraktionen, Enzympräparationen und Leberperfusionen sowie in den letzten Jahren isolierte Leberzellen eingesetzt. Untersuchungen am Menschen sind aus ethischen Gründen enge Grenzen gesetzt, so daß die Zahl der Veröffentlichungen an der menschlichen Leber sehr begrenzt blieb. Umso bedeutsamer waren Untersuchungen, die zeigten, daß bereits 4-10 mg Leberbiopsiematerial Stoffwechselexperimente zu wichtigen Fragen ermöglichen. Dadurch kann bei indizierten Leberbiopsien ohne wesentliche Einschränkung der histologischen Untersuchung Material für Stoffwechselversuche abgezweigt werden. Der Nachteil eines inhomogenen Kollektivs bleibt zwar. Der Einfluß des Kollektivs ist jedoch für viele Fragestellungen von untergeordneter Bedeutung, wenn Material mit ausgeprägteren destruktiven Parenchymzell-Veränderungen eliminiert wird. Dies ergab sich aus eigenen umfangreichen Untersuchungen an menschlichen Leberpunktaten, die die Grundlage der weiteren Ausführungen bilden.

Im Leberbiopsiematerial lassen sich nicht nur Stoffwechsel-Experimente, sondern auch *Lipidanalysen* durchführen. Für die Analysen in Abbildung 1 und Tabelle 1 wurden photometrische Verfahren in Verbindung mit der ein- und zweidimensionalen Dünnschichtchromatographie verwendet (5, 6). Die im Chloroform-Methanol-Extrakt enzymatisch bestimmten Leberpunktat-Glyceride wiesen, bezogen auf das Feuchtgewicht, ein Häufigkeitsmaximum zwischen 1,5 und 2,0% auf. Da die Zwischenspeicherung und Mobilisierung von Glyceriden zu den Energiestoffwechselfunktionen der Leber gehört, ist die Grenzziehung zwischen normaler und pathologischer Zellverfettung problematisch. Die colorimetrische Bestimmung der Leberpunktat-Phospholipide ergab Werte zwischen 1,0 und 4,5% mit einem Häufigkeitsmaximum zwischen 2,0 und 2,5%, die des Leberpunktat-Gesamtcholesterins mit der LIEBERMANN-BURCHARD-Reaktion Werte zwischen 0,1 und 0,6% mit einem Häufigkeitsmaximum zwischen 0,2 und 0,3%. Beispiele von Leberpunktat-Neutrallipid- und Phospholipidanalysen finden sich in Tabelle 1.

Durch neuere gaschromatographische Verfahren mit C_{15}- oder C_{17}-Fettsäuren und $3\beta 5\alpha$-Cholestan (7) als innerem Standard läßt sich die Bestimmung von Glycero- und Sphingolipiden sowie von Cholesterin wesentlich verfeinern.

Die gaschromatographische Fettsäureanalyse der Leberpunktat-Gesamtlipide und von Lipidsubfraktionen gelingt ohne größere Schwierigkeiten und bildete die methodische Grundlage der in Abbildung 5 und Tabelle 3 dargestellten Ergebnisse.

Tabelle 1. Leberpunktat-Neutrallipidanalyse (A) und Phospholipidanalyse (B) Doppelbestimmungen. Leberpunktat = Autopsiematerial. A - Angaben pro Feuchtgewicht. B - Gesamtphospholipide = 100 %

A Punktatfeuchtgewicht	30,6 mg	36,4 mg
Triglyceride	1,28%	1,18%
Diglyceride	0,13	0,13
Monoglyceride	0,042	0,047
Cholesterin	0,20	0,21
Cholesterinester	0,046	0,061
Freie Fettsäuren	0,072	0,063

B Punktatfeuchtgewicht	29 mg	29 mg
Sphingomyelin	3,4%	3,6%
Lysophosphatidylcholin	0,9	0,7
Phosphatidylcholin	45,7	48,0
Phosphatidyläthanolamin	30,7	30,4
Phosphatidylserin + Phosphatidylinositol	13,4	13,4
Cardiolipin (+ Phosphatidsäure ?)	5,9	3,9

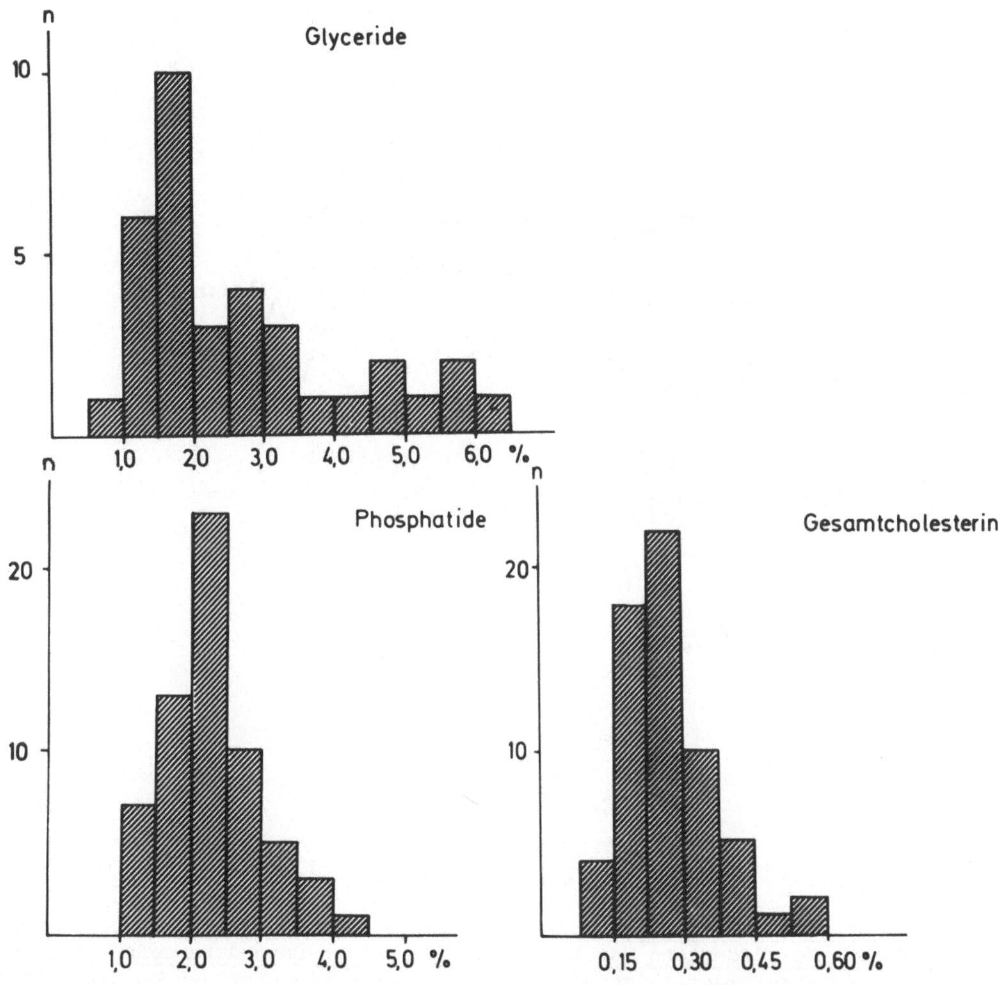

Abb. 1. Leberpunktat-Lipidanalysen
Gemischtes Krankenkollektiv: Glyceride n = 35, Phospholipide n = 62 und Gesamtcholesterin n = 62. Angaben in % des Punktat-Feuchtgewichtes

2. Treibende Kraft des Lipid- und Lipoproteinstoffwechsels

Die treibende Kraft des Lipid- und Lipoproteinstoffwechsels sind die aus exogenen und endogenen Quellen stammenden, überwiegend an Glycerin gebundenen Fettsäuren. Die Fettsäurekomponente ist von besonderer Bedeutung für die Integration der Lipide mit Membranen und für die Assoziation von Lipiden mit Apoproteinen. Die Glycerolipide weisen in Form der Glyceride und Glycerophospholipide eine beträchtliche Komplexität auf (8, 9, 10).

Auf das Cholesterin und die vorwiegend intravasal sich bildenden Cholesterinester, integrale Bestandteile von Membranstrukturen

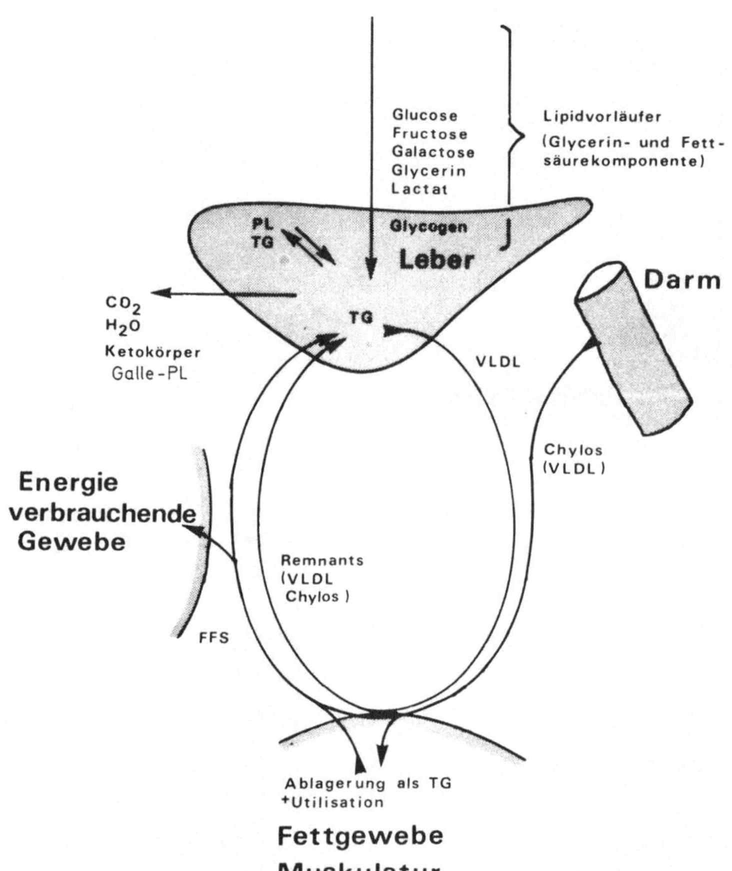

Abb. 2. Stoffwechselschema zur Metabolisierung der Chylomikronen- und VLDL-Fettsäuren, zur Bedeutung der Leber im Lipoprotein-Fettsäurestoffwechsel und zum Fettsäurekreislauf zwischen Leber und Peripherie (Fettgewebe und Organe mit Lipoproteinlipaseaktivität).
Chylos = Chylomikronen, VLDL = Very low density lipoproteins, FFS = Freie Fettsäuren des Plasmas (albumingebunden), TG = Triglyceride, PL = Phospholipide

und Lipoproteinen, wird in anderen Referaten dieses Buches eingegangen (3, 4).

Die Fettsäuren sind nicht nur strukturelle Bestandteile von Membranstrukturen, sondern auch die wichtigste Energiespeicher- und Transportform. Über 50% der Energieversorgung des Körpers erfolgt unter Normalkost über die Fettsäuren. Allein aus der Fraktion der freien albumingebundenen Plasmafettsäuren (FFS) stammen etwa 30% des vom Körper produzierten CO_2 (11). Die Abbildung 2 stellt den für den Energiehaushalt bedeutsamen Fettsäuretransport zwischen Darm, Leber, Fettgewebe und energieverbrauchendem Gewebe schematisch dar.

3. Lipogenesesystem

Für das Verständnis der Stoffwechseldynamik der Fettsäuren ist das besonders in der Leber aktive Lipogenesesystem von grundlegender Bedeutung. Das Lipogenesesystem, das sich auf die Bildung und Transformation von Fettsäuren und die Verwendung von Fettsäuren für synthetische Prozesse bezieht, kann man in drei Phasen untergliedern (Tab. 2; 12, 13, 9).

In der *Phase I* werden aus Fettsäurevorläufern die Substrate zur Fettsäurekettenbildung produziert. Hierbei handelt es sich um Acetyl-CoA, Malonyl-CoA und NADPH, die von den Enzymen ATP-Citratlyase und Acetyl-CoA-Carboxylase sowie den NADPH-generierenden Enzymen gebildet werden. Zu den NADPH-generierenden Enzymen gehören die Glucose-6-P-Dehydrogenase, das Malic Enzyme und die Isocitratdehydrogenase. Die Haupt-Kohlenstoffquelle für die Fettsäuresynthese in der Leber scheint die mitochondriale Citronensäure zu sein, aus der über die ATP-Citratlyase-Reaktion das Acetyl-CoA gebildet wird (14).

Aus den Fettsäure-Bildungsblöcken Acetyl-CoA und Malonyl-CoA sowie NADPH werden in der *Phase II* durch den cytoplasmatischen Multienzymkomplex der Fettsäuresynthetase die gesättigten langkettigen Fettsäuren, bevorzugt Palmitinsäure und Stearinsäure, neosynthetisiert. Diese Fettsäuren können durch membrangebundene Enzyme weiter dehydriert und/oder kettenverlängert werden, wodurch längerkettige und/oder ungesättigte Fettsäuren entstehen (13, 15). In diese Reaktionen werden nicht nur neosynthetisierte, sondern auch aus der Mucosazelle und dem Fettgewebe stammende Fettsäuren einbezogen. So entsteht eine Vielzahl von Fettsäuren, die jedoch im Stoffwechsel strukturelle Eigenschaften bestimmter Fettsäure-Grundtypen beibehalten (16). Hierbei handelt es sich im wesentlichen um den Typ der gesättigten Fettsäuren und den ungesättigter Fettsäuren vom Palmitoleinsäure-, Ölsäure-, Linolsäure- und Linolensäuretyp (17). Weitere experimentell im Tierversuch getestete ungesättigte Fettsäuretypen sowie Trans-,

Tabelle 2. Lipogenese-System

Phase I	Bildung von Substraten zur Fettsäureneosynthese
Phase II	Bildung von Fettsäuren Fettsäuretransformationen
Phase III	Bildung von Glyceriden und Phospholipiden Interconversionen

Hydroxy-, Keto-, Epoxy-, Peroxy- und verzweigtkettige Fettsäuren spielen bei den Ernährungsgewohnheiten des Menschen meist eine untergeordnete oder keine Rolle.

In der *Phase III* finden Fettsäuren, die nicht den energieproduzierenden katabolen Prozessen unterworfen sind, für kooperative synthetische Prozesse (Glycerolipid- und Sphingolipidbildung) Verwendung, wobei Acyl-CoA-Synthetasen und Acyltransferasen erforderlich sind. Die Möglichkeiten sind vielfältig (9). In der Phase III laufen nicht nur synthetische, sondern damit gekoppelt auch lipolytische Prozesse ab. Daraus ergibt sich eine Vielzahl von Interconversionen der Lipide von z.T. cyclischem Charakter, deren Stoffwechseldynamik und funktionelle Bedeutung Gegenstand der gegenwärtigen Forschung sind (10).

4. Herkunft und Elimination der Leberfettsäuren

Um die Stellung der Leber im Fettsäurestoffwechsel zu verstehen, sind Herkunft und Elimination der Leberfettsäuren zu analysieren. Die Fettsäurequellen der Leber sind (Abb. 2): 1. Chylomikronen bzw. Chylomikronen-Remnants (Reste), 2. albumingebundene Fettsäuren aus lipolytischen Prozessen (pericapillär und Fettgewebe, kaum intravasal), 3. Fettsäureneosynthese vorwiegend aus Monosacchariden und 4. Lipoproteinremnants. Die ersten drei Quellen dominieren, ihre Wertigkeiten sind abhängig von der Stoffwechselsituation, insbesondere der Kostform. Für die Elimination der Fettsäuren aus dem stoffwechselaktiven Zellkompartiment der Leber sind verantwortlich: 1. die Oxidation zu CO_2 und H_2O sowie unter besonderen Stoffwechselbedingungen der Abbau zu Ketokörpern, 2. die Sekretion via Lipoproteinlipide (VLDL und HDL), 3. die Sekretion via Galle (Phosphatidylcholin), 4. die intracelluläre Glyceridsequestration (Leberverfettung - Fettleber) und 5. die Bindung von Fettsäuren in Membranphospholipiden.

5. Stellung der Leber im Chylomikronenstoffwechsel

Die Abbildungen 3 und 4 zeigen schematisch die Stellung der Leber im Chylomikronenstoffwechsel und die periphere Entfettung der Chylomikronen am Beispiel der Fettgewebszelle (1, 18, 23). Die alte Hypothese, daß Chylomikronen direkt von der Leber aufgenommen werden, trifft auf Grund von Tierversuchen nicht oder nur sehr begrenzt zu. So zeigte sich, daß ohne vorherige extrahepatische Einwirkung lipolytischer Enzyme (Lipoproteinlipasewirkung) intakte Chylomikronen nur in sehr geringem Umfang von der Leber aufgenommen werden (19, 20). Offenbar sind bestimmte Oberflächeneigenschaften und Größenverhältnisse notwendig, um eine Aufnahme durch die Leber zu erreichen, wobei wahrscheinlich Receptoren für die cholesterinreichen und glyceridarmen Chylomikronenremnants und die hepatische Triglyceridlipase wirksam werden (1, 2, 19, 20). Die bisherigen Untersuchungen am Menschen bzw. an menschlichem Material reichen nicht aus, um zum Chylo-

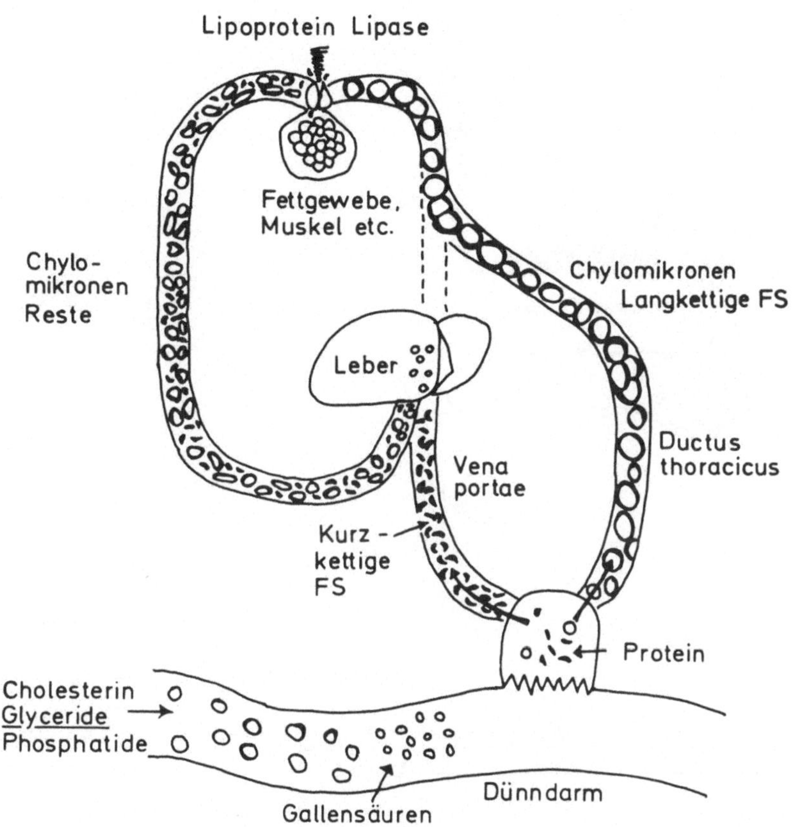

Abb. 3. Schematische Darstellung des Chylomikronenstoffwechsels, Nach LEVY (18)

mikronen-Remnant-Stoffwechsel des Menschen ähnlich fundierte Aussagen wie am Tier machen zu können. Tierexperimente zur *peripheren Chylomikronenentfettung* weisen darauf hin - Ähnliches darf man von der VLDL-Entfettung annehmen - daß von den an das Capillarendothel gebundenen Chylomikronen durch Lipoproteinlipaseeinwirkung zunächst eine Fettsäure der Triglyceride in die Zirkulation abgegeben wird. Hier werden diese Fettsäuren an Albumin gebunden (FFS-Fraktion) abtransportiert. Nur die Diglyceride scheinen endothelial und subendothelial in Vacuolen hydrolysiert zu werden. Von den Hydrolyseprodukten können nur die freien Fettsäuren in die Zellen, z.B. in die Fettgewebszellen, penetrieren (Abb. 4; 21, 22, 23). Nicht alle penetrierenden Fettsäuren werden im Depotfett abgelagert. Ein nicht unerheblicher Teil fließt wieder in die Plasma-FFS-Fraktion ab. Die Entscheidung, ob eine Fettsäure im Depotfett abgelagert wird oder unverestert wieder abfließt, fällt sicher bevorzugt, wenn nicht ausschließlich, auf der Ebene der Fettgewebszelle (24).

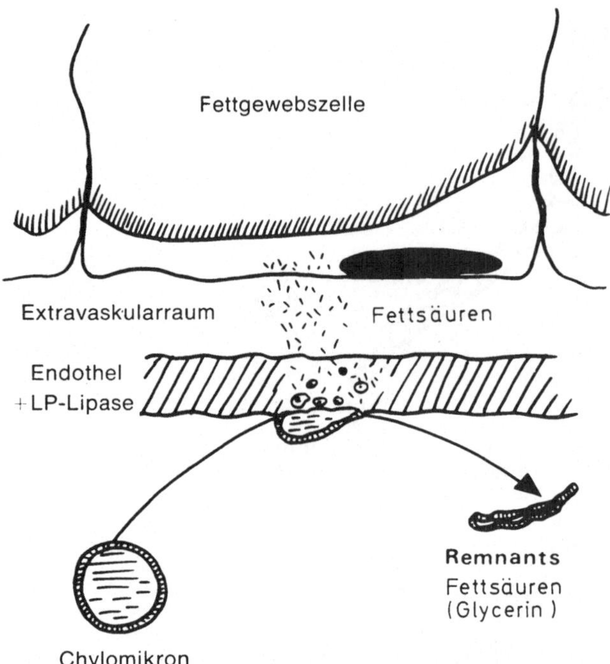

Abb. 4. Schematische Darstellung der peripheren Metabolisierung von Chylomikronen am Beispiel der Fettgewebszelle (1, 23)

6. Postalimentäre Organverteilung der Chylomikronenfettsäuren

Die postalimentäre Organverteilung der Chylomikronenfettsäuren läßt sich verständlicherweise am Menschen nicht bestimmen. Doch ist es uns gelungen, mit Hilfe der Indicatorfettsäure Linolensäure, die unter normalen Ernährungsbedingungen in Leber, Serum und Fettgewebe nicht oder nur in Spuren vorkommt, zumindest in der Leber approximativ die Chylomikronenfettsäure-Menge gaschromatographisch zu erfassen (25). Wie Tabelle 3 zeigt, ließen sich unabhängig von den Dosis-Zeitverhältnissen nie mehr als etwa 12% der oral applizierten Nahrungsfettsäuremenge in der Leber nachweisen. Der Anteil exogener Fettsäuren in der Leber war etwa linear zur applizierten Dosis (Abbildung 5). Die in der Leber nachweisbaren Chylomikronenfettsäuren stammen, wie vorangehend dargestellt, nicht nur aus den Chylomikronen-Remnants, sondern auch aus der FFS-Fraktion, die pericapillär durch Chylomikronen-Lipolyse gebildet wird. Während sich die FFS über den ganzen Körper verteilen, werden die Remnants wahrscheinlich überwiegend, wenn nicht ausschließlich, von der Leber aufgenommen (19, 20, 1, 2). Die in der Leber nachweisbaren exogenen Fettsäuren dürften deshalb zumindest während der intestinalen Fettresorptionsphase überwiegend aus den Remnants stammen (Fettsäurekreislauf s.u.). Da gleichzeitig mit dem Einstrom der Chylomikronen-Fettsäuren diese teilweise oxidiert sowie via VLDL-Fettsäuren und in geringem

Tabelle 3. Dosisbezogener und absoluter Gehalt an Leinsamenöl-Fettsäuren in menschlichen Leberpunktaten in Abhängigkeit von der Zeit nach oraler Belastung mit Leinsamenöl.
Leinsamenöl enthält 59% Linolensäure ($C_{18:3}$FS = Indicator-Fettsäure). Berechnungsgrundlage siehe 25

Dosis (g)	Std nach Applikation	Lebergesamtlipide (g)	Lebergesamt-Fettsäuren (g)	Leber $C_{18:3}$FS-Gehalt		Leber-Leinöl-FS-Gehalt	
				% Ges.-FS	abs. (g)	abs. (g)	% Dosis
40	8	222	199	1,0	2,1	3,5	9,2
40	8	183	162	1,3	2,1	3,6	9,4
70	4	80	64	4,6	2,9	4,9	7,4
70	4	83	66	4,7	3,1	5,2	7,8
70	8	68	52	4,9	2,6	4,3	6,5
70	8	83	66	5,2	3,4	5,8	8,7
70	24	129	110	2,8	3,1	5,3	7,9
70	24	110	92	3,3	3,0	5,1	7,7
100	1	86	69	2,3	1,6	2,7	2,8
100	7-8	156	136	4,8	6,5	11,1	11,6
100	7-8	204	182	3,4	6,2	10,5	11,0
100	16	138	119	5,4	6,4	11,0	11,5
100	21	109	92	2,6	2,4	4,0	4,2
100	26	113	95	2,4	2,3	3,9	4,1

Umfang via Galle-Phosphatidylcholin sezerniert werden, muß der Einstrom höher als 12% liegen. Ohne näher auf die komplexen quantitativen Verhältnisse der Fettsäureoxidation und der Fettsäureabflüsse einzugehen, läßt sich approximativ berechnen, daß während der Resorptionsphase etwa 20% der Chylomikronen-Fettsäuren und damit aller exogenen Fettsäuren von der Leber aufgenommen werden.

Erwähnung sollte finden, daß bereits 5-6 Stunden nach Applikation von 40g Leinsamenöl der Linolensäureanteil in den Leberphospholipiden höher als in den Leberglyceriden lag (6, 25). Bei der Aufnahme von albumingebundenen freien Fettsäuren in die Leberpunktate (s.u.) fanden sich stets umgekehrte Verhältnisse. Möglicherweise ist dies ein Hinweis darauf, daß die Chylomikronenremnant-Fettsäuren in der Leber anders metabolisiert werden.

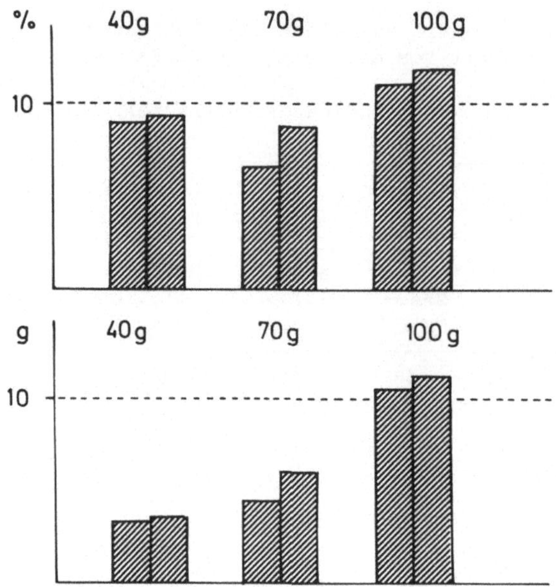

Abb. 5. Dosisbezogener (%) und absoluter (g) Leinsamenöl-Fettsäuregehalt in der menschlichen Leber bei unterschiedlicher oraler Belastung und konstanter Zeit bis zur Leberpunktion.
Indicator-Fettsäure = Linolensäure, Leberpunktion 7-8 Std. nach Applikation

7. Fettsäurekreislauf

Aus der Besprechung des Chylomikronenstoffwechsels geht hervor, daß ein Fettsäure-"recycling" über die Leber via VLDL existiert. Man kann von einem Fettsäurekreislauf zwischen Leber einerseits und Fettgewebe sowie den Organen mit Lipoproteinlipase-Aktivität andererseits sprechen mit Zuflüssen aus Leber (Neosynthese), Darm (Chylomikronen) und Fettgewebe (Depotfett) und Abflüssen zur cellulären Energieversorgung, in die energieverbrauchenden Gewebe und in das Depotfett (Abb. 2). Die Fettsäuren des Kreislaufs sind entweder verestert gebunden in Lipoproteinlipiden oder unverestert, d.h. frei, gebunden an Albumin (FFS). Sie stammen letztlich aus der Nahrung (exogene FS) und aus synthetischen Prozessen, die beim Menschen vorwiegend in der Leber ablaufen (8, 26). Zum Kreislauf gehörige Fettsäuren müssen mindestens zweimal in den Plasmapool einfließen und einmal die Leber passieren, wobei sie den Träger wechseln müssen (z.B. VLDL → FFS → VLDL; Chylomikronen → FFS → VLDL; Chylomikronen → Remnants → VLDL). Der Fettsäurekreislauf ist von Bedeutung für den Plasmalipoproteinstoffwechsel und die Energieversorgung des Körpers. Unter normalen Kostbedingungen dürften zwischen 10 und 20% der täglich umgesetzten Fettsäurecalorien aus Fettsäuren des Kreislaufs stammen. Durch das Fettsäure-"recycling" erfolgt dann eine bevorzugte Verschiebung exogener Fettsäuren in die energieverbrauchenden Gewebe, wenn sich die endothelial-subendothelial durch Lipolyse freigesetzten Lipoprotein-Fettsäuren nur wenig mit den Depot-Fettsäuren des Fettgewebes mischen. Dies trifft unter iso- und hypocalorischen Bedingungen zu. Bei einer hypercalorischen Stoffwechsellage werden die Fettsäuren jedoch dem Energieüberschuß entsprechend ins Fettdepot abgeschoben.

Folgende *Stoffwechselgrößen des Fettsäurekreislaufs* lassen sich mit der Indicatorfettsäure Linolensäure (Leinsamenöl) erfassen:

1. Die Verweildauer exogener Fettsäuren im Kreislauf,
2. der Zeitraum, in dem sich exogene Fettsäuren mit den Kreislauffettsäuren äquilibrieren (Äquilibrierungszeit) und
3. die Halbwertszeit der Kreislauffettsäuren.

Während 100g Leinsamenöl innerhalb von etwa 8-10 Stunden vollständig resorbiert werden, ließen sich 24 und 32 Stunden nach oraler Applikation noch beträchtliche Linolensäuremengen in den Serumtriglyceriden nachweisen (Abb. 6). Die *Verweildauer exogener Fettsäuren im Fettsäurekreislauf* betrug demnach ein Vielfaches der Resorptionszeit. Oder, anders ausgedrückt, nach Abschluß der Resorptions- und Chylomikronenklärungsphase ist die Elimination exogener Fettsäuren erst innerhalb von 24 Stunden weitgehend abge-

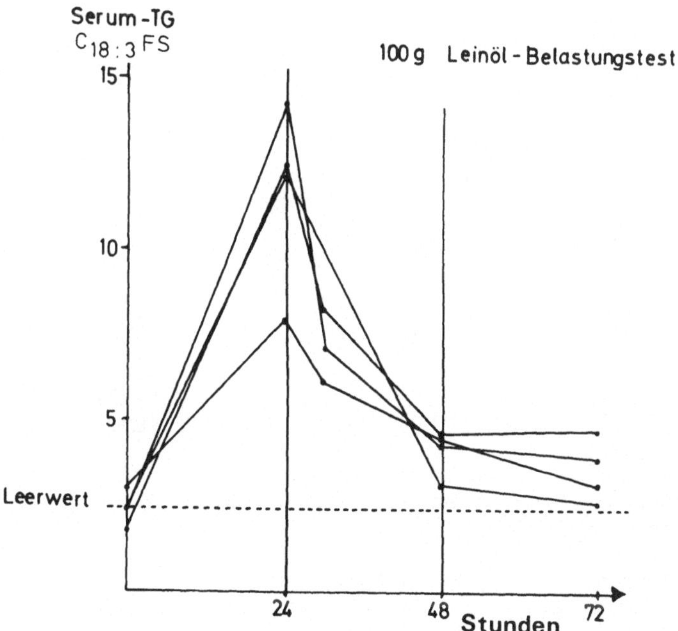

Abb. 6. Prozentualer Linolensäuregehalt der Serumtriglyceride nach Belastung mit 100g Leinsamenöl auf Normalkost.
Das Leinsamenöl enthielt 59% Linolensäure ($C_{18:3}$FS). - Die vier Probanden erhielten in einer vorangehenden Studie bereits zwei Leinsamenölstöße, wodurch sich relativ hohe $C_{18:3}$FS-Leerwerte ergaben. - Ordinate = $C_{18:3}FS$

schlossen. Daß es es sich mehr um einen Kreislaufeffekt und weniger um einen Fettsäureabfluß aus einem Leber-Zwischenspeicher handelte, ließ sich aus dem hohen Linolensäuregehalt in der FFS-Fraktion (25) und aus der niedrigen Linolensäurekonzentration in den Leberlipiden 24 Stunden nach oraler Belastung (Tab. 3) ableiten.

Die Versuchsanordnung der Abbildung 7 zeigt bei einem Probanden (25 Jahre, ♂, normgewichtig) (27) unter isocalorischen Bedingungen die Abhängigkeit der *Äquilibrierungszeit exogener Fettsäuren* von

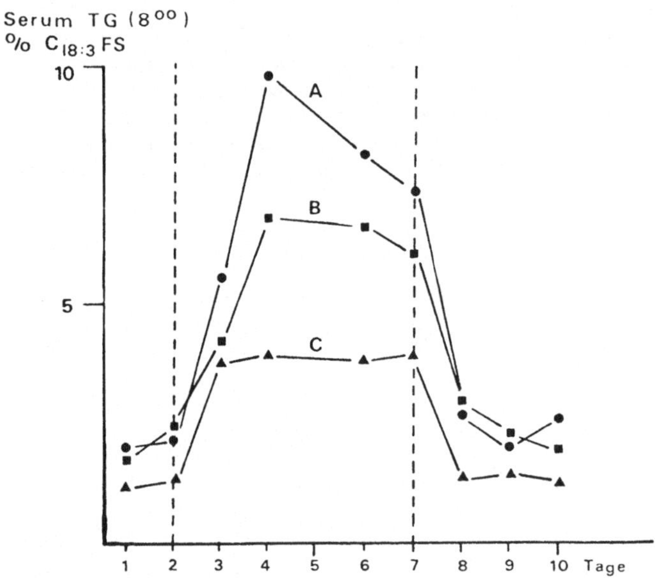

Abb. 7. Untersuchungen zur Äquilibrierung, Verweildauer und Halbwertszeit exogener Fettsäuren im Fettsäurekreislauf zwischen Leber und Fettgewebe (vgl. Abb. 2).
Indicator-Fettsäure = Linolensäure = $C_{18:3}$FS. Die Testung erfolgte an einem Probanden unter drei verschiedenen Diätformen (A, B und C). Diätbedingungen: bis zum zweiten Tag Normalkost.
vom 2.-7. Tag: A, B und C = 14 g $C_{18:3}$FS/Tag
A = 15 Cal% Fett = 37% $C_{18:3}$FS im Nahrungsfett
B = 40 Cal% Fett = 14% $C_{18:3}$FS im Nahrungsfett
C = 70 Cal% Fett = 8% $C_{18:3}$FS im Nahrungsfett
ab 7. Tag: A, B und C = 0 g $C_{18:3}$FS/Tag unter Beibehaltung des Cal% Fettgehaltes durch Fettaustausch (Olivenöl statt Leinsamenöl)

der Kostform. Der Linolensäuregehalt der Serumtriglyceride diente als Meßgröße. Eine schnelle Äquilibrierung innerhalb von 24 Stunden fand sich auf fettreicher Kost. Auf normaler und fettarmer Kost kam die Äquilibrierung erst innerhalb von zwei Tagen zum

Abschluß. Der Verlauf auf fettarmer Kost zeigte am 3. bis 5. Tag einen Abfall der Indicatorfettsäure. Dieser ist wahrscheinlich auf die langsam einsetzende Fettsäureneosynthesesteigerung und den damit in Verbindung stehenden Verdünnungseffekt zurückzuführen. Beachtenswert ist, daß selbst auf fettreicher Kost bei einem Gehalt von 70 Cal% Fett und somit völlig gedrosselter Fettsäureneosynthese die Indikatorfettsäure-Konzentration in den Serumtriglyceriden des nüchternen Probanden nur etwa 50% der in den exogenen Fettsäuren betrug. Dies weist auf einen hohen Anteil von linolensäurefreien Fettgewebs-Depotfettsäuren in denm-Serumglyceriden hin. Ergebnisse über tagesrhytmische Schwankungen liegen nicht vor.

Wie in Abbildung 7 dargestellt, wurde versucht, nach Absetzen der linolensäurehaltigen Kost unter Beibehaltung der Fett-Kohlenhydrat-Relation mit linolensäurefreiem Fett (Olivenöl) die *Linolensäurehalbwertszeit im Fettsäurekreislauf* zwischen 8 und 18 Uhr zu ermitteln. Die Halbwertszeiten, bestimmt an einem nicht in Abbildung 7 aufgenommenen Kurventeil, lagen zwischen 4 und 6 Stunden und waren etwas kürzer auf fettarmer Kost. Bei zwei weiteren Probanden fanden sich wesentlich höhere Werte. Die in der Literatur mit 2-4 Stunden angegebenen Halbwertszeiten der VLDL sind erwartungsgemäß kürzer (1, 28). Es bedarf eines größeren Kollektivs, um definitivere Aussagen über die Halbwertszeit der Kreislauffettsäuren zu erhalten. Da der Aufwand der in Abbildung 7 dargestellten Versuchsanordnung groß ist, beabsichtigen wir, die Untersuchungen in vereinfachter Form fortzusetzen.

Die Versuchsanordnungen mit Linolensäure erlauben keine Angaben zur Größe des Pools der am Fettsäurekreislauf beteiligten Fettsäuren.

8. Albumingebundene Fettsäuren

Die bisherigen Ausführungen betonen neben den exogenen Fettsäuren als weitere und wahrscheinlich wichtigste Fettsäurequelle der Leber die Fraktion der albumingebundenen Fettsäure (FFS). Die Freisetzungsorte der FFS sind das Fettgewebe und der pericapilläre Raum, ferner bei bestimmten Diätformen mit mittelkettigen Fettsäuren der Dünndarm bzw. die Mucosazelle. Fettsäuren mit einer Kettenlänge unter C_{12} werden von der Mucosazelle nicht in Chylomikronenglyceride aufgenommen, sondern als freie Fettsäuren an Albumin gebunden via vena portae zur Leber transportiert (Abb. 3) (29). Die Leber extrahiert die mittelkettigen Fettsäuren so intensiv, daß selbst bei höherem Angebot in der Nahrung nur Spuren im großen Kreislauf nachweisbar sind (vgl. hierzu Abb. 9). Sieht man von dieser besonderen Stoffwechselsituation ab, bestehen die FFS fast ausschließlich aus gesättigten und ungesättigten C_{16}- und C_{18}-Fettsäuren. Bei den ungesättigten Fettsäuren finden sich der Palmitolein-, Öl- und Linolsäuretyp. Die FFS-Halbwertszeit liegt im Bereich weniger Minuten (28, 30, 31). Die FFS-Konzentration ist beträchtlichen Schwankungen unterworfen, wobei die hormonsensitive Lipase des Fettgewebes die wahrscheinlich größte Bedeutung für die Regulation des FFS-Einstroms aus dem

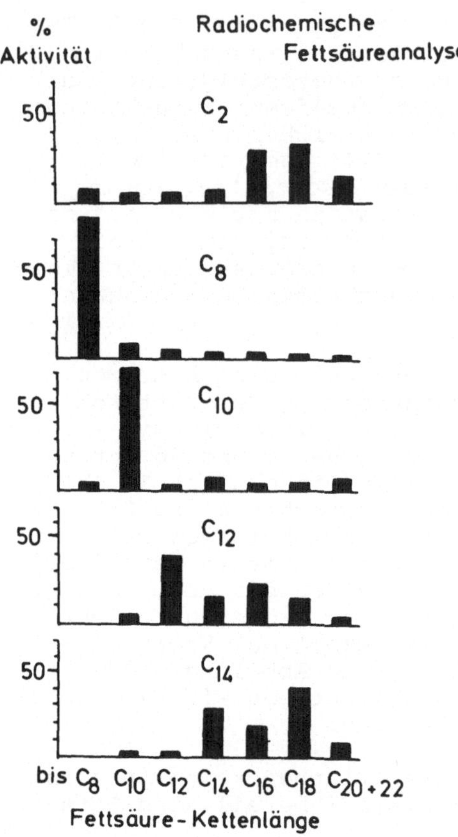

Abb. 8. Radiogaschromatographische Analysen der aus 1-^{14}C-Fettsäurevorläufern verschiedener Kettenlänge (C_2 bis C_{14}) in menschlichen Leberpunktaten synthetisierten Fettsäuregemische.
Poolaufarbeitung unter Einbeziehung sämtlicher Versuche mit albumingebundenen Fettsäuren (vgl. Abb. 9)

cellulären bzw. pericapillären Raum (30) in das Plasma besitzt. Stimulierung und Hemmung der hormonsensitiven Lipase können unabhängig von der Nahrungsaufnahme erfolgen, wenngleich die Nahrungsaufnahme u.a. durch die damit verbundenen Veränderungen des Glucose- und Insulinspiegels zu den wesentlichen tagesrhythmischen Einflußgrößen gehört (24, 31, 32). Die Muskulatur als Hauptabnehmer der FFS entnimmt diese nicht nur in Abhängigkeit von deren Konzentration, sondern auch in Abhängigkeit von der Muskelaktivität (31). Während die Muskelzelle als typischer Vertreter von Zellen mit hohem Energieverbrauch und begrenzter Fettspeicherkapazität Fettsäuren vorwiegend zu CO_2 und H_2O katabolisiert, verfügt die Leberparenchymzelle über wesentlich komplexere Stoffwechseleigenschaften.

9. Stoffwechsel der freien Fettsäuren in der menschlichen Leber

In Untersuchungen an Biopsiematerial wurde von unserer Arbeitsgruppe unter standardisierten Bedingungen (2 h Inkubation bei 37°C in plasmaanalogem Medium) (33) der FFS-Stoffwechsel der menschlichen Leber untersucht (34, 35, 36). Dabei ließen sich nach ihren Stoffwechseleigenschaften *vier Fettsäuregruppen* diffe-

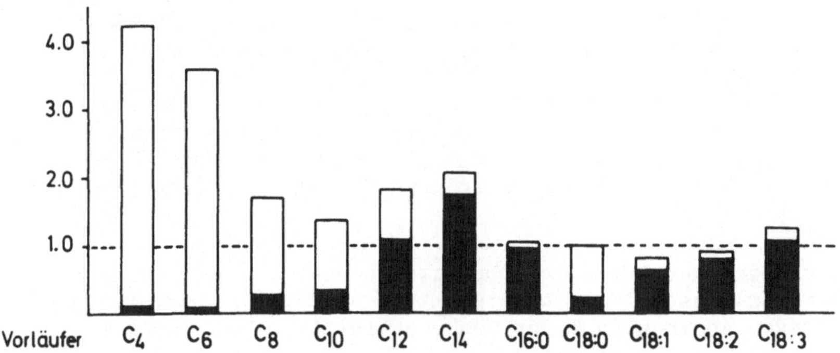

Abb. 9. Relative molare Aufnahmeraten albumingebundener Fettsäuren in menschliche Leberpunktate unter Standardbedingungen.
Bezug: Stearinsäure = 1.0. Bedingungen siehe Text. Die Umwandlung in Ketokörper wurde nicht berücksichtigt. Werte = Summe von relativer Aufnahmerate in die Lipide (schwarzer Säulenanteil = Veresterung) und relativer CO_2-Bildungsrate (heller Säulenanteil = Fettsäureoxidation)

Tabelle 4. Einteilung der Fettsäuren nach ihren Stoffwechseleigenschaften in menschlichen Leberpunktaten (vgl. Abb. 8 und 9 und Tab. 5 und 6)

Fettsäuretyp	n C-Atome	Kettenverlängerung	Veresterung TG	Veresterung PL	Oxidation	FS-Resynthese aus Abbauprod.
Kurzkettige FS	4-6	ø	ø	ø	+++	+
Mittelkettige FS	8-10	ø	(+)/+	ø/(+)	++	(+)
Übergangs-FS	12-14	+++	++	(+)	+	ø/(+)
Langkettige FS	16-18	++	+++	++	(+)/+	ø/(+)

Tabelle 5. Untersuchungen zur Aufnahme albumingebundener langkettiger 1-^{14}C-Fettsäuren in die Phospholipidklassen menschlicher Leberpunktate unter Standardbedingungen.
Poolaufarbeitung (vgl. hierzu Tab. 6)

Phospholipidklasse	1-^{14}C-Fettsäurevorläufer $C_{16:0}$	$C_{18:0}$	$C_{18:1}$	$C_{18:2}$	$C_{18:3}$
Aufnahme in die Phospholipide = 100%					
Sphingomyelin	2,0	1,4	1,8	0,1	0,1
Lysophosphatidylcholin	0,5	0,2	0,6	0,1	0,4
Phosphatidylcholin	70,5	46,5	56,7	77,9	74,0
Phosphatidyläthanolamin	18,1	30,4	28,4	16,6	18,2
Phosphatidylserin	1,0	1,9	0,2	0,3	0,2
Phosphatidylinositol	2,2	15,5	8,3	2,8	2,0
Cardiolipin	0,7	1,5	2,6	1,0	3,3
Phosphatidsäure	0,2	1,4	0,0	0,0	0,0
Rest inklusive Auftragestelle	4,8	1,2	1,4	1,2	1,8

renzieren: 1. kurzkettige, 2. mittelkettige, 3. Übergangs- und 4. langkettige Fettsäuren. Die Stearinsäure war nur teilweise in diesem Einteilungsschema unterzubringen. Die Stoffwechseleigenschaften sind in Tabelle 4 zusammengefaßt. Die Fettsäure-Kettenverlängerung setzte erst bei der C_{12}-Fettsäure ein (Abbildung 8). Die Veresterung war bei den kurzkettigen Fettsäuren minimal und blieb auch bei mittelkettigen Fettsäuren gering. Sie war bei den langkettigen Fettsäuren ausgeprägt und erreichte ein Maximum bei C_{14}. Erst bei einer Kettenlänge von C_{16} erfolgte eine intensivere Fettsäureaufnahme in die Phospholipide (Tab. 5 und 6).

Tabelle 6. Untersuchungen zur Aufnahme albumingebundener 1-^{14}C-Fettsäuren ($\bar{x}$) in die Lipidklassen menschlicher Leberpunktate unter Standardbedingungen. Bedingungen siehe Text. Angaben in % der Gesamtaktivität. (Vgl. Tab. 4 und 5 und Abb. 8 und 9)

Vorläufer	*n*	MG	DG	TG	PL	CH	CE	Rest
C_2	23	1,1	4,0	54,7	22,6	13,3	2,3	2,0
C_4	4	3,5	17,9	47,2	14,3	13,4	1,7	2,0
C_6	4	1,2	11,5	60,5	18,9	6,7	0,5	0,7
C_8	5	1,6	2,3	88,0	2,9	3,1	0,9	1,2
C_{10}	6	0,5	3,2	94,1	1,3	0,5	0,1	0,3
C_{12}	6	0,9	9,5	85,7	2,2	0,2	0,3	1,2
C_{14}	6	1,2	11,4	79,0	6,0	0,2	0,5	1,7
$C_{16:0}$	10	0,6	6,5	65,8	26,6	0,2	0,1	0,2
$C_{18:0}$	10	2,3	6,3	47,5	35,2	6,3	0,6	1,8
$C_{18:1}$	10	0,4	7,5	78,0	12,4	0,8	0,6	0,3
$C_{18:2}$	10	0,2	9,3	72,1	17,0	0,6	0,2	0,6
$C_{18:3}$	7	0,2	7,0	79,3	12,6	0,3	0,3	0,3

Abkürzungen: FS = freie Fettsäuren, MG = Monoglyceride, DG = Diglyceride, TG = Triglyceride, PL = Phospholipide, CH = freies Cholesterin, CE = Cholesterinester. Beispiel: $C_{18:2}$FS = Fettsäure mit 18 C-Atomen und 2 Doppelbindungen = Linolsäure

Die langkettigen Fettsäuren zeigten zwar Unterschiede im Einbau in die einzelnen Phospholipidklassen. In allen Fällen fand sich jedoch geordnet nach der Intensität der Aufnahme folgende Reihenfolge: Phosphatidylcholin, Phosphatidyläthanolamin, Phosphatidylinositol und danach Cardiolipin oder Phosphatidylserin (Tab. 5). Die Stearinsäure und Ölsäure wurden intensiver in das Phosphatidyläthanolamin und Phosphatidylinositol aufgenommen. Jedoch blieb die absolute Veresterungsrate der Stearinsäure vergleichsweise gering (Abb. 9). Die Fettsäureoxidation zu CO_2 und H_2O nahm mit Abnahme der Kettenlänge zu (Abb. 9). Die Fettsäure-Abbauprodukte wurden nur in geringem Umfang zur Lipidresynthese (Cholesterin und Fettsäuren) wiederverwendet (Abb. 9

und Tab. 6). Bei den langkettigen Fettsäuren zeigten die Abbauprodukte von Stearinsäure eine unerwartet hohe Wiederverwendungsrate zur Synthese von Cholesterin. Daß es sich bei den Veresterungsmustern der kurzkettigen Fettsäuren C_4 und C_6 um solche von resynthetisierten langkettigen Fettsäuren und nicht um Veresterungsmuster der Ausgangsfettsäuren handelte (Tab. 6), ergab sich aus der Ähnlichkeit der C_4- und C_6-Muster mit dem Neosynthesemuster aus Acetat (C_2) und der hohen relativen Cholesterinaktivität. Der Vergleich der molaren Aufnahmeraten in Abbildung 9 demonstriert eindrucksvoll die bevorzugte Extraktion kürzerkettiger Fettsäuren durch die Leber. Bis C_{10} sind die Aufnahmeraten jedoch wesentlich höher anzusetzen, da diese Fettsäuren eine intensive Ketokörperbildung zeigen (37), die bei der Aufarbeitung nicht mit erfaßt wurde. Bei dem begrenzten Energiebedarf der Leber wird verständlich, daß bei hoher Aufnahmerate, geringer Veresterungsrate, fehlender Kettenverlängerung und geringer Wiederverwendung von Bruchstücken zur Lipidbildung die Ketokörperbildung eine sinnvolle Alternative darstellt. Im Rattenleberversuch ließ sich die Oxidation kurzkettiger Fettsäuren nicht durch Glucose beeinflussen. Die Oxidation langkettiger Fettsäuren wurde erst bei höheren Glucosekonzentrationen gedrosselt, wie sie postalimentär in der vena portae zu finden sind (Tab. 7). Ähnliches fand sich bei Verwendung von Fructose an menschlichen Leberpunktaten (38). Sieht man von Äthanol ab,

Tabelle 7. Untersuchungen zum Einfluß von Äthanol und Glucose auf die Oxidation albumingebundener lang- und kurzkettiger $1\text{-}^{14}C$-Fettsäuren. Rattenleberschnittversuche unter Standardbedingungen ($\bar{x}$, n = 2)

Vorläuferfettsäure und Mediumkonzentrationen		dpm $^{14}CO_2$/mg Leber	Drosselung
A. $C_{18:0}$	- Äthanol	101	67%
	+ 300 mg/dl Äthanol	33	
C_4	- Äthanol	5605	66%
	+ 300 mg/dl Äthanol	1906	
B. $C_{18:0}$	+ 400 mg/dl Glucose	0	
	+ 200 mg/dl Glucose	156	
	+ 100 mg/dl Glucose	170	
	+ 0 mg/dl Glucose	170	
C_4	+ 400 mg/dl Glucose	5500	
	+ 100 mg/dl Glucose	5350	

so sind die Fettsäuren offenbar das bevorzugte Substrat für die Energieversorgung der Leber. In Konzentrationen, wie man sie nach Alkoholgenuß findet, drosselte Äthanol die Oxidation von Fettsäuren (35). Dabei zeigten sich keine Unterschiede zwischen langkettigen und kurzkettigen Fettsäuren (Tab. 7). Lang- und kurzkettige Fettsäuren beeinflußten sich nicht gegenseitig in ihrer Oxidierbarkeit. Dies ergab sich aus Rattenleberversuchen mit C_6- und $C_{18:0}$-Fettsäuren (Tab. 8) (35).

Tabelle 8. Untersuchungen zum Einfluß kurzkettiger Fettsäuren auf die $^{14}CO_2$-Bildungsraten aus langkettigen 1-^{14}C-Fettsäuren und umgekehrt. Rattenleberschnitt-Experimente unter Standardbedingungen. Angaben in dpm $^{14}CO_2$/mg Leber ($\bar{x}$, n = 2)

^{14}C-Fettsäure = konstante Konzentration	Inaktive differente Fettsäure	Konzentration der inaktiven differenten Fettsäure in µmol/l			
		+ 125	+ 250	+ 500	+ 1000
$^{14}C_6$	$C_{18:0}$	26 650	30 300	25 100	25 650
$^{14}C_{18:0}$	C_6	30	23	26	28

Welchen Regulationen ist die *Aufnahme und intracelluläre Metabolisierung der FFS* unterworfen? Die meisten Untersuchungen in der Literatur weisen darauf hin, daß zwischen der FFS-Aufnahme in die Leber und der FFS-Konzentration im Medium über einen weiten Konzentrationsbereich eine lineare Beziehung besteht (31). Auch in den von uns verwendeten Verdünnungsversuchen unter Standardbedingungen traf dies für kurz- und langkettige Fettsäuren bis zu einer Konzentration von etwa 2 mmol/l zu (34). Die Veresterungsmuster blieben unbeeinflußt von der FFS-Konzentration (Tab. 9), d.h. die Acylierungssysteme zeigten auch bei hohen Substratkonzentrationen keine Limitierungen. Mit der gesteigerten Fettsäureaufnahme kam es zu einer gesteigerten Fettsäureoxidation (35). Auch hier fand sich eine lineare Beziehung zur FFS-Konzentration. Dies ergab sich aus den konstanten $^{14}CO_2$-Aktivitäten nach Verdünnung der Vorläufer-Fettsäuren mit inaktiven Fettsäuren (Tab. 10). Dieselbe Linearität fand sich bei der Cholesterinsynthese aus Fettsäureabbauprodukten (Tab. 11). In weiteren Versuchsreihen wurde überprüft, ob Glucose, Fructose und Glycerin die FFS-Aufnahme verändern (34, 38). An menschlichem Leberbiopsiematerial förderte unter Standardbedingungen nur Glycerin die FFS-Aufnahme in die Lebergesamtlipide (Faktor 1,5). Die Glycerinkonzentrationen waren jedoch unphysiologisch hoch (10 mg/dl) und das Medium glucosefrei. Möglicherweise wurde unter diesen Bedingungen nicht die Fettsäurepenetration, sondern die Fettsäureoxidation vermindert, wodurch mehr Fettsäuren zur Veresterung zur Verfügung stehen.

Dieser Effekt war an der Rattenleber nicht zu finden und ließ sich an menschlichem Material in Gegenwart von Glucose nicht mehr nachweisen. Da in vivo die Glycerinkonzentrationen wesentlich geringer sind (um 2 mg/dl) und Glucose stets vorhanden ist, spricht bisher nichts dagegen, auch bei der menschlichen Leber die FFS-Konzentration als den bestimmenden Faktor der Fettsäurepenetration in die Zelle anzusehen.

Tabelle 9. Untersuchungen zum Einfluß der FFS-Konzentrationen auf die FFS-Aufnahme in die Leberlipide.
Rattenleberschnitt-Experimente ($\bar{x}$, n = 2). Ausgangskonzentrationen: Capronsäure 75 µmol/l, Laurinsäure 64 µmol/l, Palmitinsäure 91 µmol/l, Stearinsäure 46 µmol/l, Linolsäure 330 µmol/l

	Fettsäure-zusatz (µmol/l)	Gesamtlipide (dpm/mg Leber)	Radioaktivität (%) in	
			Phosphatiden	Glyceriden
1-^{14}C-Capronsäure	1000	10	38,3	54,4
C_6	500	11	44,1	51,1
	250	10	- [a]	- [a]
	125	9	40,9	59,1
	0	6	41,2	49,9
1-^{14}C-Laurinsäure	1000	2586	8,9	84,6
C_{12}	500	1389	8,8	80,8
	250	1326	7,1	81,6
	125	789	6,6	88,3
	0	1601	5,0	89,0
1-^{14}C-Palmitinsäure	1000	1421	31,0	67,4
$C_{16:0}$	500	1676	34,2	64,8
	250	1421	34,1	64,6
	125	1654	33,7	63,6
	0	1605	35,4	63,2
1-^{14}C-Stearinsäure	1000	388	24,0	74,8
$C_{18:0}$	500	329	14,5	85,4
	250	270	21,5	78,5
	125	332	22,1	77,6
	0	392	49,9[b]	49,2[c]
1-^{14}C-Linolsäure	1000	1025	19,2	73,6
$C_{18:2}$	500	1113	17,6	80,6
	250	1056	18,2	79,9
	125	974	19,6	78,9
	0	886	18,8	77,8

[a] Schlechte Präzision der DC-Analyse wegen zu geringer Aktivität.

[b] x_1 = 44,8, x_2 = 54,9.

[c] x_1 = 53,3 x_2 = 44,0

Tabelle 10. Die Abhängigkeit der $^{14}CO_2$-Bildungsraten von der Konzentration albumingebundener 1-^{14}C-Fettsäuren.
Rattenleberschnitt-Experimente unter Standardbedingungen. Angaben in dpm/mg Leber ($\bar{x}$, n = 2)

^{14}C-Vorläufer-fettsäure	Inaktive Vorläuferfettsäurezugabe in µmol/l			
	+ 125	+ 250	+ 500	+ 1000
^{14}C-Acetat	1745	1885	1885	2231
^{14}C-Capronsäure	4960	4630	4425	5035
^{14}C-Laurinsäure	2357	2705	2558	2302
^{14}C-Stearinsäure	72	69	97	84
^{14}C-Linolsäure	88	123	113	134

Tabelle 11. Untersuchungen zum Einfluß der FFS-Konzentration auf die Cholesterinbildung aus Fettsäureabbauprodukten am Beispiel der 1-^{14}C-Palmitinsäure.
Rattenleberschnitt-Experimente unter Standardbedingungen ($\bar{x}$, n = 2)

µmol Pamitinsäure-zusatz	cpm/mg Leber	Aktivität in % der Gesamtaktivität	
	Gesamtlipide	Cholesterin	Cholesterinester
1000	1421	0,63	0,84
500	1676	0,45	0,44
250	1421	0,44	0,45
125	1654	0,64	0,79
0	1605	0,47	0,82

Diätetische Einflüsse auf die FSS-Veresterung wurden wie folgt untersucht (36). Die Patienten erhielten vor der Leberpunktion 7 Tage isocalorisch unterschiedliche Kohlenhydrat-Fettmengen in ihrer Kost. Danach wurde das Biopsiematerial unter konstanten Mediumbedingungen auf diätetische Adaptierungen geprüft. Abbildung 10 und Tabelle 12 demonstrieren, daß sich weder die Veresterungsraten noch die Veresterungsmuster signifikant diätetisch beeinflussen ließen.

Sowohl am Biopsiematerial des Menschen als auch an Rattenleberschnitten fand sich selbst beim Fehlen von Fructose, Glucose und Glycerin im Medium eine unveränderte oder nur leicht verminderte Fettsäure-Veresterungsrate (34,38). Auch das Fettsäure-Veresterungsmuster ließ sich nicht beeinflussen. Beispiele hierzu sind in Tabelle 13 zu finden. Nur durch Abbau von Glykogen läßt sich die Veresterung von Fettsäuren bei Verwendung von hexose- und glycerinfreiem Medium erklären. Neuere Untersuchungen an isolierten Rattenleberzellen zeigen, daß albumingebundene Fettsäuren den

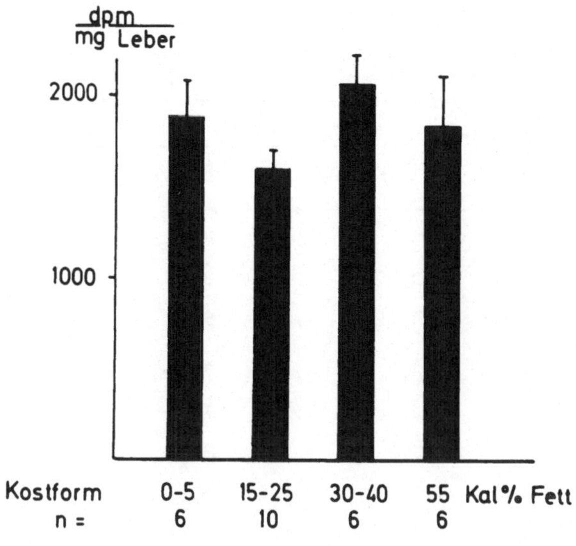

Abb. 10. Untersuchungen zum Einfluß des Nahrungsfettgehaltes auf die FFS-Aufnahme in die Leberlipide am Beispiel der 1-^{14}C-Linolsäure.
Experimente an menschlichen Leberpunktaten unter Standardbedingungen ($\bar{x}$, $S\bar{x}$)

Tabelle 12. Untersuchungen zum Einfluß des Nahrungsfettgehaltes auf die FFS-Aufnahme in die verschiedenen Leberlipid-Klassen am Beispiel der 1-^{14}C-Linolsäure.
Experimente an menschlichen Leberpunktaten unter Standardbedingungen. (Vgl. Abb. 10. Abbkürzungen siehe Tab. 6)

Kostform	n		MG	DG	TG	PL	CH	CE	Rest
0-5 Cal%	4	$\bar{x}$	0,6	6,6	77,8	10,8	0,7	0,5	3,0
Fett		$S\bar{x}$	0,4	0,7	1,0	1,4	0,1	0,2	0,9
15-25 Cal%	7	$\bar{x}$	1,0	6,6	68,9	16,4	0,9	1,5	4,7
Fett		$S\bar{x}$	0,4	0,9	3,7	1,4	0,3	0,7	1,6
30-40 Cal%	6	$\bar{x}$	0,6	4,1	82,1	10,0	1,0	0,5	1,7
Fett		$S\bar{x}$	0,3	0,7	2,2	1,1	0,3	0,1	0,7
55 Cal%	6	$\bar{x}$	1,0	4,8	76,7	13,8	0,9	1,0	1,8
Fett		$S\bar{x}$	0,4	1,2	3,1	1,8	0,4	0,8	0,2
$\bar{x}$ und S $\bar{x}$ aller		$\bar{x}$	0,8	5,5	76,3	12,8	0,9	0,9	2,8
Mittelwerte		$S\bar{x}$	0,12	0,64	2,7	1,5	0,07	0,24	0,70

Glykogenabbau fördern (39; s.u.). Offenbar wird nur bei Glykogenmangel z.B. unter Hungerbedingungen der extracelluläre Glucosemangel zum limitierenden Faktor der FFS-Veresterung in der Leber. So fanden wir unter O-Diät selbst bei extrem hohen FFS-Konzentrationen keine nennenswerte Sekretion von VLDL-Fettsäuren. Unter diesen Bedingungen wird der von der Leber aufgenommene Energieüberschuß über die Ketokörper eliminiert. Eine Phospholipidsynthese muß aber auch im Hungerstoffwechsel zur Erhaltung des Grundstoffwechsels ablaufen. Wahrscheinlich steht hierfür noch ausreichend L-Glycerin-3-Phosphat u.a. aus dem Plasmaglycerin zur Verfügung.

Tabelle 13. Untersuchungen zum Einfluß der Medium-Glucosekonzentration auf die FFS-Aufnahme in die Leberlipide am Beispiel der 1-^{14}C-Linolsäure. Rattenleberschnitt-Experimente unter Standardbedingungen ($\bar{x}$, n = 2)

	Glucose (mg/dl) im Medium	Gesamtlipide (dpm/mg Leber)	Radioaktivität (%) in			
			PL	MG	DG	TG
A.	200	1168	12,9	0,7	4,3	82,1
	100	870	13,5	0,92	3,0	82,6
	0	916	14,4	2,62	3,0	80,0
B.	200	1200	23,4	0,3	4,3	72,0
	150	1095	14,9	0,5	5,2	79,5
	100	1160	15,5	0,3	3,5	80,8
	50	1140	15,2	0,8	3,7	80,4
	0	916	17,1	0,4	4,1	78,4

10. Fettsäureneosynthese

Neben den Chylomikronen und der FFS-Fraktion sind die neosynthetisierten Fettsäuren die dritte wesentliche Fettsäurequelle der Leber (Abb. 2). Die Fettsäureneosynthese wurde bereits eingangs beim Lipogenesesystem beschrieben. Als Acetyl-CoA bzw. Malonyl-CoA-Vorläufer und zur Generierung von NADPH kommen die Hexosen Glucose, Fructose und Galaktose sowie Lactat und Glycerin in Betracht. Diese Substanzen bzw. ihre Metabolisierungsprodukte dienen nicht nur als Fettsäurevorläufer, sondern in der Phase III des Lipogenesesystems auch als Vorläufer des Fettsäureakzeptors L-Glycerin-3-Phosphat. Obwohl die Stoffwechselwege zum Lehrbuchwissen gehören, ist die Erforschung der regulatorischen Aspekte noch nicht abgeschlossen. Auch können tierexperimentelle Ergebnisse nicht in jedem Fall auf den Menschen übertragen werden. Die Zahl der Veröffentlichungen über Untersuchungen an menschlichem Material ist bisher bescheiden geblieben.

Bei Verwendung von radioaktiver Glucose, Fructose und Galaktose zeigte sich unter den beschriebenen Standardbedingungen an menschlichem Leberbiopsiematerial (40, 6), daß bei einer Mediumkonzentration von 100 mg/dl die Aufnahme in die Fettsäurekomponente der Lipide bei allen Hexosen in derselben Größenordnung lag. Dagegen war der Einbau in die Glycerinkomponente unterschiedlich, die der Glucose lag im Vergleich zur Galaktose und insbesondere zur Fructose niedrig (Abb. 11). Im gleichen System zeigte Glycerin bei physiologischen Konzentrationen (2 mg/dl) nur eine geringe Aufnahme in die Fettsäuren, wurde aber erwartungsgemäß intensiv in die Glycerinkomponente aufgenommen.

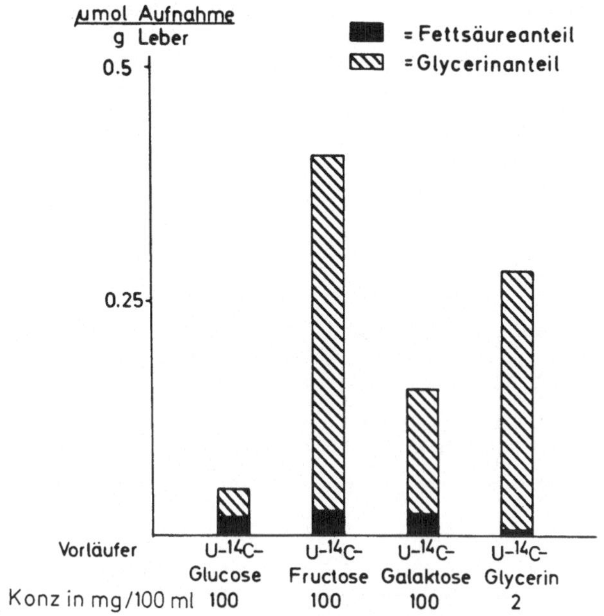

Abb. 11. Die Aufnahme unterschiedlicher Hexosen und von Glycerin in die Lipide menschlicher Leberpunktate unter Standardbedingungen. Mittelwerte: Glucose n = 14, Fructose n = 14, Galaktose n = 5 und Glycerin n = 8. Das Medium enthielt 0,6 mM FFS/l

Zur Fettsäureneosynthese aus Glucose und Fructose liegt eine umfangreiche Literatur an der Tierleber vor, auf die nicht im einzelnen eingegangen werden kann. An menschlichem Material fanden ZAKIM und Mitarbeiter (26, 41, 42) bei den von uns verwendeten Konzentrationsverhältnissen eine wesentliche höhere Fettsäureneosynthese aus Fructose. Erst bei Erhöhung der Glucosekonzentration um ein Vielfaches erreichte die Fettsäureneosynthese aus Glucose die der Fructose. Wegen des Glykogenabbaus (39) und dem damit verbundenen Verdünnungseffekt auf ^{14}C-Glucose lassen sich die Fettsäuresyntheseraten aus Glucose nur ungenau erfassen. So sollte besser von Syntheseraten aus extracellulärer Glucose gesprochen werden. Wie in der Tierleber läuft aber auch in der menschlichen Leber die Glykolyse aus Fructose wegen des leichteren Übergangs in Fructose-6-Phosphat und Fructose-1-Phosphat sowie der hohen Aktivität der Fructose-1-Phosphat-Aldolase und Triosekinase intensiver als aus Glucose ab (26).

Die Ergebnisse von Untersuchungen zur gegenseitigen Beeinflussung von Glucose, Fructose und Glycerin an menschlichen Leberpunktaten bei weitgehend gedrosselter Fettsäureneosynthese sind in Tabelle 14 zusammengefaßt (38). Die Lipogenese aus ^{14}C-Glucose wurde durch Fructose sowie Glycerin im Medium vermindert, die aus ^{14}C-Fructose oder ^{14}C-Glycerin durch Glycerin bzw. Fructose, aber nicht oder nur sehr wenig durch Glucose. Dies weist wiederum auf die bevorzugte Stellung von Fructose und Glycerin bei der Bereitstellung von L-Glycerin-3-Phosphat hin.

In Tabelle 15, die die Verteilung der Radioaktivität von Abbildung 11 auf die einzelnen Lipidklassen wiedergibt, läßt sich aus dem Mißverhältnis zwischen Glycerin- und Fettsäureaktivität erkennen, daß inaktive primär albumingebundene Fettsäuren des

Tabelle 14. Wechselwirkungen bei der Lipogenese aus Hexosen und Glycerin. Experimente an menschlichen Leberpunktaten unter Standardbedingungen. Es wurde nicht zwischen Fettsäureneosynthese und Glycerolipidglycerin-Bildung differenziert

Vorläufer		Einfluß auf markierten Vorläufer	
markiert	unmarkiert		
Glucose	Fructose	+	↓
	Glycerin	+	↓
Fructose	Glucose	ø/(+)	↘
	Glycerin	+	↓
Glycerin	Glucose	ø	→
	Fructose	+	↓

Tabelle 15. Untersuchungen zur Aufnahme unterschiedlicher Hexosen und von Glycerin in die Glycerolipide menschlicher Leberpunktate. Experimente unter Standardbedingungen aufgeschlüsselt in Fettsäure- und Glycerinaktivität. Angaben in % der PL-, DG- und TG-Aktivität. Poolaufarbeitungen der Versuche von Abbildung 11. Abkürzungen siehe Tabelle 6

Vorläufer	% Fettsäureaktivität			% Glycerinaktivität		
	PL	DG	TG	PL	DG	TG
1-^{14}C-Glucose	11	10	7	89	90	93
6-^{14}C-Glucose	25	43	60	75	57	40
U-^{14}C-Glucose	21	55	56	79	45	44
U-^{14}C-Glucose	21	55	56	79	45	44
U-^{14}C-Fructose	11	11	4	89	89	96
U-^{14}C-Galaktose	24	5	9	76	95	91
U-^{14}C-Glycerin	5	8	1	95	92	99

Mediums von radioaktivem Glycerin gebunden werden. Da man voraussetzen kann, daß zumindest im Fructoseversuch das Glycerolipidglycerin fast ausschließlich aus der Fructose stammt, ergibt sich, daß in die Glycerolipide wesentlich mehr albumingebundene als neosynthetisierte Fettsäuren aufgenommen wurden.

Es gibt bisher keine Hinweise, daß das geschwindigkeitsbegrenzende Enzym der Fettsäure-Synthese, die Acetyl-CoA-Carboxylase, durch Fructose oder Glucose stimuliert oder induziert wird (12, 41,42) (s.u.). Somit kann nur dann eine höhere Fettsäure-Synthese aus Fructose stattfinden, wenn das Acetyl-CoA-Carboxylasesystem unter analogen Bedingungen noch nicht mit Substraten aus der Glucoseglykolyse gesättigt ist. Derartige Stoffwechselsituationen sind vor allem bei niedriger Konzentration der albumingebundenen Fettsäuren und damit geringer Fettsäureneosynthese-Drosselung (s.u.) und auf Kohlenhydrat-reichen Kostformen mit ausgeprägter Fettsäureneosynthese-Steigerung zu erwarten. So lassen sich die unter fructosereicher Kost beschriebenen VLDL-Erhöhungen erklären. Auch die Unterschiede zwischen den Angaben von ZAKIM und den Befunden in Abbildung 11 sind verständlich. ZAKIM verwendete ein FFS-freies Medium, und das von uns eingesetzte System enthielt 0,6 mmol FFS/l. Dadurch kam es zu einer ausgeprägten Fettsäureneosynthese-Steigerung (vgl. Abb. 16). Zukünftige vergleichende Untersuchungen sollten bei verschiedener diätetischer Enzymadaptierung und unterschiedlichen FFS-Konzentrationen durchgeführt werden.

11. Glykogensynthese

Auch die Glykogensynthese läßt sich im *Leberpunktat* erfassen (6, 40, 42). Wie die Abbildung 12 zeigt, tritt der Einbau von Glucose weit hinter dem der Fructose und Galaktose zurück, ein aus Tierversuchen allgemein bekannter Befund. Während bei der Glucose und Fructose die Aufnahme in die Lipide und in das Glykogen annähernd gleich waren, wurde die Galaktose wesentlich intensiver in das Glykogen aufgenommen.

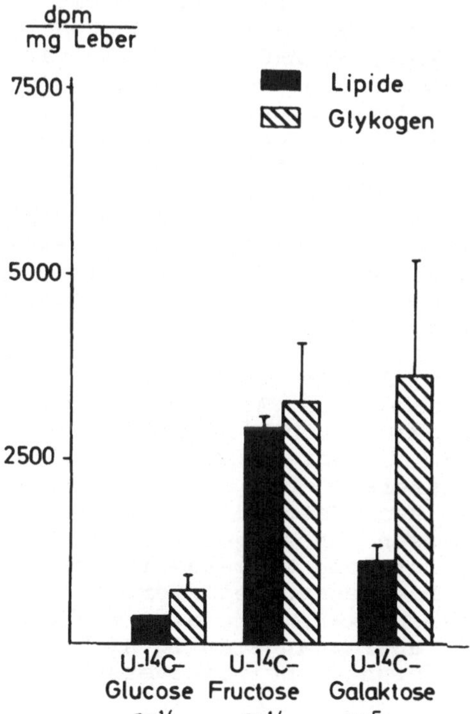

Abb. 12. Untersuchungen zur Aufnahme unterschiedlicher U-^{14}C-Hexosen in das Glykogen und in die Gesamtlipide menschlicher Leberpunktate unter Standardbedingungen.
Angabe von $\bar{x}$ und $S\bar{x}$. Vgl. hierzu Abb. 11

Über die Beziehungen zwischen Glykogen- und Lipidstoffwechsel sind neuere bereits erwähnte Untersuchungen von HOWARD an isolierten Leberzellen interessant (39). Sie zeigten, daß im Gegensatz zu Glucose Fructose und besonders Glycerin den Abbau von Glykogen weitgehend verhindern und Glycerin wahrscheinlich eine wichtige Rolle in der Kontrolle der Glykogensynthese spielt. Der Zusatz von Ölsäure zum Medium führte selbst in Gegenwart von Glycerin zum Abbau von Glykogen. Die Autoren stellen die interessante Hypothese auf, daß in vivo Insulin durch Hemmung der hormonsensitiven Fettgewebslipase den Spiegel der albumingebundenen Fettsäuren niedrig hält und so den Glykogenabbau vermindert. Dadurch kann die Glykogensynthese überwiegen. Die Wirkung der Ölsäure erklärt auch die in Tabelle 13 beschriebenen Ergebnisse, nach denen die Fettsäure-Veresterung auch ohne Glucose im Medium abläuft. Das Glycerolipid-Glycerin wird dabei durch Abbau des Glykogens bereitgestellt.

12. Diätetische Regulation der Fettsäureneosynthese

Über die diätetische Regulation der Fettsäureneosynthese liegen bereits seit Anfang der 60iger Jahre tierexperimentelle Ergebnisse vor (43 - 46). Sowohl die glykolytischen Enzyme und die NADPH-generierenden Systeme als auch die Acetyl-CoA-Carboxylase und Fettsäuresynthetase sind diätetischen Schwankungen unterworfen. Das für die Fettsäureneosynthese geschwindigkeitsbegrenzende System ist aber die Acetyl-CoA-Carboxylase (12, 8, 47, 48). Sie wird stimuliert durch Citrat, das die Sättigung des Krebscyclus signalisiert, durch Krebscyclus-Intermediarprodukte wie Isocitrat und α-Ketoglutarat und inhibiert durch Fettsäure-CoA-Verbindungen. Bei der Regulation des Acetyl-CoA-Carboxylase-Spiegels kann man zwischen einem allosterischen Kurzzeiteffekt und einer Langzeitadaptierung durch Enzyminduktion unterscheiden. Die Halbwertszeit des Enzyms beträgt in der Rattenleber etwa 50 Stunden (47,48). Halbwertszeitveränderungen scheinen für regulatorische Prozesse von untergeordneter Bedeutung zu sein. Im zellfreien System läßt sich die Acetyl-CoA-Carboxylase-Aktivität sofort durch Veränderungen des Acyl-CoA-Spiegels modifizieren (48), ohne daß sich die Enzymkonzentration verändert. Eine ähnliche Ansprechbarkeit findet sich in isolierten Leberzellen und Fibroblasten, worüber später berichtet wird.

Die *Regulationsmechanismen des intracellulären Acyl-CoA-Spiegels* konnten bisher nur unvollständig aufgeklärt werden. Der Acyl-CoA-Spiegel der Leberzelle ist nicht nur von den besprochenen Fettsäurezuflüssen und den Acyl-CoA-Syntheseraten abhängig, sondern auch von den Aktivitäten der Acyl-CoA Transferasen und der Thioesterase, einem Acyl-CoA spaltenden Enzym. Auch Fettsäuren aus intracellulären lipolytischen Prozessen müssen einbezogen werden, da diese für Lipidinterconversionen und katabole Prozesse in Acyl-CoA-Verbindungen umgewandelt werden. Die neosynthetisierten Fettsäuren stellen zwar durch ihre Feedback-Hemmung eine wichtige regulatorische Komponente dar, können aber zwangsläufig nicht entscheidend an den drastischen Veränderungen bei Diätverschiebungen beteiligt sein. Hierfür kommen eher die FFS und vor allem die Chylomikronenfettsäuren in Betracht.

Die in Abbildung 13 an menschlichen Leberpunktaten ermittelte *Abhängigkeit der Fettsäureneosynthese vom Fett-Kohlenhydratgehalt der Nahrung* (33, 6) ist aus Tierversuchen bekannt (43, 44, 46, 42, 48). Der paradoxe Abfall des 1-^{14}C-Acetateinbaus in die Gesamtlipide

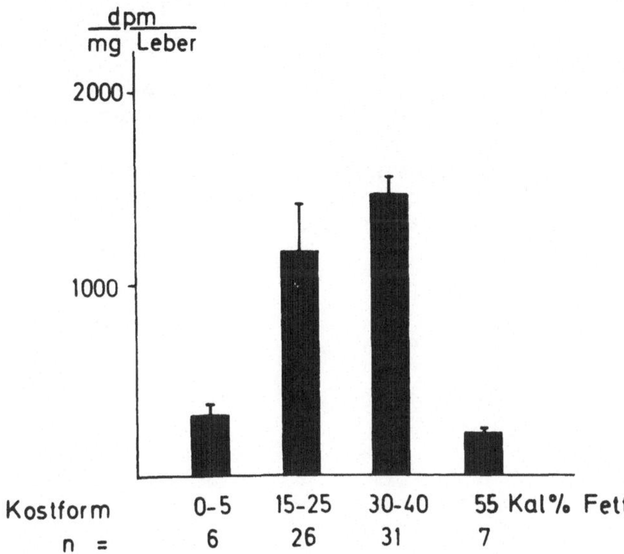

Abb. 13. Der Einfluß des Nahrungsfettgehaltes auf die Aufnahme von 1-^{14}C-Acetat in die Leberlipide. Experimente an menschlichen Leberpunktaten unter Standardbedingungen. Die Punktionen erfolgten nach 6tägiger diätetischer Adaptierung

bei geringerem Fett- bzw. höherem Kohlenhydratgehalt in der Nahrung erklärt sich wahrscheinlich vorwiegend aus der intensiven intracellulären Verdünnung des 1-^{14}C-Acetats durch das verstärkt aus Glucose gebildete inaktive Acetyl-CoA. Das Absinken des relativen Anteils der Cholesterinaktivität mit zunehmender Fettsäureneosynthese (Tab. 16) dürfte daran liegen, daß die Cholesterin-

Tabelle 16. Untersuchungen zum Einfluß des Nahrungsfettgehaltes auf die Aufnahme von 1-^{14}C-Acetat in die verschiedenen Leberlipidklassen. Experimente an menschlichen Leberpunktaten unter Standardbedingungen. Die Punktionen erfolgten nach 6tägiger diätetischer Adaptierung. Angaben in % der Gesamtlipidaktivität. (Vgl. Abb. 13)

Kostform	*n*	FS	MG	DG	TG	PL	CH	CE	Rest
0-5 Cal% Fett	2	0,6	0,8	5,4	64,8	20,2	5,7	0,5	2,0
15-25 Cal% Fett	14	1,6	0,7	3,1	55,2	23,0	12,8	1,8	1,8
35-40 Cal% Fett	9	2,1	1,7	5,5	49,1	20,9	15,2	3,1	2,4
55 Cal% Fett	3	2,9	0,9	1,3	28,9	23,1	40,7	0,0	2,2

Abkürzungen siehe Tabelle 6

synthese unter Kohlenhydrat-reicher Kost nicht oder nur wenig stimuliert wird. Mit steigendem Fettgehalt bei etwa 50 Cal% Fett in der Nahrung versiegte die Fettsäureneosynthese praktisch vollständig. Die Fettsäureaktivität war wesentlich intensiver in den Phospholipiden zu finden (Abb. 13 und 14 und Tabelle 16). Unter fettreicher Kost wird das 1-^{14}C-Acetat wahrscheinlich fast ausschließlich für Kettenverlängerungsreaktionen verbraucht. Die C_{20}- und C_{22}-Polyenfettsäuren, typische Verlängerungsprodukte, werden erfahrungsgemäß bevorzugt in die Phospholipide aufgenommen, was die Verschiebungen erklärt. Anscheinend ist der diätetische Einfluß auf Verlängerungsreaktionen nur gering, wenn überhaupt vorhanden.

Wenngleich 1-^{14}C-Acetat, wie Abbildung 13 zeigt, nicht zur quantitativen Erfassung der Neosynthesesteigerung auf fettarmer Kost geeignet ist, läßt es sich doch zur Untersuchung der *Langzeit-Adaptierung* und zu Kurzzeit-Adaptierungsversuchen einsetzen. Die Untersuchungsergebnisse auf fettreicher Kost (Abb. 14) demonstrieren, daß die Konzentration des enzymatischen Systems zur

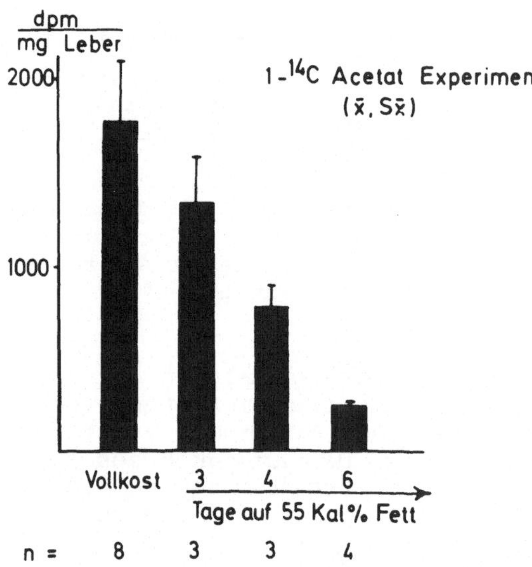

Abb. 14. Untersuchungen zum 1-^{14}C-Acetateinbau in die Leberlipide in Abhängigkeit von der Dauer der fettreichen Kost. Vollkost = 35-40 Cal% Fett. Experimente an menschlichen Leberpunktaten unter Standardbedingungen

Fettsäureneosynthese, u.a. die der Acetyl-CoA-Carboxylase, sich nur langsam innerhalb von 3-6 Tagen vermindert = Langzeit-Adaptierung. Mit dem Absinken der Fettsäureneosynthese verschieben sich auch die bereits besprochenen Verteilungsmuster (Abb. 15 und Tab. 16).

13. Regulation der Fettsäureneosynthese durch albumingebundene Fettsäuren

Bisher unveröffentlichte *Kurzzeitadaptierungsversuche* mit 1-^{14}C-Acetat an menschlichen Fibroblasten und isolierten Rattenleberzellen (Abb. 16) zeigten, daß das Fettsäureneosynthesesystem am empfindlichsten im unteren FFS-Normalbereich reguliert wird. Bei einer FFS-Konzentration von 0,34 mmol/l (12% FS-Sättigung) fand sich in Fibroblasten bereits eine Drosselung auf etwa 12%

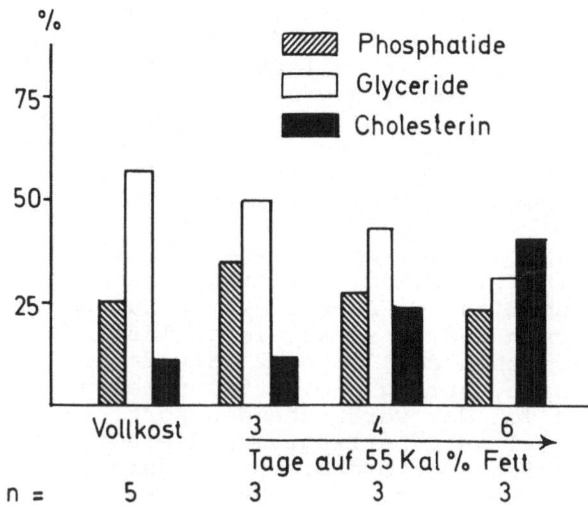

Abb. 15. Die Aufnahme von 1-^{14}C-Acetat in die unterschiedlichen Lipidklassen der Leber in Abhängigkeit von der Dauer einer fettreichen Kost.
Experimente an menschlichen Leberpunktaten unter Standardbedingungen. Vgl. hierzu Abb. 14

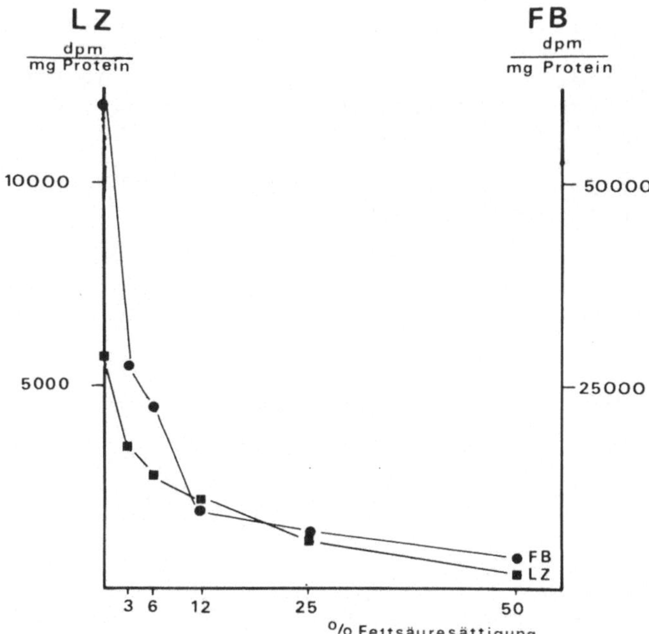

Abb. 16. Untersuchungen zur Abhängigkeit der Fettsäure-Neosynthese in isolierten Rattenleberzellen (LZ) und Fibroblasten - Mensch (FB) von der Konzentration albumingebundener langkettiger Fettsäuren im Medium.
Die Fettsäureneosynthese wurde mit 1-^{14}C-Acetat getestet. Ordinate = Gesamtfettsäure-Aktivität.
Fettsäuresättigung an 4 g Albumin/100 ml MEM = 1,83 mmol/l
0% Fettsäuresättiung = 0,130 mmol/l = Verdünnungslösung

und in Hepatocyten auf 38% der Initialaktivität bei 0,13 mmol FFS/l. Bei einer FFS-Konzentration von 0,98 mmol/l (50% FS-Sättigung) versiegte der ^{14}C-Acetat-Einbau fast vollständig. In weiteren noch nicht abgeschlossenen Hepatocytenversuchen wird der Frage nachgegangen, ob sich das in Abbildung 16 dargestellt Adaptierungsprofil durch diätetische Vorbehandlung der Tiere beeinflussen läßt. Erste Hinweise auf eine schlechtere Drosselung durch FFS nach fettfreier Kost werden z.Zt. überprüft.

An den Abbildungen 17 und 18 läßt sich erkennen, wie schnell sich die Fettsäureneosynthese in Zellen, deren Fettsäureneosynthese durch einstündige Vorinkubation in FFS-reichem Medium gedrosselt wurde, in einem FFS-armen Medium reaktivieren läßt. Während im Fibroblasten erst zwischen der 1. und 2. Stunde die volle Neosyntheserate wiederkehrte, sprang die Fettsäureneosynthese im Hepatocyten unabhängig von der vorangehenden Kostform innerhalb von wenigen Minuten voll an. Überträgt man die Befunde auf in vivo-Verhältnisse, so besitzt der Organismus in der Plasma-FFS-Fraktion ein Regulans der Fettsäureneosynthese, das erstaunlich schnell die extrahepatische und intrahepatische Stoffwechselsituation aufeinander abstimmt. In Zellen, die aus fettreich ernährten Ratten stammten, ließ sich jedoch durch eine zweistündige Inkubation im FFS-armen Medium keine Reaktivierung erzielen. Hierfür sind offensichtlich längere Zeiten notwendig.

Im Rahmen dieses Überblickes sollte aufgezeigt werden, daß sich auch am Menschen vielfältige Untersuchungen zum Fettsäurestoffwechsel an der Leber durchführen lassen. Damit haben sich direktere Wege zur Aufklärung biochemischer und pathobiochemischer Vorgänge eröffnet. Wegen der Kürze der Zeit konnte auf Befunde zur Pathobiochemie nicht eingegangen werden.

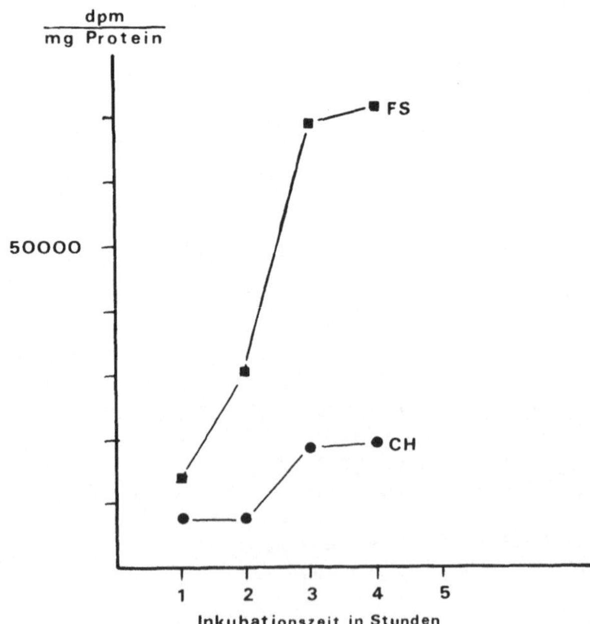

Abb. 17. Untersuchungen zur Reaktivierung der Fettsäure-Neosynthese in Fibroblasten. Die Fettsäure-Neosynthese wurde durch einstündige Vorinkubation in FFS-reichem Medium gedrosselt. Die Reaktivierung erfolgte durch anschließende Inkubation in annähernd FFS-freiem Medium (vgl. Abb. 16). CH = Cholesterin

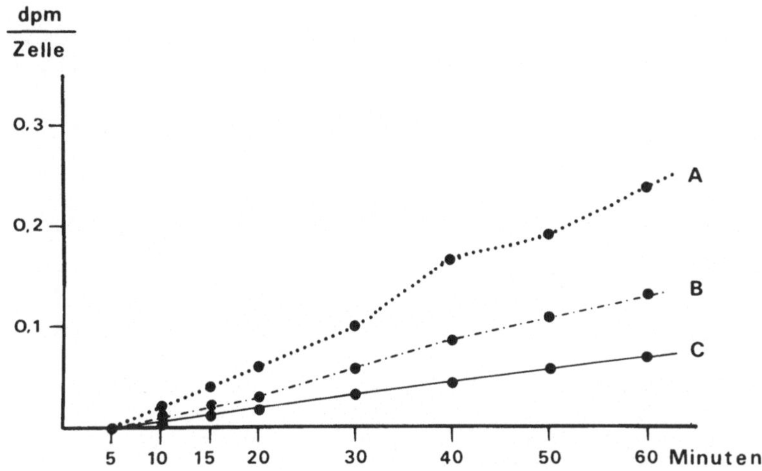

Abb. 18. Untersuchungen zur Reaktivierung der Fettsäure-Neosynthese in isolierten Rattenleberzellen und deren Abhängigkeit von der vorangehenden Kostform.
Die Fettsäureneosynthese wurde durch Vorinkubation in FFS-reichem Medium gedrosselt (siehe Abb. 17). Die Reaktivierung der Fettsäureneosynthese erfolgte in annähernd FFS-freiem Medium (vgl. Abb. 16).
A = Normalkost, B = fettreduzierte Kost, C = fettangereicherte Kost

Literatur

1. EISENBERG, S., LEVY, R.I.: In: PAOLETTI, R. and KRITCHEVSKY, D. (Eds.). Advances in Lipid Research, Vol. 13, p. 37. New York: Academic Press 1975
2. HAVEL, R.J.: Adv. Exp. Med. Biol. 63, 37 (1975
3. SEIDEL, D.: siehe Referat Seite
4. ASSMANN, G.: siehe Referat Seite
5. OETTE, K., PHLIPPEN, R.: Verh. dtsch. Ges. Inn. Med. 74, 247 (1968)
6. OETTE, K.: Klin. Wschr. 52, 956 (1974)
7. BLOMHOFF, J.P.: Clin. Chim. Acta 43, 257 (1973)
8. HEMS, D.A.: Proc. Nutr. Soc. 34, 225 (1975)
9. ROSSITER, R.J.: In: GREENBERG, D.M. (Ed.). Metabolic Pathways, Vol. II, p. 69. New York: Academic Press 1968
10. VAN DEN BOSCH, H., VAN GOLDE, L.M.G., VAN DEENEN, L.L.M.: Rev. Physiol. 66, 13 (1972)
11. MALMENDIER, C.L., DELCROIX, C., BERMAN, M.: J. Clin. Invest. 54, 461 (1974)
12. BLOCH, K.: Arch. Exp. Med. Biol. 60, 1 (1975)
13. GREEN, D.E., ALLMANN, D.W.: In: GREENBERG, D.M. (Ed.). Metabolic Pathways, Vol. II, p. 38. New York: Academic Press 1968
14. LOWENSTEIN, J.M.: Handbook of Physiology-Endocrinology I, 415 (1971)
15. SEUBERT, W., PODACK, E.R.: Molecular and Cellular Biochem. 1, 29 (1973)

16. KLENK, E.: Untersuchungen über die Chemie und den Stoffwechsel der Polyenfettsäuren. Berlin: Walter de Gruyter 1967
17. KLENK, E., OETTE, K.: Hoppe-Seyler's Z. Physiol. Chem. 318, 86 (1960)
18. LEVY, R.I., BILHEIMER, D.W., EISENBERG, S.: Biochem. Soc. Symp. 33, 3 (1971)
19. NOEL, S.P., DOLPHIN, P.J., RUBINSTEIN, D.: Biochem. Biophys. Res. Communications 63, 764 (1975)
20. FELTS, J.M., ITAKURA, H., CRANE, TH.: Biochem. Biophys. Res. Communications 66, 1467 (1975)
21. BLANCHETTE-MACKIE, E.J., SCOW, R.O.: J. Cell. Biol. 51, 1 (1971)
22. BLANCHETTE-MACKIE, E.J., SCOW, R.O.: J. Cell. Biol. 58, 689 (1973)
23. SCOW, R.O., BLANCHETTE-MACKIE, E.J., HAMOSH, M., EVANS, E.J.: Wiss. Veröff. Dtsch. Ges. Ernährung 23, 100 (1973)
24. JEANRENAUD, B., HEPP, D. (Eds.): Adipose tissue - regulation and metabolic functions. Stuttgart: Thieme 1970
25. OETTE, K., FRESE, W., PHLIPPEN, R.: Z. ges. exp. Med. 154, 208 (1971)
26. ZAKIM, D., ROBERT, H.H., GORDON, W.C. Jr.: Biochemical Medicine 2, 427 (1969)
27. HOFFMANN, P.: Diss. Köln (in Vorbereitung)
28. EATON, R.P., BERMAN, M., STEINBERG, D.: J. Clin. Invest. 48, 1560 (1969)
29. HOFMAN, A.F.: Gastroenterology 50, 56 (1966)
30. SHAMES, D.M., FRANK, A., STEINBERG, D., BERMAN, M.: J. Clin. Invest. 49, 2298 (1970)
31. VRANIC, M.: Fed. Proc. 34, 2233 (1975)
32. NIKKILÄ, E.A.: In: PAOLETTI, R. and KRITCHEVSKY, D. (Eds.). Advances in Lipid Research, Vol. 7, p. 63. New York: Academic Press 1969
33. OETTE, K., PHLIPPEN, R., LANCKOHR, H.: Res. exp. Med. 162, 83 (1974)
34. OETTE, K.: Res. exp. Med. 162, 185 (1974)
35. FISCHEL, P., OETTE, K.: Res. exp. Med. 163, 1 (1974)
36. PHLIPPEN, R., OETTE, K.: Res. exp. Med. 162, 205 (1974)
37. FREUND, G., WEINZIER, R.L.: Metabolism 15, 980 (1966)
38. MAUCHER, A.: Diss. Köln (in Vorbereitung)
39. HOWARD, R.B., WIDDER, D.J.: Biochem. Biophys. Res. Communications 68, 262 (1976)
40. KUPFER, I.: Diss. Köln 1974
41. ZAKIM, D.: Progr. biochem. Pharmacol. 8, 161 (1973)
42. ZAKIM, D.: Acta med. scand. Suppl. 542, 205 (1974)
43. NUMA, S., MATSUHASHI, M., LYNEN, F.: Biochem. Z. 334, 203 (1961)
44. MASORO, E.J.: J. Lipid Res. 3, 149 (1962)
45. BORTZ, W.M., LYNEN, F.: Biochem. Z. 337, 505 (1963)
46. BORTZ, W.M., ABRAHAM, S., CHAIKOFF, J.L.: J. Biol. Chem. 238, 1266 (1963)
47. ROMSOS, D.R., LEVEILLE, G.A.: In: PAOLETTI, R. and KRITCHEVSKY, D. (Eds.). Advances in Lipid Research, Vol. 12, p. 97, New York: Academic Press 1974
48. VOLPE, J.J., VAGELOS, P.R.: Ann. Rev. Biochem. 42, 21 (1973)

Wechselbeziehungen zwischen Triglyceriden, Fettsäure- und Glucose-Metaboliten

R.-M. Schmülling, D. Geiseler und M. Eggstein

Über die Beziehungen zwischen Kohlenhydrat- und Fettstoffwechsel und die Reaktionen auf Belastung mit Hormonen, Substraten und Medikamenten haben Versuchsanordnungen an isolierten durchströmten Organen, Fettgewebe und Zellkulturen eine Fülle an Informationen geliefert (Literaturübersicht bei 1-4).

Wir haben in einer Serie von Untersuchungen am Menschen versucht, einige der in vitro nachgewiesenen Reaktionsmechanismen des intermediären Stoffwechsels auf ihre Bedeutung im intakten Organismus zu überprüfen.

Die Fülle der bekannten und unbekannten gegenseitigen Beeinflussungen und Rückkoppelungen setzen der Interpretation enge Grenzen, doch lassen einige Ergebnisse die klinische Bedeutung der Metabolitverschiebungen erkennen, liefern diagnostische Parameter und zeigen therapeutische Konsequenzen auf.

1. Schema des Intermediärstoffwechsels

Zum Verständnis der Versuchsanordnung soll das Schema (Abb. 1) einen groben Überblick über die interessierenden Stoffwechselwege des Kohlenhydrat- und des Fettstoffwechsels geben.

Auf der obersten Ebene stehen sich die Speicherformen der beiden Hauptenergieträger des Stoffwechsels gegenüber: Glykogen und Triglyceride.

Die ständig ablaufende, hormoneller Steuerung unterliegende Lipolyse im Fettgewebe führt zu freien Fettsäuren und freiem Glycerin. Die freien Fettsäuren können mit Glycerophosphat, das im Fettgewebe nur aus dem Glucoseabbau stammen kann, zu Triglyceriden wiederverestert werden. Damit ist die Gewebsphase des Glucose - freie Fettsäuren - Cyclus durchlaufen (5).

Freies Glycerin ist der direkte Indicator der Aktivität dieses Cyclus, da mangels Glycerokinase im Fettgewebe freies Glycerin entsprechend seiner Konzentration ohne kontrollierten Membrantransport in den Extracellulärraum abgegeben wird und somit im Blut meßbar ist.

Auch die Abgabe der freien Fettsäuren ins Blut ist konzentrationsabhängig, doch als Resultante von Lipolyse, Wiederveresterungsrate und Betaoxydation anzusehen.

In der Bilanz resultiert unter Grundumsatzbedingungen ein lipolyseproportionaler Strom von freiem Glycerin und freien Fettsäuren vom Fettgewebe zur Leber und zur Muskulatur; die Blutkonzentrationen dieser beiden Parameter des Fettstoffwechsels lassen auf die Energiebereitstellung für den Gesamtorganismus aus den Fettspeichern schließen.

Auf der Seite der Kohlenhydrate unterliegt die Glykogenolyse ebenso hormoneller Kontrolle. Der Glucoseüberschuß, der sich aus dem Glykogencyclus ergibt, passiert frei die Leberzellmembran. Im Gegensatz zu den Mobilisationsprodukten der Triglyceride, nämlich freien Fettsäuren und freiem Glycerin, unterliegt der Glucosetransport durch die Membran der Fett- und Muskelzelle hormoneller Kontrolle durch Insulin.

In der Fettzelle steuert die Glykolyserate über das anfallende Glycerophosphat die Aktivität des RANDLE-Cyclus und erlaubt damit die reziproke Veränderung der Energiebereitstellung aus Fett- oder Kohlenhydratreserven (6).

Schema des intermediären Stoffwechsels

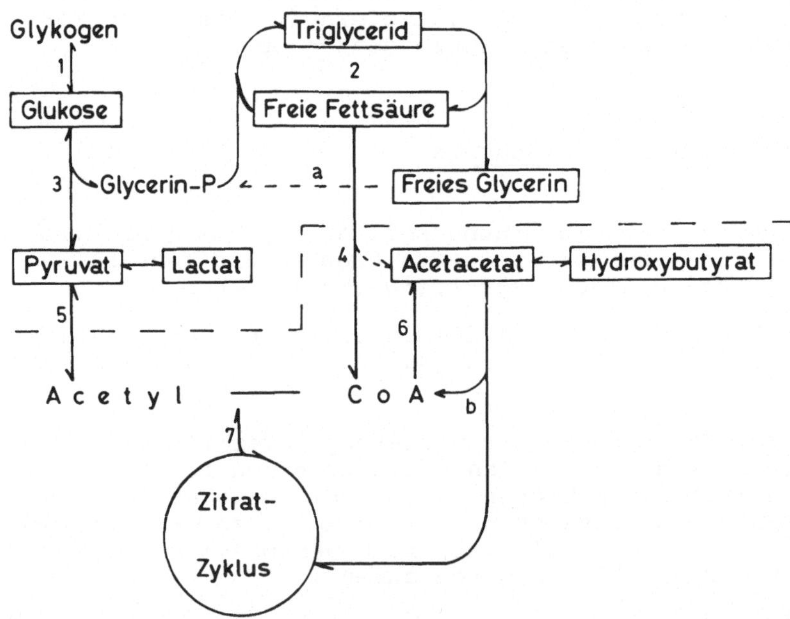

Abb. 1. Schema des intermediären Stoffwechsels.
1. Glykogencyclus, 2. Lipolyse-Wiederveresterung im Fettgewebe, 3. Glykolyse, 4. Beta-Oxydation der Fettsäuren zu Acetyl-CoA, 5. Oxydative Decarboxylierung von Pyruvat zu Acetyl-CoA, 6. Hydroxy-Methyl-Glutaryl-CoA-Cyclus, 7. Endoxydation im Citratcyclus, a. Glycerokinase-Reaktion (nicht im Fettgewebe), b. Succinyl-Acetacetat-Thiophorase-Reaktion (nicht in der Leber). Die gestrichelte Linie bezeichnet die Mitochondrienmembran. Die umrandeten Metabolite werden im Blut bestimmt

Die Glykolyserate ist der Abschätzung zugänglich: Am Ende der anaeroben Glykolyse steht das Substratpaar Laktat und Pyruvat, das frei diffusibel ist und durch seine Konzentrationsänderungen einen Indicator der Glykolyseaktivität darstellt.
Die Enzyme der anaeroben Glykolyse sind im endoplasmatischen Reticulum lokalisiert, aus dem Lactat/Pyruvat-Quotienten kann auf das Redox-Potential dieses Raumes geschlossen werden.

Die oxydative Decarboxylierung von Pyruvat führt zum Acetyl-CoA, das gleichermaßen Produkt der Beta-Oxydation der freien Fettsäuren in den Mitochondrien ist. Auf dieser Ebene ist die Austauschbarkeit der Energieträger Kohlenhydrat, Fett und Protein erreicht.

Aus Acetyl-CoA wird neben der Endoxydation im Citrat-Cyclus über den Hydroxy-Methyl-Glutaryl-CoA-Cyclus nur in der Leber Acetacetat und Hydroxybutyrat gebildet. Diese C-4-Säuren werden, soweit sie nicht als Synthesebausteine dienen, an das Blut abgegeben, da der Leber die Succinyl-Acetacetat-Thiophorase, die die Einschleusung von Acetacetat in den Citrat-Cyclus ermöglichen würde, fehlt. Acetacetat und Hydroxybutyrat werden von der Muskulatur als gleichwertiger Energieträger neben Glucose und freien Fettsäuren verwandt.

Die Energieträger erscheinen so in einer hierarchischen Struktur von 3 Ebenen:

1. Depotformen:
   Glykogen, das nur intracellulär vorkommt und als solches nicht transportiert werden kann,
   Triglyceride, die neben der reinen Depotfunktion auch in den komplizierten Lipoproteinkomplexen im Blut transportiert werden und somit dort gemessen werden können.
   Unter Grundumsatzbedingungen ist der Triglyceridspiegel eine Funktion der endogenen Produktion in der Leber.

2. Mobilisierungsprodukte:
   Glucose, mit großer Umsatzgeschwindigkeit und steuerbarer Membrantransportgeschwindigkeit durch die peripheren Zellen
   und
   freie Fettsäuren und freies Glycerin, deren Durchtritt durch die peripheren wie auch die Leberzellen konzentrationsabhängig ist.

3. Degradationsprodukte:
   Lactat und Pyruvat sowie
   Acetacetat und Hydroxybutyrat, die weiterhin Energielieferanten sind und frei diffusibel bis in den Intramitochondrialraum.

Für den Energiestoffwechsel des Gehirns sind freie Fettsäuren nicht verwertbar, Ketonkörper nur nach mehrwöchigem Fasten. Daraus erklärt sich die Abhängigkeit von der Glucosekonzentration im Blut.

Gesetzmäßig ist das entgegengesetzte Verhalten der genannten Parameter des Kohlenhydrat- und Fettstoffwechsels unter Kohlenhydratzufuhr einerseits: Glucose-, Pyruvat- und Lactatkonzentrationen im Blut steigen an (7-10), während die Indicatoren des Fettstoffwechsels abfallen.
Entgegengesetzt ist das Verhalten unter Fettzufuhr andererseits: die Indikatoren des Kohlenhydratstoffwechsels fallen ab, die des Fettstoffwechsels, zunächst Triglyceride, dann die freien Fettsäuren und schließlich auch die Ketonkörper steigen an.
Dabei handelt es sich um reaktive, über 1-12 Stunden ablaufende Geschehen, die unter physiologischen Bedingungen konstant reproduzierbar sind (zu beachten bei der diagnostischen Verwertung dieser Blutparameter).

2. Versuchsanordnung

Bei allen im folgenden beschriebenen Versuchsserien wurde der Versuchsbeginn in die Morgenstunden zwischen 7 und 8 Uhr gelegt. 3 Tage vor Versuchsbeginn hatten sich die Probanden nach ihren Gewohnheiten normal ernährt. Vor Versuchsbeginn bestand eine 10-stündige Schlaf-Ruhezeit und Nahrungskarenz. Während des Versuchs wurde Bettruhe eingehalten.

Pro Versuchsserie wurden 8-18 gesunde Probanden untersucht. Zu den angegebenen Zeiten wurden Blutproben durch eine zuvor gelegte Braunüle oder einen Venenkatheter entnommen. Das Ausgangsniveau wurde aus 2 im Abstand von 10 Minuten gewonnenen Blutproben gemittelt, die frühestens 10 Minuten nach Venenpunktion entnommen wurden.

Innerhalb von 3 Minuten wurden dann die angegebenen Hormone bzw. Medikamente intravenös in Form eines Impulses zum Auslenken der zu messenden Parameter verabreicht. Zeitpunkt 0 wurde nach Verabreichen der Hälfte der belastenden Substanz genommen.

Die Bestimmungsmethode der Parameter Glucose, Pyruvat und Lactat als Indicatoren des Kohlenhydratstoffwechsels, freies Glycerin, freie Fettsäuren, Acetacetat, Hydroxybutyrat und Triglyceride als Indicatoren des Fettstoffwechsels entsprechen den in (11) angegebenen.

3. Ergebnisübersicht und Diskussion

3.1. Adrenalin (Abb. 2)

Die intravenöse Verabreichung von Adrenalin führt über die Aktivierung der Adenylcyclase sowohl in der Leber als auch in der Muskulatur zur Glykogenolyse mit Anstieg der Blutglucose (12, 13). Den wesentlichsten Anteil an der Erhöhung der Blutglucose hat der erhöhte Leberausstoß an Glucose, denn dieser Effekt ist nicht nachweisbar, wenn die Glykogenreserven der Leber nach mehr-

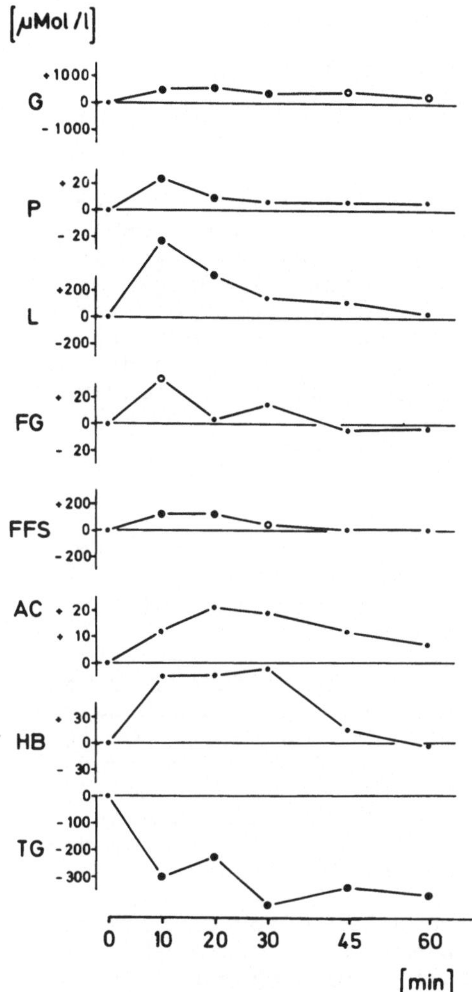

Abb. 2. Intravenöser Impuls mit Adrenalin
Dosis: 1 µg/kg Körpergewicht. (N = 10 (N_{AC} = 4, N_{HB} = 3). Die auf den Zeichnungen verwendeten Symbole bedeuten: G = Glucose, P = Pyruvat, L = Lactat, FG = freies Glycerin, FFS = freie Fettsäuren, AC = Acetacetat, HB = Beta-Hydroxybutyrat, TG = Triglceride. Gezeichnet sind die Abweichungen vom Ausgangsniveau, welches aus 2-3 Bestimmungen vor Belastung gemittelt wurde.● $2p \leq 0.05$, o $2p \leq 0,1$, · $2p$ > 0,1 Signifikanzwahrscheinlichkeit der Differenz zum Ausgangsniveau im zweiseitigen *Student*-t-Test und im zweiseitigen WILCOXON-Test (Paarvergleich)

tägigem Fasten aufgebraucht sind. Die vermehrte Glykogenolyse der Leber ist dabei einmal Folge einer direkten Katecholaminwirkung auf die Leber, andererseits auch Folge der verminderten Insulininkretion unter Katecholaminen, die aber nur kurzfristig nachweisbar ist, da die erhöhten Blutzuckerspiegel eine vermehrte Insulinausschüttung veranlassen.

Trotz der aus den gleichen Gründen vermehrten Gluconeogenese in der Leber mit vermehrter Lactatextraktion durch dieses Organ steigen Lactat und Pyruvat signifikant an. Dies muß als Folge der gesteigerten Glykolyse vor allem in der Muskulatur gedeutet werden (14-16).

Über eine Adenylcyclase-moderierte Aktivierung der Triglyceridlipase des Fettgewebes kommt es zur verstärkten Lipolyse, belegt am Anstieg von freiem Glycerin und freien Fettsäuren (17-19).

Das vermehrte Angebot von freien Fettsäuren an die Leber resultiert in einem vermehrten Ketonkörperausstoß (12), aber verminderter Triglyceridsynthese mit nachfolgendem Abfall der Triglyceride im Serum.

Adrenalin als Prototyp des Alpha- und Betareceptorenstimulators führt also zu einer Mobilisierung der Energiereserven sowohl aus den Kohlenhydrat- als auch Fettspeichern. Daß es dabei zum Abfall der Triglyceride kommt, die unter Grundumsatzbedingungen im wesentlichen der endogenen Produktion in der Leber entstammen, obwohl ein vermehrtes Angebot freier Fettsäuren an die Leber durch die periphere Lipolyse besteht, muß als Umschalten des Leberzellstoffwechsels auf die Ketonkörperproduktion verstanden werden.

3.2. Betasympathicolytika (Abb. 3)

Bei der Verabreichung von Betasympathicolytika ist zu erwarten, daß die endogenen Katecholamine ein Muster von Kohlenhydrat- und Fettstoffwechselbeeinflussung erzeugen, das durch ein relatives Überwiegen der alpha-Receptoreneinflüsse entsteht (20).

Eine eindeutige Beeinflussung des Kohlenhydratstoffwechsels ist nicht mehr nachweisbar. Dabei sind graduelle Unterschiede zwischen den einzelnen Betasympathicolytika festzustellen. Nur D 600 führt zu einem minimalen signifikanten Anstieg der Glucose, während Iproveratril diese nicht beeinflußt, ebenso wie Propranolol (11). Die minimalen, an manchen Meßpunkten aber signifikanten Ausschläge von Pyruvat und Lactat lassen, im Vergleich zur Adrenalinwirkung, keine sichere Beeinflussung der Glykolyse vermuten.

Unter der Voraussetzung einer praktisch unbeeinflußten Lipolyse mit unveränderten bzw. verminderten Spiegeln an freiem Glycerin und freien Fettsäuren ist der signifikante Anstieg der C-4-Säuren nicht zu erwarten. Betasympathicolytika führen also zu einer unterschiedlichen Beeinflussung der Mobilisations- und Degradationsprodukte der Triglyceride. Der betaadrenerge Effekt einer vermehrten Lipolyse wird geblockt (21) bei gleichzeitiger Stimulation der Ketonkörperproduktion, als deren Folge die abnehmenden Triglyceridspiegel, ebenso wie unter Adrenalin, zu deuten sind.

3.3. Noradrenalin (Abb. 4)

Noradrenalin zeigt als Prototyp des Alpha-Sympathicomimetikums einen Anstieg der Blutglucose in der Größenordnung der Adrenalinbelastung. Daraus kann eine gleichartige glykogenolytische Wirkung abgeleitet werden.

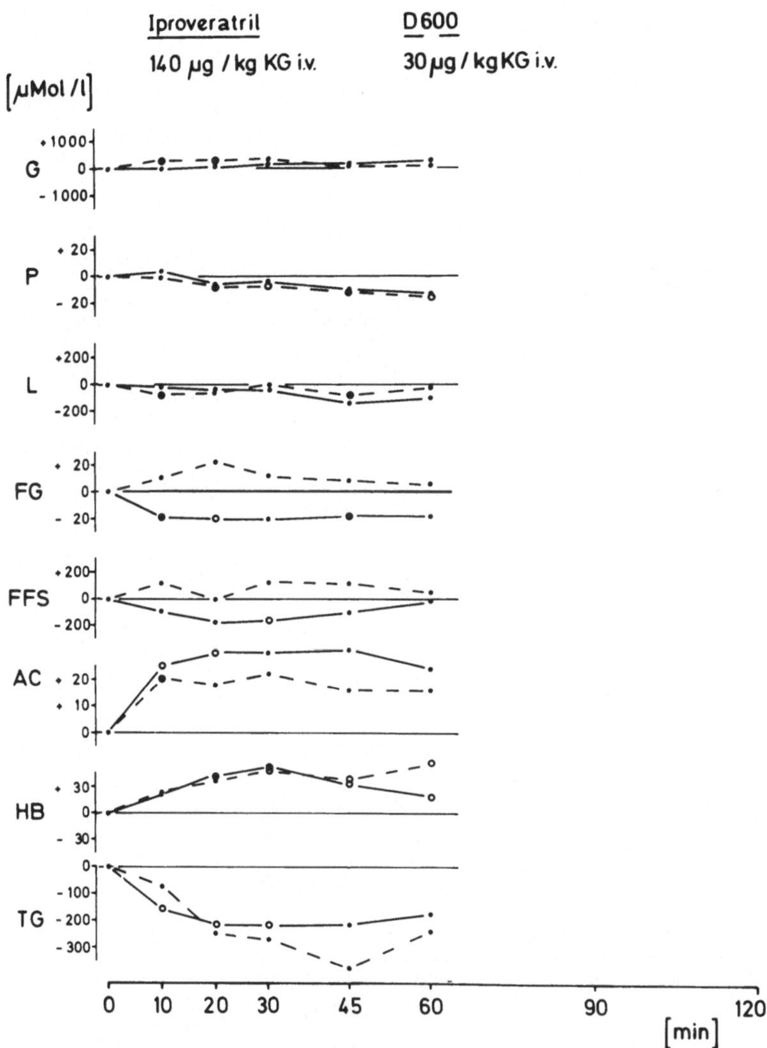

Abb. 3. Intravenöser Impuls mit Iproveratril (Isoptin) und D 600.
Iproveratril: 140 µg/kg Körpergewicht; N = 8 D 600 (Trimethoxy-Derivat des Iproveratril): 30 µg/kg Körpergewicht; N = 8.
Beide Substanzen besitzen betasympathikolytische Eigenschaften. Die Stoffwechselwirkung ist diskrepant in Bezug auf die periphere Lipolyse (FG und FFS) und konkordant auf die Ketonkörperbildung

Aber im Gegensatz zu Adrenalin kommt es zu keiner Beeinflussung der Lactatspiegel und nur trägem Abfall des Pyruvats. Der Effekt einer gesteigerten Glykolyse, wie er unter Adrenalin beobachtet wird, ist also hier nicht nachweisbar.

Eindeutig ist unter Noradrenalin die stark gesteigerte Lipolyse im Fettgewebe - der typisch adrenerge Effekt - am Anstieg des freien Glycerins und der freien Fettsäuren zu erkennen (17, 22).

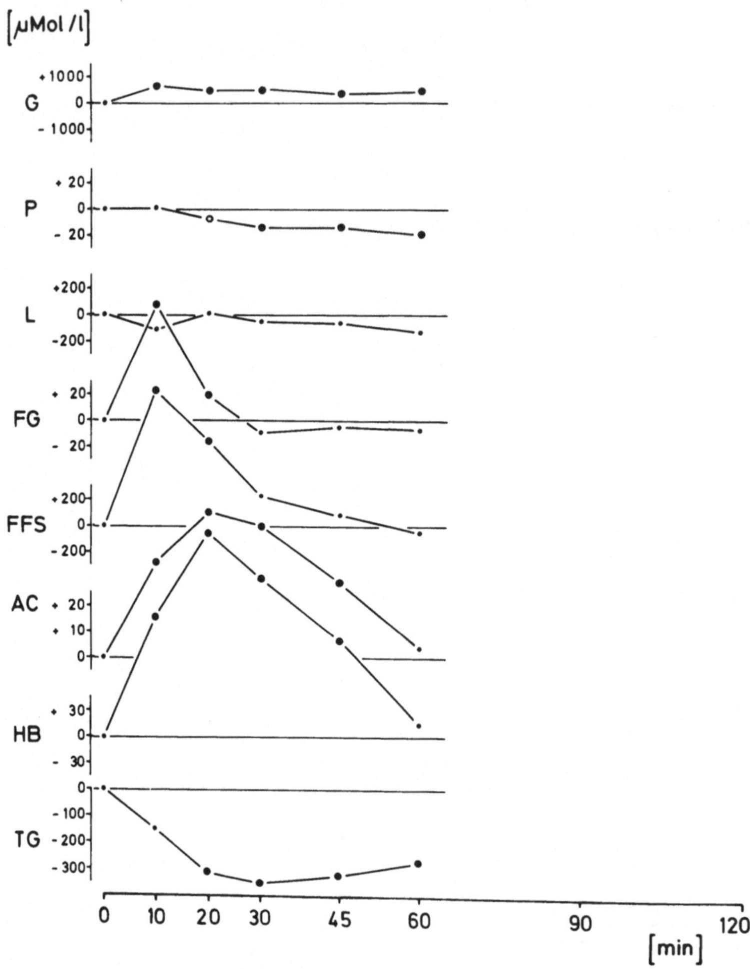

Abb. 4. Intravenöser Impuls mit Noradrenalin.
Dosis: 1 µg/kg Körpergewicht
Deutlicher Anstieg der Lipolyse (FS und FFS) und besonders der C-4-Säuren (AC und HB) bei Abfall der endogenen Triglyceridproduktion (N = 8)

Beeindruckend nach Ausmaß und Geschwindigkeit ist der Ausstoß der C-4-Säuren aus der Leber, gemessen am Anstieg der Ketonkörper im Blut. Hier wäre die Interpretationsmöglichkeit eines dem freien Fettsäureangebot an die Leber folgenden vermehrten Ausstoßes der Ketonkörper naheliegend, doch lassen bereits die Ergebnisse der beta-Blocker vermuten, daß eine darüber hinausgehende, direkte adrenergische Stimulierung der Ketonkörperproduktion hinzukommt. In gleicher Richtung deuten wir den Triglyceridabfall bei erhöhten Spiegeln freier Fettsäuren, beide Metaboliten zeigen keine positive Korrelation in ihren Konzentrationsveränderungen (23).

3.4. Heparin (Abb. 5)

Als weiteres Argument dafür, daß der Ketonkörperanstieg unter adrenergischer Stimulation nicht alleinige Folge des vermehrten freien Fettsäureangebots an die Leber ist (24, 25), können die

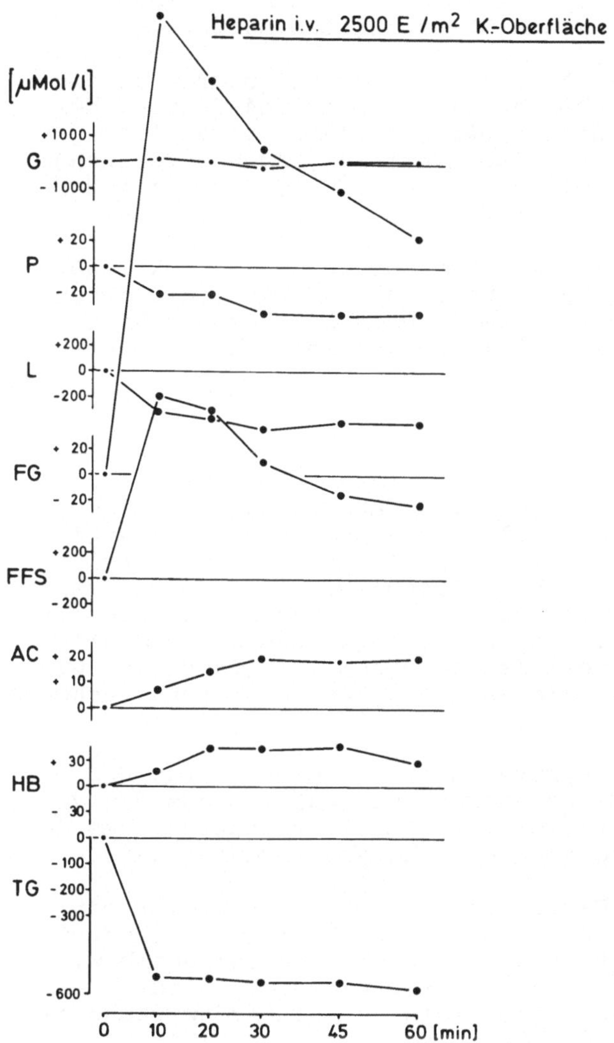

Abb. 5. Intravenöser Impuls mit Heparin.
Dosis: 2500 E/m^2 Körperoberfläche; N = 13
Durch intravasale Lipolyse kommt es zum sofortigen Abfall der Triglyceride mit entsprechend maximalem Anstieg von freiem Glycerin und freien Fettsäuren über das Ausgangsniveau. Der Anstieg der Ketonkörper erfolgt deutlich verzögert im Vergleich zu Abb. 4. Das verstärkte Energieangebot aus Fettmetaboliten führt zu einem Abfall von Lactat und Pyruvat als Hinweis auf eine verminderte periphere Glykolyse

Ergebnisse der intravenösen Heparinverabreichung herangezogen werden. Es kommt sofort zu einer intravasalen Lipolyse der Triglyceride, die sich an deren markantem Abfall schon zum Kontrollpunkt 10 Minuten zeigt und offensichtlich zu diesem Zeitpunkt bereits abgeschlossen ist, da keine weitere Veränderung der Triglyceridspiegel mehr zu beobachten ist. Gleichzeitig kommt es zum exzessiven Anstieg von freiem Glycerin und freien Fettsäuren, die ihren Höhepunkt zum Zeitpunkt 10 Minuten nach intravenöser Verabreichung des Heparins schon überschritten haben.

Die Folge dieses vermehrten Angebots freier Fettsäuren an die Leber ist ein kontinuierlicher Anstieg beider C-4-Säuren, der aber im Vergleich zur Noradrenalinwirkung (Abb. 4) viel träger und zu einem viel niedrigeren Niveau erfolgt. Auch Untersuchungen an Patienten mit Analbuminämie zeigen eine Unabhängigkeit der Ketonkörperproduktion vom freien Fettsäurespiegel (11, 26).

Diese Versuchsreihen liefern ein Argument für die direkte adrenergische Stimulierung der Ketogenese in der Leber, die neben der vermehrten Aktivität der enzymatischen Systeme der Ketonkörperproduktion, wie sie sich beim Hunger entwickelt, besteht (27).

3.5. Glucagon (Abb. 6)

In vitro-Untersuchungen haben gezeigt, daß die Adenylcyclase der Leber durch Glucagon in pharmakologischen Dosen stärker stimuliert werden kann als durch Adrenalin. In unseren Versuchen scheint sich dieser Befund zu bestätigen: Die intravenöse Verabreichung von Glucagon führt zu einem signifikanten Anstieg der Glucose zu höheren Werten als nach Adrenalin und Noradrenalin. Dieser hyperglykämische Effekt ist auch bei Infusionen von Glucagon in Dosen, die zu physiologischen Spiegeln führen, nachweisbar und zwar dosisabhängig (28).

Der Verlauf von Lactat und Pyruvat gibt keinen sicheren Hinweis auf eine Veränderung der Glykolyserate. Allenfalls aus der Veränderung des Lactat-Pyruvat-Quotienten mit Verminderung des Redox-Potentials kann eine vermehrte Glykolyse vermutet werden.

Freies Glycerin und freie Fettsäuren zeigen einen prompt einsetzenden und kontinuierlich verlaufenden Abfall. Dies bedeutet eine bilanzmäßig verminderte Lipolyserate im Fettgewebe bzw. eine vermehrte Wiederveresterung im RANDLE-Cyclus. Dieser Befund steht im Widerspruch zu den Ergebnissen der Glucagonwirkung am isolierten Fettgewebe, wo eine Beschleunigung der Lipolyse beschrieben wird (29-31). Beim gesunden Menschen sind die Ergebnisse widersprüchlich und von der gleichzeitigen Insulin- und Glucosekonzentration im Blut abhängig (32, 33). Bei der von uns verabreichten pharmakologischen Dosierung von Glucagon als Impuls kommt es zu einer sofortigen Insulininkretion, die die lipolytische Wirkung von Glucagon überspielt (34-37).

Auch die Reaktion der Ketonkörper auf die Glucagonapplikation wird von der gleichzeitigen Insulinkonzentration moduliert: Beim Gesunden ist die antilipolytische und antiketotische Wir-

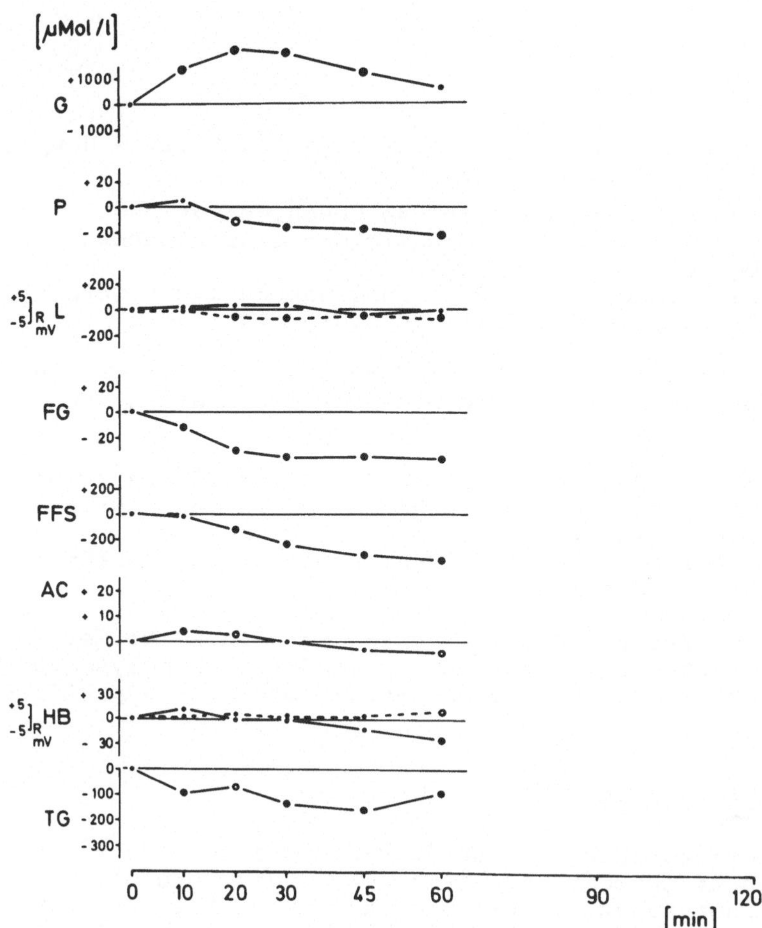

Abb. 6. Intravenöser Impuls mit Glucagon.
Dosis: 10 μg/kg Körpergewicht; N = 12
Durch Aktivierung der Adenylcyclase in der Leber wird die Glykogenolyse beschleunigt. Es kommt zum verstärkten Glucoseausstoß aus der Leber mit einem maximalen Anstieg der Blutglucose nach 20 Minuten auf +2,09±0,63±0,18 mmol/l ($\bar{x}\pm s\pm s_{\bar{x}}$) über das Ausgangsniveau von 4,24±0,32±0,09 mmol/l. Das entspricht einer effektiven Dosis von + 49%.
Nur die Vergrößerung des Lactat-Pyruvat-Quotienten mit signifikanter Erniedrigung der Redoxpotentialdifferenz läßt ab 20 Minuten eine verstärkte Glykolyse vermuten. Im Gegensatz zur Glucagonwirkung an isolierten Organen wird im intaken Gesamtorganismus die Lipolyse gehemmt. Abfall von freiem Glycerin und freien Fettsäuren durch Stimulierung der Insulininkretion und Steigerung des Energieangebots durch Kohlenhydrate

kung des ausgeschütteten Insulins überwiegend, während bei Diabetikern oder bei Suppression der Insulinausschüttung mit Somatostatin die lipolytische und ketogene Wirkung von Glucagon auch im Gesamtorganismus nachweisbar wird. Viele widersprechende Ergebnisse über die Glucagonwirkung werden durch diese Tatsache erklärt (53-55).

3.6. Insulin (Abb. 7)

Die periphere intravenöse Insulinverabreichung führt auf 3 Hauptwegen zu einem Abfall der Blutglucose:

1. In der Leber wird die Glykogensynthese beschleunigt und
2. die Gluconeogenese vermindert und damit der Glucoseausstoß der Leber herabgesetzt,
3. in den peripheren Geweben wird der insulinabhängige Membrantransport der Glucose in die Zellen beschleunigt (38).

Als Ergebnis der vermehrten peripheren Glykolyse und der verminderten Gluconeogenese in der Leber deuten wir den Anstieg von Lactat und Pyruvat im Blut.

Freies Glycerin zeigt einen verzögerten, freie Fettsäuren einen signifikanten, aber nicht sehr ausgeprägten Abfall, der durch eine vermehrte Wiederveresterungsrate im Fettgewebe, wo die insulininduzierte Glykolyse vermehrt Glycerophosphat zur Verfügung stellt, erklärt werden kann (17, 39).

Der Abfall der Ketonkörper und Triglyceride ist als Folge der beschriebenen vermehrten Glykolyse und verminderten Lipolyse bei vermindertem Angebot freier Fettsäuren an die Leber interpretierbar.

3.7. Sulfonylharnstoffe (Abb. 8)

Die intravenöse Verabreichung von Sulfonylharnstoffen führt über den wesentlichsten Effekt der Insulininkretion der Betazellen des Pankreas zu einer nahezu identischen Kurve der Blutglucoseabnahme, die nach 2 Stunden wieder das Ausgangsniveau erreicht hat. Für Tolbutamid ist die Dosisabhängigkeit dieses Effekts und die Korrelation mit peripheren Insulinspiegeln belegt (40).

Aber im Gegensatz zur intravenösen Insulinverabreichung zeigen die Verläufe von Pyruvat und Lactat zwischen 20 und 45 Minuten post injectionem einen signifikant niedrigeren Verlauf.

Freies Glycerin und freie Fettsäuren fallen ab im Sinn einer verminderten peripheren Lipolyse, in deren Gefolge auch Hydroxybutyrat- und Triglyceridproduktion abfallen. Der zum Zeitpunkt 10 Minuten p.i. nachweisbare Anstieg von Acetacetat läßt sich nicht ohne weiteres in das Schema einordnen.

Die unterschiedliche Wirkung zwischen peripher verabreichtem Insulin und Stimulierung der endogenen Insulinproduktion der Betazellen des Pankreas durch die Sulfonylharnstoffe auf die Metabolite hat immer wieder die Frage nach einer Wirkungsweise dieser Medikamente außerhalb der insulinvermittelten stellen lassen (41). Ein überzeugender Beweis für eine solche nicht in-

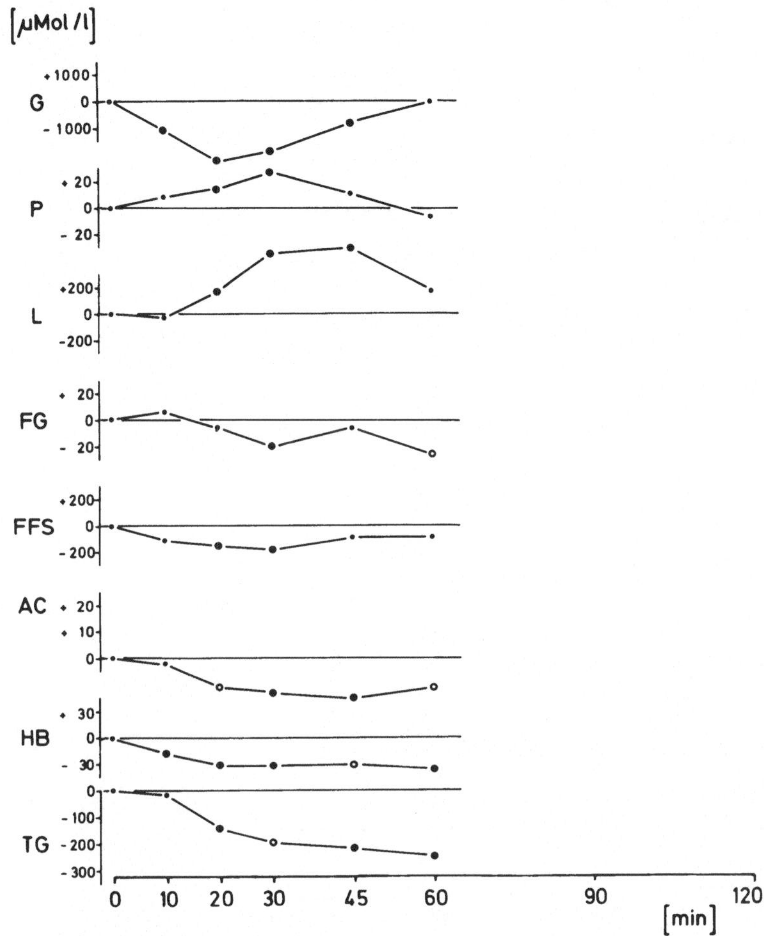

Abb. 7. Intravenöser Impuls mit Insulin.
Dosis: 0,05 E/Kg Körpergewicht; N = 10
Die Blutglucose fällt vom Ausgangsniveau 4.87±0,79±0,25 mmol/l nach 20 Minuten maximal um 2,19±0,69±0,22 mmol/l ab, entsprechend einer effektiven Dosis von - 45%. Dieser Abfall entspricht nach dem Absolutbetrag der Glucagonwirkung (Abb. 6) mit entgegengesetztem Vorzeichen. Signifikant ist der Anstieg von Pyruvat und Lactat mit einem Maximum nach 30 bzw. 45 Minuten. Die Metabolite des Fettstoffwechsels zeigen alle einen Abfall

sulinvermittelte oder extrapankreatische Wirkung der Sulfonylharnstoffe konnte bis heute nicht erbracht werden. Auch unsere Ergebnisse können eine Erklärung in dem unterschiedlichen "Applikationsort" des Insulins finden: Die endogene Produktion führt zu einer sehr starken Insulinkonzentration in der Pfortader und somit in der Leber, die ca. 60% des Pfortaderinsulins bei der ersten Passage extrahiert. Damit führt die endogene Insulinproduktion zu sehr unterschiedlichen Insulinkonzentrationen an den

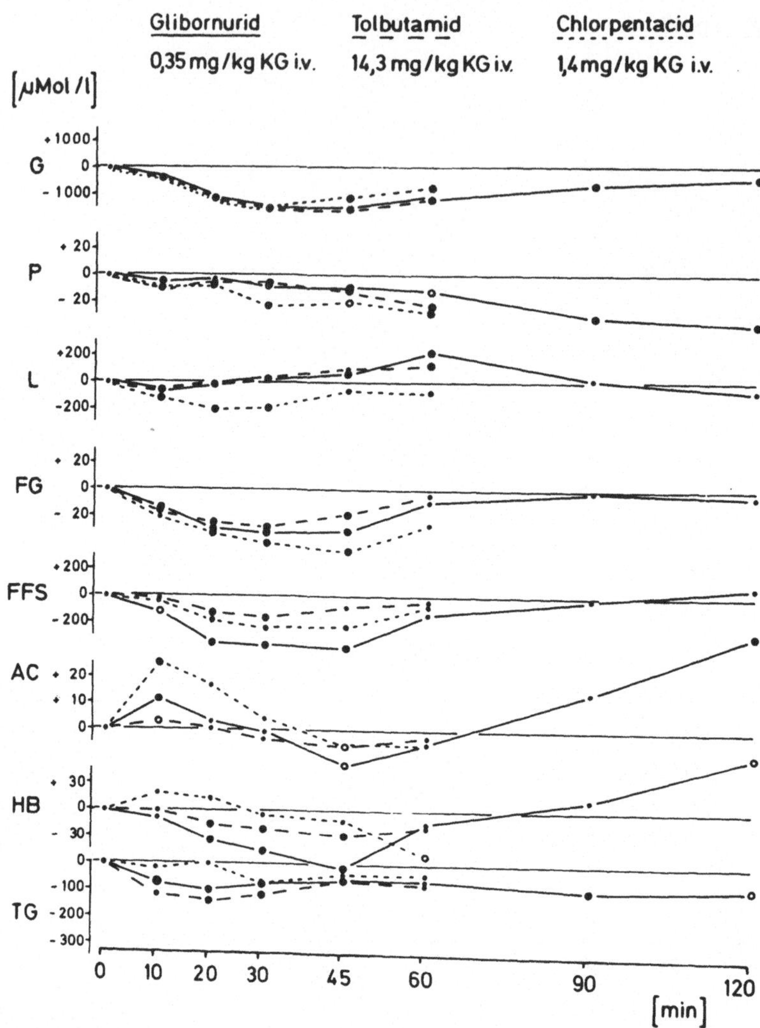

Abb. 8. Intravenöser Impuls mit Sulfonylharnstoffen.
Glibornurid: Dosis 0,35 mg/kg Körpergewicht; N = 12
Tolubatamid: Dosis 14,3 mg/kg Körpergewicht; N = 11
Chlorpentacid: Dosis 1,4 mg/kg Körpergewicht; N = 10
Die effektive Dosis der Glucosesenkung liegt bei -36%, -35% und -26%. Pyruvat und Lactat zeigen einen Abfall, erst nach 30 Minuten steigt Lactat unter Glibornurid und Tolbutamid an. Dieses Verhalten ist bei 20-30 Minuten für P und 20-45 Minuten für L im F-Test ($2p \leq 0{,}05$) signifikant different von der peripheren Insulinverabreichung (vgl. Abb. 7).
Die Metabolite des Fettstoffwechsels fallen ab

Insulinreceptoren der Leber und des peripheren Gewebes, während die periphere intravenöse Verabreichung in etwa gleiche Konzentrationen in der Peripherie wie in der Leber erwarten läßt (42-49).

Wir haben auf der Basis unserer experimentellen Daten ein stark vereinfachtes Modell entworfen und daran die Blutkonzentrationen von Insulin, Glucose und Lactat in einer Simulationsrechnung kalkuliert (Abb. 9).

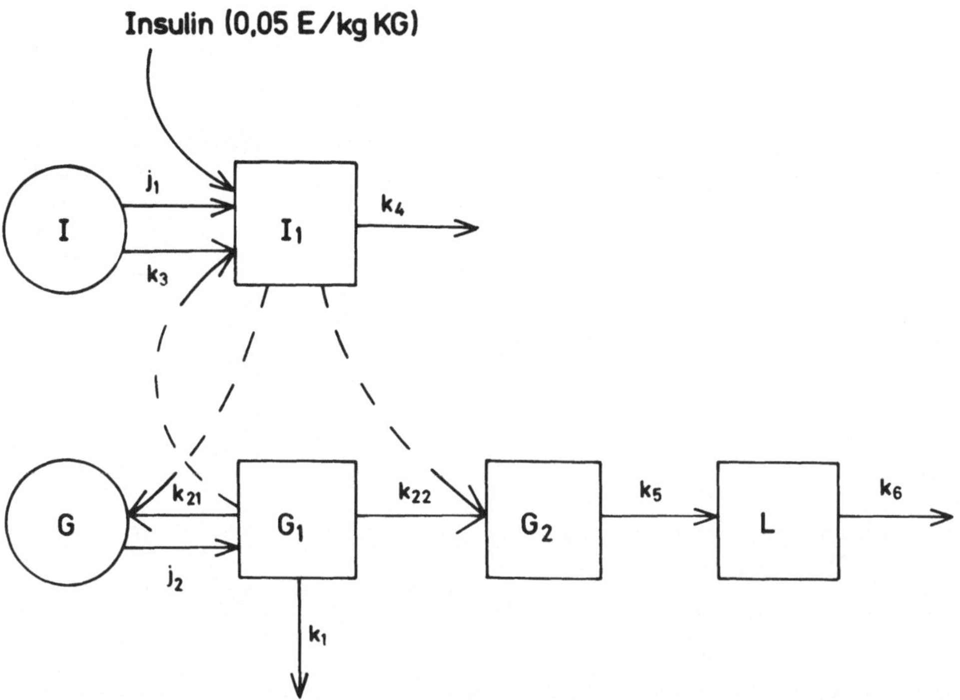

Abb. 9. Kinetisches Schema zur Insulinwirkung nach intravenöser Insulinverabreichung.
Dosis: 0,05 E/kg Körpergewicht
Es bedeuten: G = Glucosepool in der Leber, I = Insulinpool im Pankreas (mit jeweils konstanten Konzentrationen für Glucose und Insulin), G_1 = Glucose im Blut, G_2 = Glucose im peripheren Gewebe, I_1 = Insulin im Blut, L = Lactat im Blut (mit jeweils variablen Konzentrationen für Glucose, Insulin und Lactat), j_1 = konstant angenommene Bildungsgeschwindigkeit für Insulin, j_2 = konstante Bildungsgeschwindigkeit für Glucose, k_1 = Eliminationskonstante der Glucoseausscheidung, k_{21},k_{22} = Assimilationskonstanten der Glucoseaufnahme von Leber und Peripherie, k_3 = Bildungskonstante für Insulin nach Glucosestimulation, k_4 = Eliminationskonstante für Insulin, k_5 = Netto-Umsatzkonstante für die Glykolyse von Glucose zu Lactat, k_6 = Eliminationskonstante für Lactat, $\rightarrow$ = Substratflüsse, $- \rightarrow$ = Regulative Wirkungen auf Substratflüsse

Ausgehend von einem einheitlichen extracellulären Verteilungsraum für Insulin (I_1), der sowohl die Glykogenolyse in der Leber (G) als auch den Transport aus dem extracellulären Glucosepool (G_1) in die Zelle (G_2) und die dortige Glykolyse bis zum Lactat beeinflußt, läßt sich eine gute Anpassung der errechneten an die experimentell gefundenen Konzentrationsänderungen von Glucose und Lactat erreichen (Abb. 10).

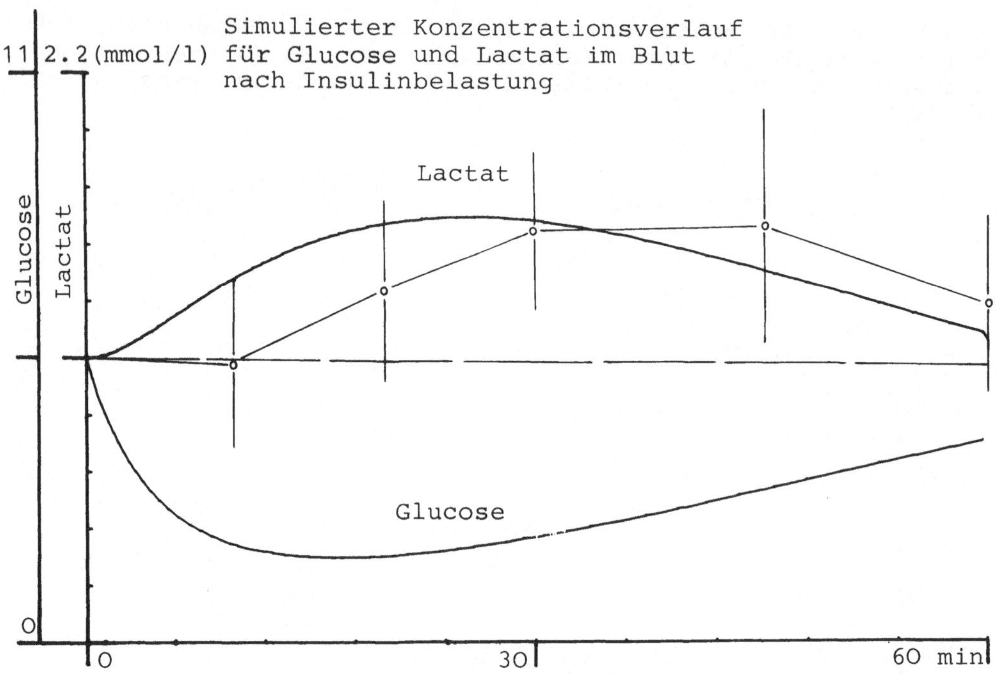

Abb. 10. Simulierter Konzentrationsverlauf für Glucose und Lactat im Blut nach intravenöser Insulinbelastung.
Zeitlicher Bereich: 0-60 Minuten. O-O Experimentell gemessene Lactatkonzentrationen. Steady state-Werte wie in Abb. 12

Zur Anpassung der unterschiedlichen Lactat-Konzentrationen nach Sulfonylharnstoffen wurde das Modell durch einen zusätzlichen Insulinpool (I_2) erweitert, der somit einerseits in einen Pool vor der Leber (I_1) und andererseits hinter der Leber mit geringerer Insulinkonzentration (I_2) getrennt wurde (Abb. 11). Allein diese Erweiterung des Modells (50) reichte unter Beibehaltung aller übrigen Konstanten aus, den verminderten Lactatanstieg im Blut zu simulieren (Abb. 12).

4. Doppelbelastungen

4.1. Glucagon und Insulin gleichzeitig (Abb. 13)

Die von uns unter Glucagonbelastung gefundene verminderte periphere Lipolyse und die diesbezüglichen widersprechenden Befunde anderer Untersucher veranlaßte uns, eine Serie von Doppelbelastungen durchzuführen. Die gewählten Konzentrationen von Glucagon und Insulin hatten jeweils bei der alleinigen Verabreichung (Abb. 5 und 6) auf die Blutglucose einen entgegengesetzten Effekt mit einer Auslenkung von +49% für Glucagon und -45% für Insulin. Das molare Verhältnis von Insulin zu Glucagon liegt ungefähr bei einem Drittel der im Hunger gefundenen molaren Konzentrations-

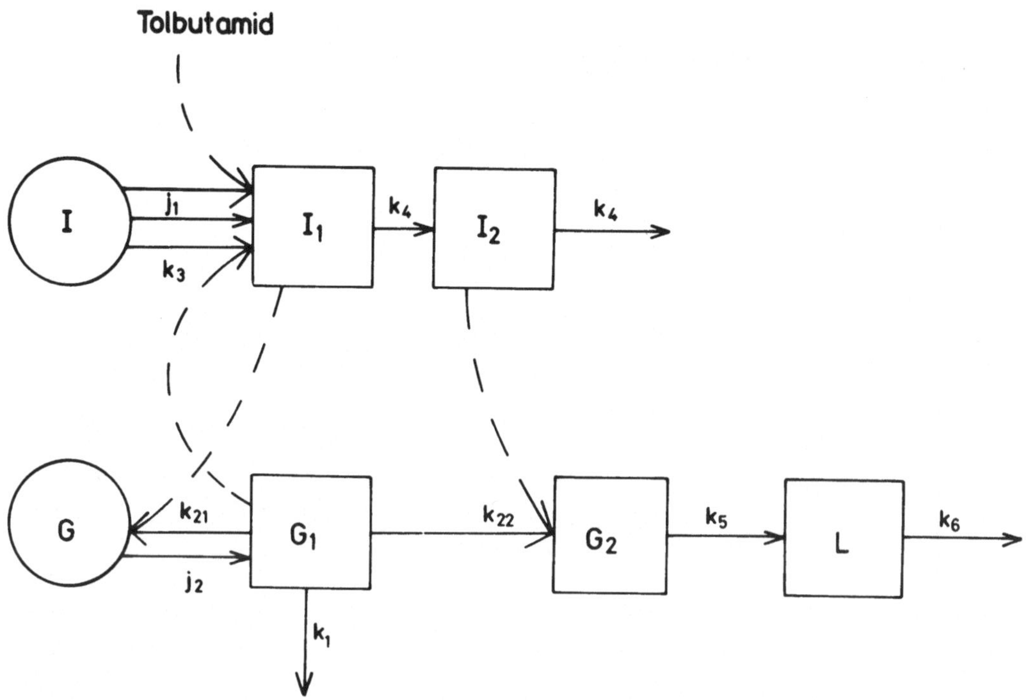

Abb. 11. Kinetisches Schema zur Insulinwirkung nach Tolbutamid-Verabreichung Dosis: 14,3 mg/kg Körpergewicht

I_1 = Insulin im Blut des Pfortadersystems, I_2 = Insulin im Blut der Peripherie (mit jeweils variablen Konzentrationen für Insulin). Zur Erläuterung der übrigen Symbole vgl. Abb. 9

rate. Unter diesen Bedingungen vermag Insulin keineswegs die glucagonstimulierte Mehrausschüttung von Glucose aus der Leber zu blockieren. Der Glucoseanstieg beträgt immer noch gut die Hälfte der alleinigen Glucagonverabreichung (51).

Erst eine halbe Stunde nach Versuchsbeginn kommt es zu einem Blutglucoseabfall, der praktisch nicht geringer ist als nach alleiniger Insulinverabreichung. Der gleichzeitige und anhaltende Anstieg von Pyruvat und Lactat deutet auf eine erheblich gesteigerte Glykolyse hin; ob die Gluconeogenese in der Leber unter der Glucagonwirkung gesteigert oder der Insulinwirkung vermindert ist, kann nicht entschieden werden (52).

Eindeutig sind die Zeichen der verminderten peripheren Lipolyse am starken Abfall von freiem Glycerin und freien Fettsäuren abzulesen.

Als deren Folge können die abfallenden Werte der Ketonkörper und Triglyceride verstanden werden.

Es ergibt sich also zwischen Glucagon und Insulin eine gekreuzte Priorität:

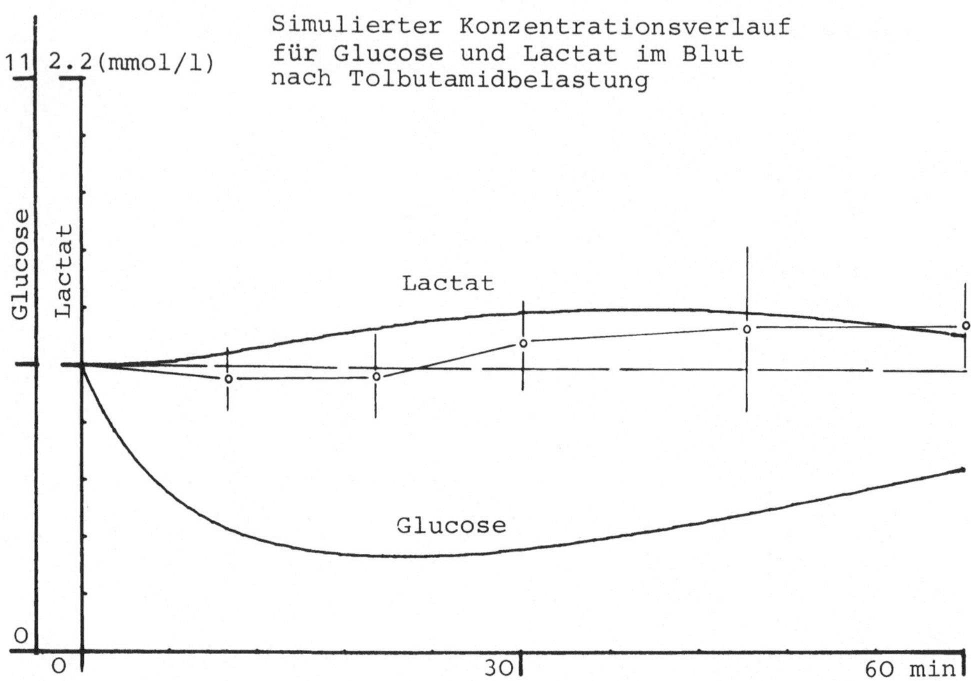

Abb. 12. Simulierter Konzentrationsverlauf für Glucose und Lactat im Blut nach Tolbutamid-Belastung.
Bezogen auf die steady state-Werte von 5,5 mmol/l für Glucose und 1,1 mmol/l für Lactat. Zeitlicher Bereich: 0-60 Minuten. 0-0 experimentell gemessene Lactat-Konzentrationen nach 10, 20, 30, 45 und 60 Minuten mit Standardabweichung

An der Leber hat Glucagon den Vorrang vor der Insulinwirkung mit einer in der Bilanz größeren Glykogenolyse und Glucoseabgabe.
In der Peripherie überwiegt Insulin die Glucagonwirkung durch die ausgeprägte Lipolysehemmung (53-55).

4.2. Glucagon und Glibornurid gleichzeitig (Abb. 14)

Die gleichzeitige Verabreichung von Glucagon mit dem Sulfonylharnstoff Glibornurid ergibt ein praktisch identisches Bild der Metabolitverschiebungen wie die Verabreichung von Glucagon und Insulin. Es kommt zu einem Blutzuckeranstieg, der aber im Vergleich zur alleinigen Glucagonverabreichung ein doppelt so hohes Maximum erreicht.

Pyruvat- und Lactatspiegel verlaufen nahezu identisch wie in der vorbeschriebenen Doppelbelastung, ebenso eindeutig sind die Abfälle von freiem Glycerin und freien Fettsäuren, nicht ganz so ausgeprägt die der Ketonkörper und Triglyceride.

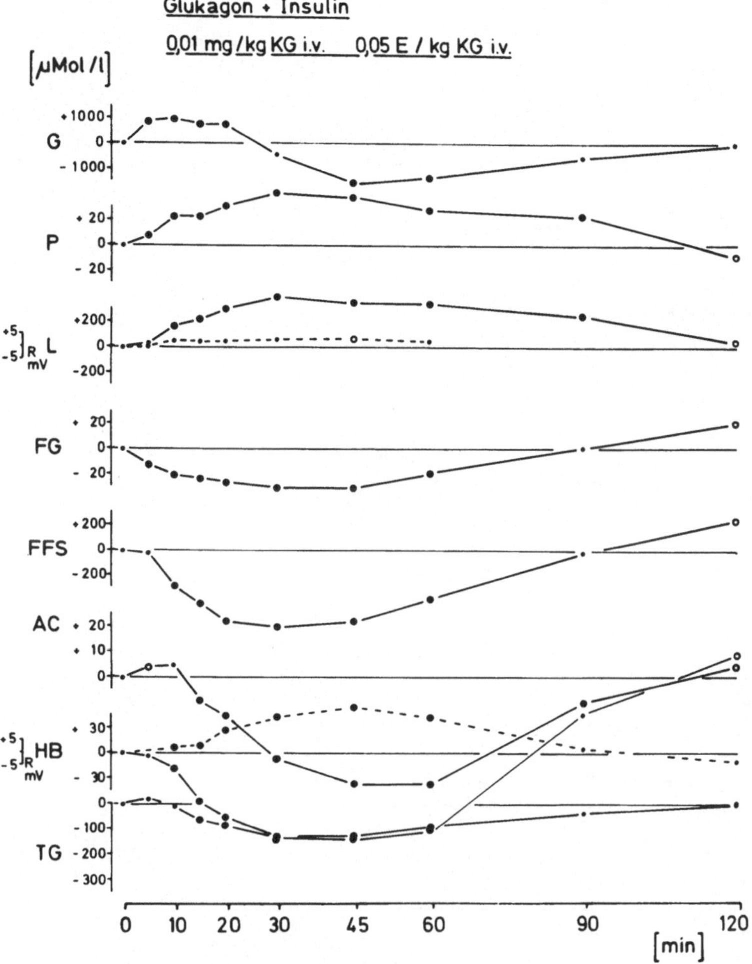

Abb. 13. Intravenöser Impuls mit gleichzeitiger Verabreichung von Glucagon und Insulin zum Zeitpunkt 0 Minuten.
Glucagon: Dosis 10 μg/kg Körpergewicht
Insulin: Dosis 0,05 E/kg Körpergewicht, N = 18
Die gestrichelten Linien stellen den Verlauf des Redoxpotentials in mV Differenz zum Ausgangsniveau für die Substratpaare Lactat-Pyruvat (L) und Hydroxybutyrat-Acetacetat (HB) dar

Als Gemeinsamkeit haben die Belastung von Glucagon und Glibornurid, Glucagon und Insulin (Abb. 13), die alleinige Verabreichung von Sulfonylharnstoffen (Abb. 8) und Glucagon (Abb. 6), daß zum Zeitpunkt 5 bzw. 10 Minuten p.i. eine Erhöhung von Acetacetat z.T. signifikant, z.T. als Tendenz nachweisbar ist. Ob dies das Ergebnis endogener Katecholaminausschüttung ist - dagegen spricht, daß es in den anderen Versuchsreihen nicht nachweisbar ist - oder als Spur der ketogenen Glucagonwirkung anzusehen ist, muß offen bleiben.

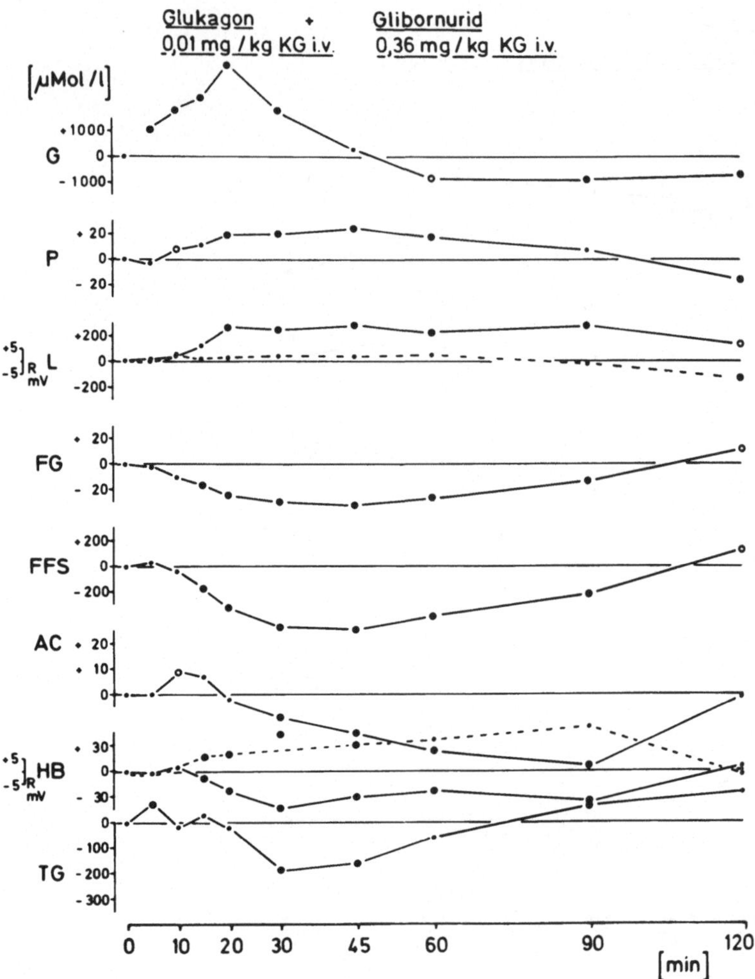

Abb. 14. Intravenöser Impuls mit gleichzeitiger Verabreichung von Glucagon und Glibornurid.
Glucagon: Dosis 10 μg/kg Körpergewicht, Glibornurid: Dosis 0,36 mg/kg Körpergewicht, N = 18

Literatur

1a. HASSELBLATT, A., BRUCHHAUSEN, F. VON (Hrsg.): Insulin II. Berlin, Heidelberg, New York: Springer 1975

1b. SCHATZ, H.: In: WEITZEL, G. und ZÖLLNER, N. (Hrsg.). Insulin. Biosynthese und Sekretion. Stuttgart: Thieme 1976

2. LEFEBVRE, P.J., UNGER, R.H. (Eds.): Glukagon. London, New York: Pergamon Press 1972

3a. DUBACH, U.C., BÜCKERT, A. (Eds.): Recent hypoglycemic sulfonylureas. Bern, Stuttgart, Vienna: Hans Huber Publishers 1970

3b. SCHÖFFLING, K., KRONENBERG, G., LAUDAHN, G. (Hrsg.): Glisoxepid. Stuttgart: Schattauer 1974
4. CERASI, E.: Mechanismus of glucose stimulated insulin secretion in health and in diabetes: Some re-evaluations and proposals. Diabetologia 11, 1 (1975)
5. RANDLE, P.J., GARLAND, P.B., HALES, C.N., NEWSHOLME, E.A.: The glucose fatty-acid cycle. Lancet 1963/I, 785
6. BALASSE, E.O., NEEF, M.A.: Operation of the "glucose-fatty acid cycle" during experimental elevations of plasma free fatty acid levels in man. Europ. J. Clin. Invest. 4, 247 (1974)
7. EGGSTEIN, M., KREUTZ, F.H.: Über Wechselbeziehungen zwischen Blutfetten und Glucosemetaboliten. Verh. dtsch. Ges. Inn. Med. 67, 702 (1961)
8. EGGSTEIN, M.: Zur Regulation des Serumneutralfettes und seiner Spaltprodukte und von Glucose, Lactat und Pyruvat im Blut. Verh. dtsch. Ges. Inn. Med. 71, 476 (1965)
9. BERG, G., MATZKIES, F.: Serumlipoproteide und Ketonkörper nach intravenöser Dauerinfusion von Sorbit. Klin. Wschr. 53, 187 (1975)
10. BERG, G., MATZKIES, F.: Stoffwechselwirkungen einer Kohlenhydratkombinationslösung (Glucose, Fructose, Xylit 2:2:1) bei parenteraler Ernährung. Dtsch. med. Wschr. 101, 369 (1976)
11. EGGSTEIN, M., KNODEL, W., KREMER, H., BAETZNER, P.: Substrat- und Metabolitverschiebungen im Blut nach Adrenalin und β-Rezeptorenblockern. Klin. Wschr. 45, 943 (1967)
12. HIMMS-HAGEN, J.: Effects of catecholamines on metabolism. In: BLASCHKO, H. and MUSCHOLL, E. (Eds.). Catecholamines. Handb. Exp. Pharm. Vol. 33. Berlin, Heidelberg, New York: Springer 1972
13a.BURR, I.M., SLONIM, A.E., SHARP, R.: Interactions of acetylcholine and epinephrine on the dynamics of insulin release in vitro. J. Clin. Invest. 58, 230 (1976)
13b.TURNER, R.C., HART, G., LONDON, D.R.: Suppression of basal insulin secretion by adrenalin in normal man and in patients with insulinomas. Diabetologia 13, 19 (1977)
14. GREENE, M.D.: Effect of epinephrine on lactate, pyruvate and excess lactate production in normal human subjects. J. Lab. Clin. Med. 58, 682 (1961)
15. WILLIAMSON, J.R.: Metabolic effects of epinephrine in the isolated perfused rat heart. J. Biol. Chem. 239, 2721 (1964)
16. DAVIS, E.A.: The effects of insulin and adrenalin on the metabolism of glucose and lactate by perfused guinea pig hearts. Can. J. Biochem. 43, 1001 (1965)
17. GRIES, F.A., BERGER, M., OBERDISSE, K.: Untersuchungen zum antilipolytischen Effekt des Insulins am menschlichen Fettgewebe in vitro. Diabetologia 4, 262 (1968)
18. ZAPF, J., FEUERLEIN, D., WALDVOGEL, M., FROESCH, E.R.: Increased sensitivity of diabetic rat adipose tissue towards the lipolytic action of epinephrine. Diabetologia 11, 509 (1975)
19. MULLER, W.A., AOKI, T.T., EGDAHL, R.H., CAHILL, G.F.Jr.: Effects of exogenous glucagon and epinephrine in physiological amounts on the blood levels of free fatty acids and glycerol in dogs. Diabetologia 13, 55 (1977)

20. ROBERTSON, R.P., HALTER, J.B., PORTE, D.Jr.: A role for alpha-adrenergic receptors in abnormal insulin secretion in diabetes mellitus. J. Clin. Invest. 57, 791 (1976)
21. BACHMANN, G.W.: Beta-Sympathicolyse als therapeutisches Prinzip. Kurzmonographie 7. Nürnberg: Sandoz AG 1972
22a. BURNS, T.W., MOHS, J.M., LANGLEY, P.E., YAWN, R., CHASE, G.R.: Regulation of human lipolysis. J. Clin. Invest. 53, 338 (1974)
22b. KOIVISTO, V.A., NIKKILÄ, E.A., AKERBLOM, H.K.: Influence of norepinephrine and exercise on lipolysis in adipose tissue of diabetic rats. Diabetologia 11, 401 (1975)
23. SCHADE, D.S., EATON, R.P.: Modulation of fatty acid metabolism by glucagon in man. III. Diabetes 24, 1020 (1975)
24. SCHADE, D.S., EATON, R.P.: Modulation of fatty acid metabolism by glucagon in man. II. Diabetes 24, 510 (1975)
25. DIETZE, G., WICKLMAYR, M., HEPP, K.D., BOGNER, W., MEHNERT, H., CZEMPIEL, H., HENFTLING, H.G.: On gluconeogenesis of human liver. Diabetologia 12, 555 (1976)
26. SPECTOR, A.A.: Fatty acid binding to plasma albumin. J. Lipid. Res. 16, 165 (1975)
27a. EGGSTEIN, M.: Probleme der Fett- und Kohlenhydratstoffwechselüberwachung von Schwerkranken bei partieller und totaler parenteraler Ernährung. Verh. dtsch. Ges. Inn. Med. 74, 321 (1968)
27b. GREY, N.J., KARL, I., KIPNIS, D.M.: Physiologic mechanisms in the development of starvation ketosis in man. Diabetes 24, 10 (1975)
28. SHERWIN, R.S., FISHER, M., HENDLER, R., FELIG, P.: Hyperglucagonemia and blood glucose regulation in normal obese and diabetic subjects. New Engl. J. Med. 294, 455 (1976)
29. RECANT, L., ALP, H., KOCH, M., EGGEMAN, J.: Non-esterified-fatty-acid releasing mechanism in diabetic serum. Lancet 1963/II, 614
30. VANGBAU, M., BERGER, J.E., STEINBERG, D.: Hormone sensitive lipase und monoglyceride lipase activities in adipose tissue. J. Biol. Chem. 239, 401 (1964)
31. LÖFFLER, G., GEERLING, H., WEINGES, K.F.: Der Glukosestoffwechsel des isolierten Fettgewebes bei Lipogenese und Lipolyse. Verh. dtsch. Ges. Inn. Med. 71, 470 (1965)
32. SCHADE, D.S., EATON, R.P.: Modulation of fatty acid metabolism by glucagon in man. I. Diabetes 24. 502 (1975)
33. EATON, R.P.: Evolving role of glucagon in human diabetes mellitus. Diabetes 24, 523 (1975)
34. SAMOLS, E., MARRI, G., MARKS, V.: Promotion of insulin secretion by glucagon. Lancet 1965/II, 415
35. SAMOLS, E., MARRI, G., MARKS, V.: Interrelationship of glucagon, insulin and glucose. Diabetes 15, 855 (1966)
36. SCHADE, D.S., EATON, R.P.: The contribution of endogenous insulin secretion to the ketogenic response to glucagon in man. Diabetologia 11, 555 (1975)
37. LILJENQUIST, J.E., BOMBOY, J.D., LEWIS, S.B., SINCLAIR-SMITH, B.C., FELTS, P.W., LACY, W.W., CROFFORD, B.O., LIDDLE, G.W.: Effects of glucagon on lipolysis and ketogenesis in normal and diabetic men. J. Clin. Invest. 53, 190 (1974)
38. GARBER, A.J., CRYER, P.E., SANTIAGO, J.V., HAYMOND, M.W., PAGLIARA, A.S., KIPNIS, D.M.: The role of adrenergic mechanisms in the substrate and hormonal response to insulin-induced hypoglycemia in man. J. Clin. Invest. 58, 7 (1976)

39. ÖSTMAN, J., BACKMAN, L., HALLBERG, D.: Cell size and the antilipolytic effect of insulin in human subcutaneous adipose tissue. Diabetologia 11, 159 (1975)
40. GANDA, O.P., KAHN, C.B., SOELDNER, J.S., GLEASON, R.E.: Dynamics of tolbutamide, glucose, and insulin interrelationships following varying doses of intravenous tolbutamide in normal subjects. Diabetes 24, 354 (1975)
41. BAUMEISTER, G., WAGNER, H., STAHL, M.: Klinisch experimentelle Untersuchungen zur Beeinflussung der pankreatischen Glukagoninkretion durch Tolbutamid und Glibenclamid. Klin. Wschr. 53, 571 (1975)
42. BITTNER, R., BEGER, H.G., KRASS, E., ROSCHER, R.: Glucoseverwertung und Dynamik der Insulinsekretion. Messungen nach intraabdominellen Operationen. Klin. Wschr. 53, 861 (1975)
43. BLACKARD, W.G., NELSON, N.C.: Portal and peripheral vein immunoreactive insulin concentrations before and after glucose infusion. Diabetes 19, 302 (1970)
44. KARAKASH, C., ASSIMACOPOULOS-JEANNET, F., JEANRENAUD, B.: An anomaly of insulin removal in perfused livers of obese-hyperglycemic (ob/ob) mice. J. Clin. Invest. 57, 1117 (1976)
45. TERRIS, S., STEINER, D.F.: Retention and degration of ^{125}I-insulin by perfused livers from diabetic rats. J. Clin. Invest. 57, 885 (1976)
46. SIREK, O.V., SIREK, A., POLICOVA, Z.: Inhibition of sulphonylurea-stimulated insulin secretion by beta adrenergic blockade. Diabetologia 11, 269 (1975)
47. KRAAS, E., BITTNER, R., MEVES, M., BEGER, H.G.: Insulinkonzentrationen im Pfortaderblut des Menschen nach Glucose-Infusion. Klin. Wschr. 52, 404 (1974)
48. BITTNER, R., BEGER, H.G., KRAAS, E.: Profil der glucosestimulierten Insulinsekretion im Pfortaderblut des Menschen. Klin. Wschr. 52, 575 (1974)
49. JOHNSTON, D.G., ALBERTI, K.G.M.M., FABER, O.K., BINDER, C., WRIGHT, R.: Hyperinsulinism of hepatic cirrhosis: Diminished degradation or hypersecretion? Lancet 1977/I, 10
50. GEISELER, D., SCHMÜLLING, R.M., EGGSTEIN, M.: Ein systemtheoretisches Modell zum Verständnis der unterschiedlichen Glykolyseaktivierung nach intravenöser Insulin- bzw. Tolbutamidverabreichung. 12. Jahrestagung Deutsche Diabetes-Gesellschaft Homburg/Saar Mai 1977. NOVO-Information, Vortrag 17a (1977)
51a. MULLER, W.A., FALOONA, G.R., UNGER, R.H.: The influence of the antecedent diet upon glucagon and insulin secretion. New Engl.J. Med. 285, 1450 (1971)
51b. MACKRELL, D.J., SOKAL, J.E.: Antagonism between the effects of insulin and glucagon on the isolated liver. Diabetes 18, 724 (1969)
52. PARRILLA, R., GOODMAN, M.N., TOEWS, C.J.: Effect of glucagon: Insulin ratios on hepatic metabolism. Diabetes 23, 725 (1974)
53. GERICH, J.E., LORENZI, M., BIER, D.M., SCHNEIDER, V., TSALIKIAN, E., KARAM, J.H., FORSHAM, P.H.: Prevention of human diabetic ketoacidosis by somatostatin. New Engl. J. Med. 292, 985 (1975)
54. ALBERTI, K.G.M.M., CHRISTENSEN, N.J., IVERSEN, J., ØRSKOV, H.: Role of glucagon and other hormones in development of diabetic ketoacidosis. Lancet 1975/I, 1307

55. GERICH, J.E., LORENZI, M., BIER, D.M., TSALIKIAN, E., SCHNEIDER, V., KARAM, J.H., FORSHAM, P.H.: Effects of physiologic levels of glucagon and growth hormone on human carbohydrate and lipid metabolism. J. Clin. Invest. 57, 875 (1976)

Tierexperimentelle Untersuchungen zur Pathogenese der Fettleber

R. Kattermann

Die Pathobiochemie, Diagnostik und Therapie der Fettleber - auch als "Leberzellverfettung, Fettinfiltration der Leber" oder "Steatosis hepatis" bezeichnet - steht nach wie vor im Mittelpunkt des ärztlichen Interesses. Dies mag einmal an der Häufigkeit ihres Vorkommens liegen, zum anderen an der Tatsache, daß das Symptom Fettleber nicht selten ein Alarmsignal für andere, meist ernstere Krankheiten darstellt. In diesem Zusammenhang ist auf das erstmals von REYE und Mitarbeitern (25) beschriebene, gleichzeitige Vorkommen von Fettleber und Encephalopathie bei Kindern hinzuweisen. Die Pathobiochemie dieses bedrohlichen, im Gefolge von Viruserkrankungen auftretenden Krankheitsbildes ist bis jetzt noch ungeklärt. Neuere morphologische und histochemische Befunde von BOVE und Mitarbeitern (5) deuten auf eine Schädigung der Mitochondrien, eine Störung des Tricarbonsäure-Cyclus und eine mangelnde Ammoniak-Entgiftung in der Leber hin. Es erscheint demnach berechtigt, sich u.a. mit dem Fettstoffwechsel der Leber und seinen Beziehungen zu cerebralen Funktionen zu beschäftigen. Wir werden im folgenden sehen, welche tierexperimentellen Modelle heute für die pathobiochemische Forschung zur Verfügung stehen. Zuvor sollen jedoch einleitend die Definition, Häufigkeit und Ätiologie der menschlichen Fettleber in der hier gebotenen Kürze dargestellt werden.

1. Die menschliche Fettleber

1.1. Definition

Unter Fettleber versteht man beim Menschen eine Zunahme des Lipidgehaltes über den Normbereich von 2-4% (w/w) bezogen auf das Leberfeuchtgewicht. Ein Anstieg auf 5-10% Triglyceridgehalt entspricht einer beginnenden, 10-25% einer mäßigen und 20-50% einer schweren Fettleber. Nach THALER (33) ist die Fettleber keine Krankheit, sondern das morphologisch faßbare Zustandsbild eines gestörten Fettstoffwechsels in der Leber. Obwohl eine quantitative Bestimmung der Triglyceride im Biopsiezylinder prinzipiell möglich ist, hat sich diese Methode für die hepatologische Routinediagnostik bisher nicht durchsetzen können. Wahrscheinlich wird die Diagnose "Fettleber" aufgrund des pathologisch-histologischen Bildes zu häufig gestellt. Bei der histologischen Beurteilung sollte man von einer Fettleber nur dann sprechen, wenn mindestens 50% aller Hepatocyten eine Verfettung aufweisen. Zusätzliche, im Licht- oder Elektronenmikroskop sichtbare Veränderungen an subcellulären Strukturen werden in der Regel nur nach Einwirkung hepatotoxischer Substanzen, besonders bei chronischem

Alkoholismus beobachtet. In diesen Fällen kommt es neben der Leberzellverfettung zu mesenchymalen Reaktionen, für die sich eine Einteilung in 3 Stadien klinisch bewährt hat (s. Tab. 1). Von

Tabelle 1. Stadieneinteilung der Fettleber und Zuordnung von histologischen und laborchemischen Befund-Konstellationen.
Nach MÜTING et al. (21) und THALER (33)

Stadium	Histologischer Befund	Laborbefunde
I "Fettleber"	Klein- bis mitteltropfige Verfettung ohne entzündliche Reaktion in 50% der Hepatocyten	Erhöhung von Gamma - GT und GLDH Anstieg des Blutammoniak Path. BSP - Retention
II "Fettleber-Hepatitis"	Mittel- bis großtropfige Verfettung und randständige Verdrängung des Zellkerns; periportale Rundzellinfiltrate	Erhöhung von Gamma-GT, GLDH, GPT und GOT Anstieg von NH_3 + Phenolen Erhöhung der Gamma-Globuline
III "Fettcirrhose"	Einzelzellnekrosen, Verfettung und periportale Bindegewebsbildung	wie oben unter I + II Abnahme von Albumin und Gerinnungsfaktoren

KLINGE und Mitarbeitern (18) wurde neuerdings auch über das Vorkommen von Zellkernveränderungen bei der menschlichen Fettleber berichtet.

1.2. Häufigkeit

Über das Vorkommen der Fettleber gibt es unterschiedliche Häufigkeitsangaben, die einmal von den Lebens- und Ernährungsgewohnheiten der untersuchten Kollektive, besonders aber vom Ausmaß des Alkoholkonsums abhängen. Bei Auswertung seines Krankengutes in Wien anhand von 10970 Leberbiopsien fand THALER (33) in 2907 Fällen die morphologischen Zeichen einer Fettleber, d.h. bei 26,5% seiner Patienten. Ähnliche Häufigkeitsangaben sind auch für die BRD berichtet worden, wobei man nicht vergessen sollte, daß die Indikation zur Leberbiopsie bereits eine erhebliche Selektion darstellt. In einer neueren Übersicht berichten MÜTING und Mitarbeiter (21) über eine 3- bis 4fache Zunahme der Fettleber-Häufigkeit in den letzten 20 Jahren.

1.3. Ätiologie

Als Ursachen der menschlichen Fettleber kommen in den Industrienationen vor allem chronischer Alkoholabusus, Überernährung und Diabetes mellitus, in den Entwicklungsländern dagegen Unterernährung bzw. Proteinmangelernährung in Frage. Auch Medikamente und gewerbliche hepatotoxische Substanzen dürfen angesichts zunehmender Exposition mit diesen Stoffen nicht außer acht gelassen werden. Das Zusammentreffen mehrerer ätiologischer Faktoren - z.B. chronischer Alkoholismus und Übergewicht - wird häufig beobachtet und beschleunigt die Entwicklung einer Fettleber bzw. Fettcirrhose. In der folgenden Abbildung wurde versucht, die für die Entstehung der menschlichen Fettleber wichtigsten ätiologischen Faktoren in 3 Gruppen einzuteilen (s. Tab. 2). Äthanol

Tabelle 2. Ätiologie der menschlichen Fettleber

1. Nutritive Faktoren	2. Hormonale Faktoren	3. Toxische Faktoren
1.1 - Äthanol	2.1 - Diabetes mellitus (Übergewicht!)	3.1 - Hypoxie, Anämie (Stauungsleber)
1.2 - Überernährung, Adipositas	2.2 - Hypercorticismus (M. CUSHING)	3.2 - Organische Lösungsmittel
1.3 - Unterernährung Kwashiorkor	2.3 - Hyperthyreose	3.3 - Pilzgifte, Antibiotica
1.4 - Mangelernährung (Vitamine, Cholin?)	2.4 - Phäochromocytom	3.4 - Bakterielle und virale Toxine

steht hier bei den nutritiven Faktoren, könnte aber wegen der nachgewiesenen Stimulierung adrenerger Receptoren im Fettgewebe bzw. wegen seiner hepatotoxischen Eigenschaften mit gleichem Recht in Gruppe 2 oder 3 aufgeführt werden. Auf die Fettleber bei Über- oder Unterernährung soll hier nicht weiter eingegangen werden, das Problem der sogen. "Cholinmangel-Fettleber" wird später noch kurz erörtert.

Auch im Gefolge endokrinologischer Erkrankungen kommt es häufig zur Entwicklung einer Fettleber, wobei die Stimulierung der peripheren Lipolyse im Vordergrund steht. Die zeitweise heftig diskutierte Frage der "diabetischen Fettleber" ist heute dahingehend entschieden, daß diese Fetteinlagerung in der Regel nur bei übergewichtigen Altersdiabetikern vorkommt. Sie beruht auf einem erhöhten Influx freier Fettsäuren in die Leber, worauf EGGSTEIN (9) schon 1967 hingewiesen hat. BERINGER und THALER (2) berichteten 1970 über die Ergebnisse von Leberbiopsien an 465 übergewichtigen Altersdiabetikern. Es zeigte sich, daß der Verfettungsgrad der Leber vom Ausmaß des Übergewichts, nicht aber von der Diabetesdauer oder der Güte der Diabeteseinstellung abhängig war. Eine umfassende Darstellung dieser klinisch sehr wichtigen Zusammenhänge wurde 1970 von CREUTZFELDT und Mitarbeitern (6) gegeben. Die 3. Gruppe der "toxischen Faktoren" schließlich kann an dieser Stelle nicht näher differenziert werden, da es sich um eine Vielzahl sehr heterogener Substanzen handelt. Auch hier sei auf eine neuere Übersicht von DIANZANI (8) verwiesen.

2. Pathobiochemie der Fettleber

Die in Abbildung 2 getroffene Zuordnung führt zu der Frage, welche pathobiochemische Kausalkette oder welche "biochemische Konstellation" jeder der 3 Gruppen gemeinsam ist. Ohne Berücksichtigung des Alkohols, der in vielfacher Hinsicht eine Sonderstellung einnimmt, gelangt man zu einer Einteilung (Tab. 3),

Tabelle 3. Biochemische Konstellationen bei unterschiedlicher Ätiologie der Fettleber

	Nutritive Faktoren	Hormonale Faktoren	Toxische Faktoren
Fett und KH-Resorption	*gesteigert*	normal	normal
Lipolyse im Fettgewebe	normal oder vermindert	*gesteigert*	normal oder gesteigert
Synthese und Sekretion von Lipoproteinen	gesteigert	gesteigert	*vermindert*

bei der für die 1. Gruppe die vermehrte Resorption von Fetten und Kohlenhydraten mit der Nahrung, für die 2. Gruppe die gesteigerte Lipolyse im Fettgewebe und für die 3. Gruppe eine quantitativ oder qualitativ veränderte Lipoproteinsynthese in der Leber pathobiochemisch im Vordergrund steht. Diese Aussagen stützen sich auf Befunde, die teilweise am Menschen, überwiegend jedoch im Tierexperiment gewonnen wurden. Bekanntlich lassen sich die Ergebnisse von Tierversuchen nicht ohne weiteres auf den Menschen übertragen. Gerade die Fettleber-Forschung liefert ein bekanntes Beispiel für diese Tatsache: Im Jahre 1949 kamen BEST und HARTROFT (3) aufgrund von Ernährungsstudien mit und ohne Alkoholbelastung an der Ratte zu dem Schluß, daß der alkoholische Leberschaden lediglich auf einem ernährungsbedingten Mangel an Eiweiß, besonders aber Cholin beruhe. Diese Auffassung fand rasch Eingang in die Klinik und hat sich fast 20 Jahre halten können, bis sie von RUBIN und LIEBER (26) experimentell widerlegt wurde. Diese Autoren konnten an der Ratte und am Menschen mit einer definierten, akuten Äthanolbelastung zeigen, daß dieser sehr wohl hepatotoxisch im Sinne einer Leberverfettung wirkt. Die durch akute oder chronische Äthanolgabe verursachte Leberzellverfettung ließ sich weder bei der Ratte noch beim Menschen durch hohe Proteinzufuhr oder massive Cholingabe verhindern. Damit war das Dogma von der Priorität des Cholin- bzw. Proteinmangels widerlegt. Die irreführenden Ergebnisse von BEST und HARTROFT (3) und deren unzulässige Übertragung auf den Menschen beruhten

a) auf einer fehlerhaften Versuchsanordnung, bei der die Tiere den Alkohol im Trinkwasser erhielten. Wegen der natürlichen Abneigung der Ratte gegen den Alkohol wurden viel zu niedrige Blutspiegel bzw. Äthanol-Konzentrationen in der Leber erreicht.

b) auf einer fehlenden Information über die unterschiedliche Enzymausstattung der Ratten- bzw. Menschleber. Letztere enthält nach den Untersuchungen von SIDRANSKY und FARBER (30) nur geringe Aktivitäten an Cholinoxydase, was beim Menschen eine weitgehende Resistenz gegen Cholinmangel bewirkt.

Die Pathobiochemie der alkoholisch bedingten Leberverfettung ist im übrigen Gegenstand zahlloser experimenteller Untersuchungen gewesen, auf die einzugehen hier nicht der Platz ist. Von den verschiedenen bisher diskutierten Mechanismen scheint nach den Untersuchungen von BODE und GOEBELL (4) die Mobilisierung von freien Fettsäuren (FFS) im peripheren Fettgewebe im Vordergrund zu stehen (s. Abb. 1). Nach einer einmaligen Alkoholgabe von

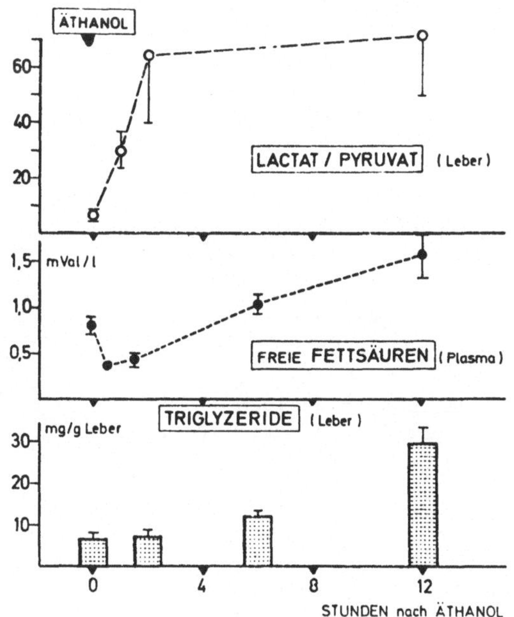

Abb. 1. Einfluß einer einmaligen Alkoholgabe auf den Quotienten Lactat/Pyruvat in der Leber, die Konzentration der freien Fettsäuren im Plasma und den Triglyceridgehalt der Leber bei der Ratte.
Dosis: 5 g/kg Körpergewicht.
Nach BODE und GOEBELL (4)

5 g/kg steigen die FFS im Plasma der Ratte innerhalb von 12 Std. auf etwa das doppelte des Ausgangswertes an. In der Leber kommt es zu einer Zunahme des Reduktionszustandes des cytoplasmatischen NAD-Systems, was zu einer Erhöhung der stationären Konzentration von α-Glycerophosphat um einen Faktor 3,5 führt. Neben der dadurch begünstigten Reveresterung scheint nach den Untersuchungen von FISCHEL und OETTE (13) eine unter Äthanol gedrosselte Fettsäure-Oxydation für die Leberzellverfettung ursächlich verantwortlich zu sein. Nach BODE und GOEBELL (4) ist die Neusynthese von Fettsäuren aus dem Acetyl-CoA-pool unter akuter Alkoholbelastung nicht gesteigert, sondern befindet sich durch den Anstieg langkettiger Acyl-CoA-Ester in einem gehemmten Zustand. Obwohl die geschilderten Befunde vielfältig gesichert und gut

miteinander vereinbar sind, scheint eine endgültige Entscheidung über das Zustandekommen der alkoholischen Fettleber noch nicht möglich zu sein.

3. Lipoproteinstoffwechsel in der Leber

Der entscheidende Durchbruch zum Verständnis der Fettleberpathogenese erfolgte in den frühen 60'er Jahren durch die Beobachtung von RECKNAGEL und LOMBARDI (24), daß die nach Gabe von Tetrachlorkohlenstoff auftretende Leberverfettung durch einen Block in der Triglyceridsekretion von der Leber ins Plasma bedingt war. Die gleichen Autoren wiesen nach, daß der schon seit langem als lebertoxisch bekannte Tetrachlorkohlenstoff die Synthese des Proteinanteils der Plasma-Lipoproteine hemmt. Damit war es erstmals möglich, das morphologische Phänomen "Fettleber" molekularbiologisch zu untersuchen und zu begründen. Es ist heute für mindestens ein Dutzend verschiedener Substanzen einwandfrei bewiesen, daß der intracellulären Lipidablagerung eine signifikante Hemmung der hepatischen Lipoproteinsynthese vorausgeht. Die wichtigsten dieser Substanzen sind in Tabelle 4 zusammengestellt.

Tabelle 4. Hemmstoffe der hepatocellulären Proteinsynthese bzw. Sekretion. Entwicklung der Fettleber nur bei einem Teil der untersuchten Substanzen. Einzelheiten siehe Text

Substanz	Fettleber	Wirkungsmechanismus
Actinomycin D	-	Hemmung der DNA-abhängigen
α-Amanitin	-	mRNA-Synthese ("Transscription")
Aflatoxin B 1	+	
Äthionin	+	ATP-Verarmung
Galaktosamin	+	UTP-Verarmung
Orotsäure	+	Hemmung der Lipoprotein-Sekretion
Cycloheximid	-	Hemmung der mRNA-abhängigen
Puromycin	+	Proteinsynthese ("Translation")
Emetin	+	
Cytochalasin B	-	Hemmung der Lipoprotein -
Vinblastin	+	Sekretion (GOLGI-Vesicel)
Colchicin	+	

Darunter befinden sich Verbindungen wie *Actinomycin D*, *α-Amanitin* und *Aflatoxin B 1* mit dem Angriffspunkt an der DNS-abhängigen RNS-Polymerase. Eine Fettleber-Entwicklung ist aber nur für Aflatoxin bewiesen. Demgegenüber wirken z.B. *Cycloheximid* oder *Puromycin* auf der Stufe der Translation, d.h. der an den Ribosomen erfolgenden Peptidverknüpfung. Als Wirkungsmechanismus des *Äthionins*, der *Orotsäure* und des *Galaktosamins* ist eine Verarmung der Zelle an Adenin- bzw. eine Umverteilung von Uracilnucleotiden bewiesen. *Colchicin* blockiert die kontraktilen Elemente der Leberzelle und hemmt dadurch die Ausschleusung der Lipoproteine aus dem GOLGI-Apparat. Der pathobiochemische Wirkungsmechanismus einiger der oben genannten Substanzen soll im folgenden - z.T. anhand eigener experimenteller Ergebnisse - eingehender dargestellt werden.

3.1. Orotsäure

Von STANDERFER und HANDLER (31) wurde erstmals mitgeteilt, daß sich bei der Ratte durch orale Gabe von 1% Orotsäure in einer synthetischen Diät nach ca. 20-30 Tagen das Vollbild einer Fettleber erzeugen läßt. Diese Beobachtung wurde später von anderen Autoren (10, 11, 36) bestätigt und in verschiedener Hinsicht erweitert. Wir selbst untersuchten gemeinsam mit SICKINGER (29) die Wirkungen parenteral applizierter Orotsäure auf den Lipid- und Glykogengehalt der Rattenleber unter den Bedingungen einer 4tägigen Dauerinfusion. Dabei wurde männlichen Spraque-Dawley-Ratten im Gewicht 200-250 g über einen in der Vena cava superior liegenden, dünnen Polyäthylenkatheter Cholin-Orotat in einer Dosis von 160 mg/kg/die (ca. 1 mMol/kg bezogen auf Orotsäure) infundiert. Am Ende des Versuchs wurden die Tiere durch Herzpunktion in Narkose getötet und die Lebern entnommen. Bei der statistischen Auswertung zeigten die Versuchstiere gegenüber den mit Ringer-Lösung oder Cholinchlorid-Ringerlösung infundierten Kontrolltieren eine signifikante Zunahme des Leberfeuchtgewichtes und eine 3-4fache Erhöhung des Glykogengehaltes der Leber (s. Tab. 5). Dagegen ließ sich in unseren Experimenten

Tabelle 5. Glykogen- und Lipidgehalte der Rattenleber nach 4-tägiger intravenöser Dauerinfusion von Cholinchlorid bzw. Cholinorotat.
Dosis: 67 mg/die = 160 mg/kg bezogen auf Orotsäure.
Angabe des Mittelwertes und der Standardabweichungen von jeweils 10 Experimenten. Weitere Einzelheiten s. bei (29)

Konzentrationen in der Leber (mg/g Feuchtgewicht)	4-tägige Dauerinfusion von		
	Ringer-Lösung (12 ml/die)	Ringer-Lösung + Cholin-Chlorid (100 mg/die)	Ringer-Lösung + Cholin-Orotat (67 mg/die)
Glykogen	1.8 ± 1.1	2.0 ± 1.6	7.2 ± 3.5
Cholesterin	2.8 ± 0.2	3.0 ± 0.2	2.8 ± 0.1
Phosphatide	30.0 ± 4.4	31.0 ± 1.6	31.0 ± 1.2
Gesamtlipide	39.0 ± 6.0	40.0 ± 1.0	41.0 ± 4.0

weder biochemisch noch lichtmikroskopisch eine signifikante Leberverfettung nachweisen, während dies in Parallelversuchen mit Infusion von Sorbit oder Äthanol durchaus der Fall war. Diese scheinbare Diskrepanz zu den Ergebnissen des oralen Applikationsweges beruhte auf einer zu niedrigen Dosierung und einer mit 4 Tagen zu kurzen Versuchsdauer. Mit höheren Dosen (400 mg/kg) und längeren Infusionszeiten, nämlich 6-15 Tagen, erzielten v. EULER und WINDMUELLER (10) ebenfalls an männlichen Ratten ausgeprägte Fettlebern.

Beim Versuch einer pathobiochemischen Erklärung dieser Befunde hat man davon auszugehen, daß die Orotsäure ein Zwischenprodukt der Biosynthese von Pyrimidin-Nucleotiden ist. Die Endprodukte Uridin-Triphosphat (UTP) und Cytidin-Triphosphat (CTP) sind einerseits essentielle Substrate für die DNS- und RNS-Synthese, andererseits spielen sie auch im Stoffwechsel von Zuckern und Zuckeraminen sowie im Phospholipidstoffwechsel eine wichtige Rolle. Man kann also annehmen, daß die exogene Zufuhr von Orotsäure zu einer Vermehrung der genannten Nucleotide in der Zelle und zu einer Verarmung an Phospho-Ribosyl-Pyrophosphat (PRPP) führt. In der Tat konnten v. EULER und Mitarbeiter (11) in den Lebern Orotsäure-gefütterter Ratten einen 4fachen Anstieg des UMP-Gehaltes und eine Verdoppelung der UDP-Glucose und des UDP-Glucosamins nachweisen. Diese Veränderungen erklären zwar die unter Orotsäure beobachtete Zunahme des Leberglycogens, nicht dagegen die Entwicklung einer Fettleber. Erst die Analyse der Lipide bzw. Lipoproteine im Plasma lieferte den entscheidenden Hinweis: WINDMUELLER (36) zeigte, daß es unter Orotsäure zu einer ausgeprägten Hemmung der Lipoproteinabgabe ins Blut kommt. Entsprechend sanken bereits nach 5tägiger Orotsäurebehandlung die Triglyceride, aber auch Cholesterin und Phosphatide im Plasma auf 10-20% des Ausgangswertes ab. Die Plasmakonzentrationen der freien Fettsäuren zeigten dagegen keine signifikanten Veränderungen. Die Konzentrationen der Lipoproteine LDL + VLDL betrugen dabei ca. 10%, die der HDL etwa 40% des Normalwertes im Plasma der Kontrolltiere. Diese Befunde sprachen dafür, daß die Synthese der Lipoproteine in der Leber durch Orotsäure gehemmt wird. Später wurde jedoch von POTTENGER und GETZ (22) an der isolierten Leber bewiesen, daß die Protein- bzw. Apolipoproteinsynthese in der Leber unter 1% Orotsäure <u>nicht</u> gedrosselt ist. Vielmehr fanden sich in den Cisternen des rauhen endoplasmatischen Reticulums beträchtliche Mengen kleiner Fett-Tröpfchen, der sogen. "Liposomen". Nach Isolierung und partieller Delipidierung dieser Liposomen konnten die Autoren eine immunologische Kongruenz mit delipidiertem VLDL-Material nachweisen. Auch in der Disk-Elektrophorese zeigten sich kaum Unterschiede zum VLDL bis auf eine fehlende, schnell wandernde Bande. Diese Befunde wurden von POTTENGER und GETZ (22) dahingehend interpretiert, daß dem in den Liposomen akkumulierten VLDL nur ein oder mehrere Kohlenhydrat-Moleküle fehlen. In einer weiteren Mitteilung (23) konnten die genannten Autoren nachweisen, daß den aus Liposomen isolierten VLDL-Apoproteinen zumindest 3 Zuckermoleküle fehlten, nämlich Galaktose, N-Acetylglucosamin und N-Acetylneuraminsäure. Eine experimentelle Begründung für die durch Orotsäure gestörte, normalerweise im GOLGI-Apparat verlaufende Glykosylierung des VLDL-Lipoproteins wurde in dieser Arbeit (23) ebensowenig gegeben wie eine Erklärung für den Stop der VLDL-Sekretion. Möglicherweise erlauben aber neuere Befunde zum Lipoprotein-Stoffwechsel bei der Galaktosamin-Hepatitis auch eine Interpretation der Orotsäure-Fettleber.

3.2. Galaktosamin

Durch parenterale Applikation von D-Galaktosamin läßt sich am Versuchstier ein - potentiell reversibler - Leberschaden erzeugen, dessen Schwere und Dauer durch die Dosierung des Galaktosamins und das Dosierungsschema gesteuert werden kann. Die Sequenz, die von der Galaktosaminaufnahme in die Zelle zur Leberschädigung führt, stellt sich nach DECKER und KEPPLER (7) folgendermaßen dar (s. Tab. 6): Phosphorylierung zu Galaktosamin-

Tabelle 6. Zeitliche und kausale Abfolge biochemischer und morphologischer Veränderungen in der Rattenleber nach parenteraler Gabe von D-Galaktosamin. Schema in Anlehnung an die Angaben von DECKER und KEPPLER (7)

Primäre biochemische Antwort	D-Galaktosamin (Gal N) ↓ D-Galaktosamin-1-Phosphat ↓ Anhäufung von UDP-Derivaten des Gal N
Sekundäre Antwort oder Primäre Läsion	Abfall der stationären Konzentrationen von • Uridintriphosphat (UTP) • UDP-Glucose + UDP-Galaktose
Sekundäre biochemische Läsion	Hemmung UTP- oder UDP-abhängiger Synthesen • DNS, RNS und Proteine • Glykogen, Glykoproteine, Heteroglykane
Morphologische Manifestation	Schädigung von Zellorganellen Fein- bis grobtropfige Verfettung Zellnekrose

1-Phosphat, Umsetzung zu Uridin-Diphosphat-Derivaten, dadurch Verarmung der Zelle an freien Uracil-Nucleotiden ("UTP-trapping") was letztlich zur Zellnekrose führt. Während die ersten Schritte in dieser Sequenz nur der biochemischen Analyse zugänglich sind, werden die letzten Stadien zusätzlich durch die morphologische Aussage charakterisiert. Beide Betrachtungsweisen wurden bei der sogen. "Galaktosamin-Hepatitis" erfolgreich zur Anwendung gebracht.

Eigene Untersuchungen zum hepatischen Lipidstoffwechsel bei der Galaktosamin-Hepatitis wurden vor einigen Jahren in Göttingen durchgeführt (15, 16, 17). Wir interessierten uns damals weniger für die Fettleber als für den Stoffwechsel des Cholesterins und der Cholesterinester in der Leber. Sozusagen als Nebenbefund stießen wir bei unseren Experimenten auf eine Fettleber-Entwicklung unter Galaktosamin. Bei enzymatischer Analyse der Lebertriglyceride ergab sich ein deutlicher, im Mittel etwa 3-4facher Anstieg 24 Std. nach Gabe von 500 mg/kg Galaktosamin (15, 17). Gleichzeitig beobachteten wir in den späteren Versuchsstadien

(48 und 72 Std.) einen Anstieg des Cholesterins und einen Abfall der Phospholipide (s. Abb. 2). Sämtliche Veränderungen waren gegenüber dem Kontrollkollektiv statistisch signifikant. Die Entwicklung einer Fettleber unter Galaktosamin konnte außerdem lichtmikroskopisch verifiziert werden.

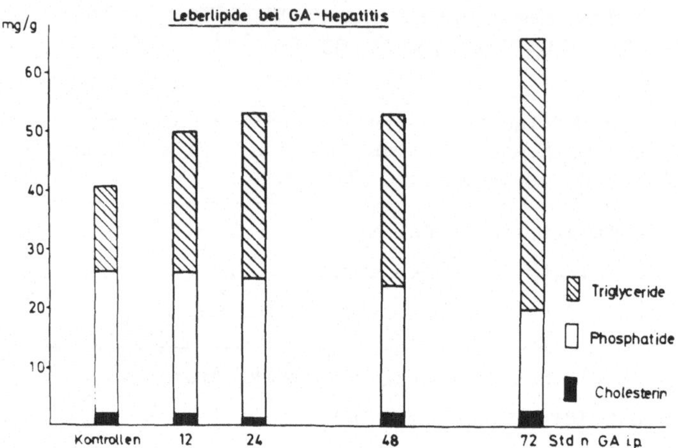

Abb. 2. Lipidfraktionen in der Rattenleber nach i.p. Gabe von D-Galaktosamin. Dosis: 500 mg/kg Tiergewicht. Keine wesentlichen Veränderungen bei Cholesterin und Phosphatiden, dagegen 3-4facher Anstieg der Glyceridfraktion gegenüber den Kontrollen ($p < 0{,}01$). Weitere Einzelheiten s. bei (17)

Zur Erklärung der Leberzellverfettung wurde von uns eine verminderte hepatische Lipoproteinbildung unter Galaktosamin angenommen (17). Eine generelle Einschränkung der Proteinsynthese in der Leber ist im Sinne der "sekundären Läsion" von DECKER und KEPPLER (7) wegen des Mangels an Uracil-Nucleotiden bei der Synthese von mRNA und tRNA theoretisch zu fordern. In der Tat wurde eine derartige Hemmung von den genannten Autoren und anderen Arbeitsgruppen experimentell belegt.

Als weitere Erklärung für die Galaktosamin-Fettleber boten sich die von uns (15, 17) nachgewiesenen, deutlich erhöhten Konzentrationen der freien Fettsäuren (FFS) im Plasma an (s. Abb. 3). Bereits 12 Std. nach Galaktosamingabe waren die FFS signifikant um 50% angestiegen und lagen 24-48 Std. später etwa beim doppelten des Kontrollkollektivs. Diese Zunahme der FFS-Konzentration im Verlauf der Galaktosamin-Hepatitis wurde inzwischen auch von anderen Autoren (28) bestätigt. Der Anstieg der FFS läßt sich durch eine gesteigerte periphere Lipolyse als Folge der durch Galaktosamin gehemmten Gluconeogenese bzw. Glykogenolyse (35) erklären. Interessant erscheint auch der initiale Abfall von Triglyceriden, Cholesterin und Phosphatiden im Plasma, die erst nach 48-72 Std. wieder das Niveau des Kontrollkollektivs erreichen. Diese Beobachtung steht im Gegensatz zu den von SABESIN und KOFF (28) mitgeteilten Befunden, die einen kontinuierlichen Anstieg der Plasma-Triglyceride unter Galaktosamin sahen. Allerdings lagen die Ausgangs- bzw. Kontrollwerte bei diesen Autoren

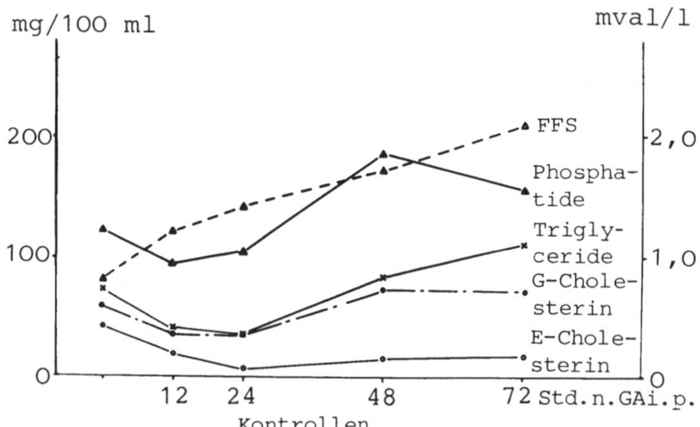

Abb. 3. Plasmalipide und freie Fettsäuren (FFS) 12-72 Std. nach i.p. Gabe von D-Galaktosamin an der Ratte.
Dosis: 500 mg/kg Körpergewicht. Deutlicher Abfall der Plasmalipide in der Frühphase, gefolgt von einem Wiederanstieg in der Spätphase. Dagegen kontinuierlicher Anstieg der FFS über die ganze Versuchsdauer. Weitere Einzelheiten s. bei (15, 17)

in einem für die Ratte auffällig niedrigen Bereich (25 mg/100 ml), so daß diese Diskrepanz einer nochmaligen Überprüfung bedarf.

Wesentlich bedeutsamer als die Effekte bei den Plasmalipiden erscheinen jedoch neuere Befunde von SABESIN und KOFF (28) zum Stoffwechsel der Lipoproteine bei der Galaktosamin-Hepatitis. Bereits 3 Std. nach i.p. Galaktosamin-Injektion war eine Verminderung der α- und prae-β-Lipoproteine im Plasma zu erkennen, die nach 24-48 Std. total verschwunden waren (s. Abb. 4). Dafür trat ein abnormales, Triglyceridreiches Lipoprotein auf, das sich in der Ultrazentrifuge ähnlich wie VLDL verhielt. Eine genaue qualitative und quantitative Analyse des bei der Galaktosamin-Schädigung veränderten hepatischen Lipoproteinstoffwechsels steht jedoch noch aus. Ähnlich wie bei der Orotsäure-Fettleber könnte die Untersuchung der Glykosylierungsreaktionen in der Leberzelle den entscheidenden Schlüssel zum Verständnis liefern. Im GOLGI-Apparat werden in einem letzten Schritt der Lipoproteinsynthese die für die physikochemischen und immunologischen Eigenschaften des VLDL, LDL und HDL offenbar entscheidenden, endständigen Kohlenhydrat-Moleküle angeheftet. Die Arbeitsgruppe von REUTTER (1) in Freiburg konnte kürzlich mit isolierten GOLGI-Vesiceln zeigen, daß die durch Galaktosamin verursachte Sekretionsstörung von Proteinen und Glykoproteinen auf folgenden Veränderungen beruht:

a) Verringerung des endogenen Acceptor-pools für die Galaktosyltransferase infolge gehemmter Proteinsynthese.

b) Hemmung der Galaktosyltransferase-Aktivität durch Metabolite des Galaktosamins.

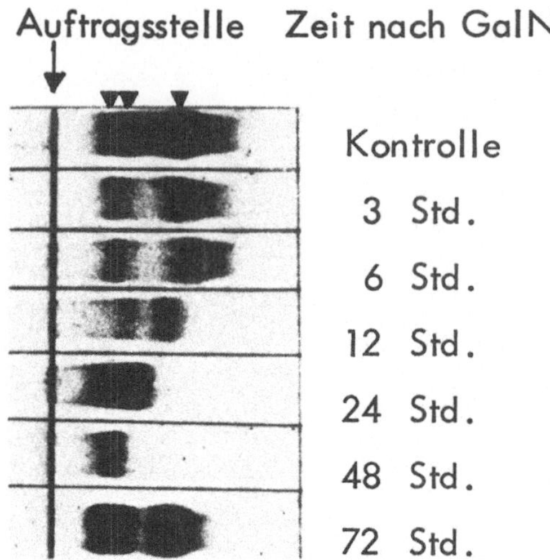

Abb. 4. Agarosegel-Elektrophorese der Plasma-Lipoproteine nach i.p. Gabe von D-Galaktosamin an der Ratte.
Dosis: 750 mg/kg Tiergewicht. Dem Verschwinden der normalen α- und prae-β-Lipoproteine entspricht auf dem Höhepunkt der "Galaktosamin-Hepatitis" das Auftreten eines abnormalen, Triglycerid-reichen Lipoproteine mit prae-β-Beweglichkeit. Einzelheiten s. bei S.M. SABESIN, L.B. KUIKEN and J.B. RAGLAND, Science 190, 1302 (1975)

c) Kompetitive Verdrängung der UDP-Galaktose durch UDP-Galaktosamin, das auf Konzentrationen von 500-600 nMol/g Leber ansteigt.

In dieser Situation bietet sich für eine plausible Erklärung der Galaktosamin-Fettleber folgende Arbeitshypothese an: Für die terminale VLDL-Synthese fällt einmal die starke Verminderung der UDP-Galaktose auf ca. 15% der Norm ins Gewicht. Außerdem werden die normalerweise auf VLDL übertragenen Kohlenhydratmoleküle Galaktose, N-Acetylglucosamin und N-Acetylneuraminsäure an der relativ unspezifischen Glykosyltransferase des GOLGI-Apparats durch das im Überschuß vorhandene Galaktosamin bzw. N-Acetylgalaktosamin verdrängt. Infolgedessen kommt es zur Bildung eines abnormalen, Triglycerid-reichen Lipoproteins, das jedoch in die Zirkulation abgegeben und in der Peripherie metabolisiert wird. Im Einklang mit dieser Interpretation stehen neuere Befunde der DECKER'schen Arbeitsgruppe (27) über die Hemmung bzw. Veränderung der Gangliosid-Synthese in der Rattenleber nach Galaktosamin. Die qualitativen Veränderungen der VLDL- und HDL-Lipoproteine nach Galaktosamin werden unter diesen Aspekten von unserer Arbeitsgruppe gegenwärtig systematisch untersucht.

3.3. Andere Hemmstoffe der Lipoproteinsynthese

Auf einem ähnlichen pathobiochemischen Mechanismus wie die Galaktosamin-Schädigung beruhen die nach parenteraler Verabreichung von *Äthionin* auftretenden Veränderungen. Dieses Modell einer

Leberschädigung ist schon länger bekannt (FARBER 1967). Durch Bildung von S-Adenosyl-Äthionin kommt es zu einem markanten Abfall sämtlicher Adenin-Nucleotide in der Zelle ("ATP-trapping"). Bereits nach 1 Stunde beträgt der ATP-Verlust etwa 60%. Dies bewirkt unmittelbar eine Blockierung der RNA-Synthese, welche ATP als Präcursor und gleichzeitig als Energiequelle benötigt. Die Proteinsynthese kommt mangels mRNA nach 6-8 Stunden zum Erliegen, was zu einer verminderten Lipoproteinsekretion in das Blut und zur Triglycerideinlagerung in die Leber führt. Dies äußert sich morphologisch im Auftreten von sogen. "Liposomen" in den Cisternen des endoplasmatischen Reticulums ähnlich wie bei der Orotsäure-Fettleber. Dagegen erscheinen die Cisternen des GOLGI-Apparats leer und sekretorische Vesiceln treten nur äußerst selten in Erscheinung.

Auf der Basis der oben genannten Befunde könnte man annehmen, daß die Hemmung der hepatocellulären Proteinsynthese zwangsläufig zur Leberzellverfettung führt. Daß dies jedoch nicht der Fall ist, zeigen die mit *Cycloheximid*, einem hochspezifischen Hemmstoff der Proteinsynthese auf der Stufe der Translation, erhaltenen Befunde. VERBIN und Mitarbeiter (34) konnten zeigen, daß trotz einer unter Cycloheximid zu 90-95% gehemmten Proteinsynthese die Triglyceride in der Leber nur mäßig oder gar nicht zunahmen, obwohl die Triglyceridabgabe in das Blut deutlich gehemmt war. Eine Erklärung dieses paradoxen Phänomens ergab sich aus der Analyse der freien Fettsäuren (FFS) im Plasma: Unter Cycloheximid sanken die FFS-Konzentrationen kontinuierlich ab und auch der Noradrenalin-induzierte Anstieg der FFS im Plasma blieb aus. Der verringerte FFS-Influx scheint demnach für das Ausbleiben der Fettleber-Entwicklung nach Gabe von Cycloheximid verantwortlich zu sein.

Neuere Befunde von GLASER und MAGER (14) haben die Schlüsselrolle der peripheren Lipolyse für das Zustandekommen der Fettleber auch bei anderen tierexperimentellen Modellen aufgezeigt: Durch subcutane Gabe von Adenin oder anderen ATP-Präcursoren konnte die Entwicklung einer Fettleber nach *Äthionin* oder *Pactamycin* in dem Maße verhindert werden, in dem eine durch das Adenin verursachte Senkung der FFS-Konzentration zu beobachten war. Selbst die *Tetrachlorkohlenstoff-Fettleber* kann durch Adeningabe teilweise verhindert werden, obwohl die Proteinsynthese infolge der blockierten mRNS-Bindung an die Ribosomen nachweisbar gehemmt ist. Auch in diesem Falle ist der antisteatogene Effekt des Adenins auf eine Senkung der FFS-Konzentration zurückzuführen. Zur eingehenderen Information über die Wirkungen des Tetrachlorkohlenstoffs sei auf eine neuere Übersicht von DIANZANI (8) hingewiesen.

Auf andere Hemmstoffe der Translation mit nachgewiesenem "Fettleber-Effekt", wie das seit langem bekannte *Puromycin* oder das in der Pharmakologie als Expectorans bekannte *Emetin* soll in diesem Zusammenhang nicht näher eingegangen werden. Von den Inhibitoren der Transscription ist bisher nur für das *Aflatoxin* B_1 eine steatogene Wirkung beschrieben worden, wobei jedoch andere hepatotoxische Effekte im Bereich des Zellkerns und des Nucleolus im Vordergrund stehen. Eine Besprechung dieser Substanzen erübrigt sich daher an dieser Stelle. Dagegen soll abschließend noch auf neuere Befunde zur spezifischen Hemmung der Lipoproteinsekretion eingegangen werden.

3.4. Hemmung der Lipoprotein-Sekretion

Auch der letzte Schritt des Fettsäure-Triglycerid-Stoffwechsels in der Leber, nämlich die Sekretion des fertigen VLDL-Partikels in das Blut, kann blockiert werden. Diese Blockierung führt in der Regel zur Entwicklung einer Fettleber. Entsprechende Experimente wurden von STEIN und Mitarbeitern (32) mit *Colchicin* und *Vinblastin* an Ratten durchgeführt. Diese Substanzen sind in der Lage, durch Bindung an contractile Zellorganellen, sogen. "Mikrotubuli", sekretorische Prozesse zu blockieren. Bisher wurde Colchicin in erster Linie von Genetikern und Endokrinologen beim Studium der Zellteilung bzw. der Hormonsekretion verwendet. Da die Abgabe von VLDL aus der Leberzelle ebenfalls die Charakteristika einer "endokrinen Sekretion" aufweist, untersuchten die genannten Autoren (32) die Wirkung des Colchicins auf den Triglycerid-Stoffwechsel mittels ^{14}C-markierter Palmitinsäure. Bei den mit Colchicin behandelten Tieren lag die Radioaktivität in den Leber-Lipiden deutlich höher als bei den Kontrollen. Die Summe von Leber- und Serum-Lipiden blieb jedoch weitgehend konstant. Während bei den Kontrollen etwa die Hälfte der in der Zeiteinheit veresterten ^{14}C-Palmitinsäure als VLDL-Triglycerid in das Blut abgegeben wurde, sank dieser Anteil bei der Colchicin-behandelten Gruppe auf weniger als 10% ab (s. Tab. 7).

Tabelle 7. Hemmung der VLDL-Sekretion durch Colchicin in 2 verschiedenen Dosierungen.
Messung der nach Gabe von ^{14}C-Palmitinsäure in Leber- und Serumlipiden erscheinenden Radioaktivität. Tabelle modifiziert nach den Angaben von O. STEIN und Y. STEIN, Biochim. Biophys. Acta 306, 142 (1973)

Behandlung	Anzahl der Tiere	Radioaktivität in Leber-Lipiden (A) dpm x 10^{-3}/Organ	Radioaktivität in Serum-Lipiden (B) dpm x 10^{-3}/8 ml	(B) als Prozent von (A) + (B)
Kontrollen	9	433 ± 23	408 ± 24	48,6%
Colchicin (0,05 mg/100 g)	4	601 ± 67	177 ± 13	23,2%
Colchicin (0,50 mg/100 g)	8	722 ± 39	78 ± 8	9,6%

In Übereinstimmung mit diesen Befunden zeigte das elektronenmikroskopische Bild unter Colchicin in der Nähe der Sinusoidal-Zellgrenze eine Anhäufung großer, sekretorischer Vesiceln, deren Inhalt aus VLDL-Triglyceriden bestand. Ähnliche Partikel im GOLGI-Apparat waren bereits von MAHLEY, HAMILTON und LEQUIRE (20) beschrieben worden. Bei den Kontroll-Tieren waren die Partikel in deutlich geringerer Zahl vorhanden und wurden im Kontakt mit der Zellgrenze oder sogar im DISSE-Raum gesehen. Colchicin blockiert also den letzten Schritt der hepatischen Lipidbiosynthese, nämlich die Ausschleusung der VLDL-Partikel aus der Zelle. Die Befunde von STEIN und Mitarbeitern (32) wurden inzwischen durch die Arbeitsgruppe von JEANRENAUD (19) in Genf voll bestätigt.

4. Zusammenfassung

Das Studium der pathobiochemischen Sequenzen, die unter der Einwirkung von hepatotoxischen Substanzen in der Leberzelle ablaufen, hat ganz wesentlich zu einem besseren Verständnis der Fettleber-Pathogenese beigetragen. Die wesentliche Erkenntnis der letzten Jahre besteht darin, daß es sich bei der Fettleber-Entwicklung nicht nur um ein Bilanzproblem des Energie- und Fettsäurestoffwechsels in der Leber handelt, sondern daß als dritte Determinante die Synthese der Apolipoproteine in die Betrachtung eingeht. In einem "hepatocellulären Stoffwechselschema" sollen abschließend die gegenwärtigen Kenntnisse der Lipoproteinsynthese - aber auch deren Lücken - am Beispiel des VLDL veranschaulicht werden (s. Abb. 5):

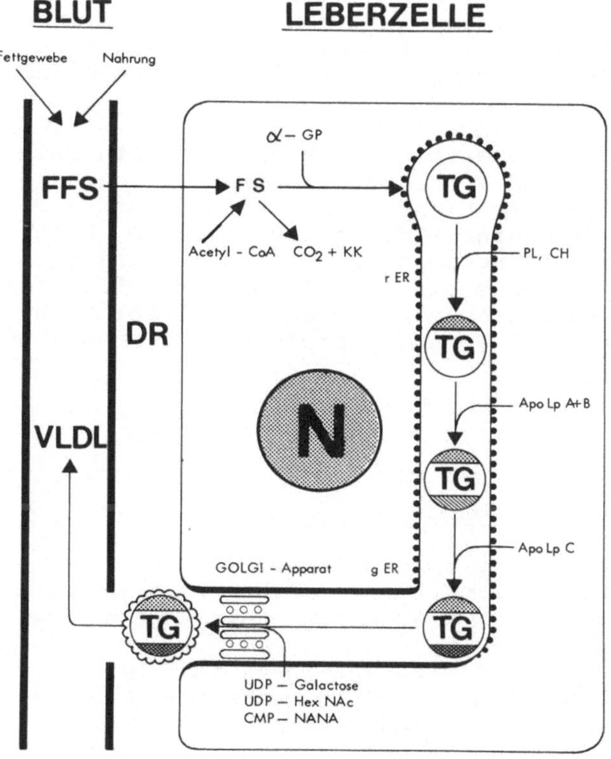

1. Entscheidend für die Reveresterungsrate in der Leber ist der Fettsäure-Influx aus der Nahrung oder dem Fettgewebe. Der Einfluß der stationären Konzentrationen von α-Glycerophosphat tritt demgegenüber in seiner Bedeutung zurück.
2. Die Reveresterung findet nach den Ergebnissen autoradiographischer Untersuchungen im endoplasmatischen Reticulum statt. Bei absolutem oder relativem Apolipoproteinmangel, z.B. nach Äthionin, Puromycin oder Tetrachlorkohlenstoff, findet eine Speicherung von Triglyceriden hier und im Cytoplasma-Raum der Leberzelle statt (sogen. "Liposomen").
3. Die Synthese der VLDL-Partikel erfolgt offenbar durch einen schrittweisen Aufbau innerhalb der Membranen des rauhen bzw. glatten endoplasmatischen Reticulums. Die zeitliche bzw. molekulare Abfolge dieser Vorgänge ist jedoch noch nicht geklärt. Möglicherweise findet zuerst eine Verknüpfung von Apolipoproteinen mit Phosphatiden und Cholesterin statt, an die sich dann eine Beladung mit Triglyceriden anschließt.
4. Ebenfalls unklar ist, in welcher Form der Transport der "halbfertigen" Lipoprotein-Partikel aus dem endoplasmatischen Reticulum zum GOLGI-Apparat abläuft. Hier werden die Lipoproteinpartikel mit Galaktose, N-Acetylglucosamin und N-Acetyl-Neuraminsäure verknüpft. Durch Galaktosamin oder Orotsäure wird die Glykosylierung der Lipoproteine offenbar gestört, was zur Sekretionshemmung oder zur Abgabe abnormaler Lipoproteine führt.
5. Der Transport der VLDL-Partikel zur Plasmamembran, die Fusion mit derselben und die Ausschleusung in den DISSE-Raum sind von contractilen Elementen der Zelle abhängige Vorgänge, die z.B. durch Colchicin oder Vinblastin blockiert werden können.

Pactamycin und Aflatoxin, Cycloheximid und Puromycin, Äthionin und Galaktosamin, Colchicin und Vinblastin, Tetrachlorkohlenstoff und weißer Phosphor - alle diese Substanzen führen im Tierexperiment zum uniformen Bild einer Leberzellverfettung. Erst die pathobiochemische Betrachtungsweise und die durch das Elektronenmikroskop möglich gewordene Differenzierung subcellulärer Strukturen vermag das makroskopische Phänomen "Fettleber" anhand spezifischer Störungen im cellulären Lipoproteinstoffwechsel zu erklären.

◁ Abb. 5. Schematische Darstellung des schrittweisen Aufbaues der VLDL-Lipoproteine in der Leberzelle.
Blockierung der VLDL-Biosynthese auf den verschiedenen Stufen führt in der Regel zum uniformen Bild der Leberzellverfettung. Besonderes Interesse kommt im Rahmen der Fettleber-Entwicklung nach D-Galaktosamin bzw. Orotsäure den terminalen Glykosylierungen zu.
Abkürzungen: FFS = Freie Fettsäuren; KK = Ketonkörper; TG = Triglyceride; PL = Phospholipide; CH = Cholesterin; ApoLp = Apolipoproteine A, B und C; UDP = Uridindiphosphat; CMP = Cytidinmonophosphat; HexNAc = Glucosamin, Galaktosamin; NANA = N-Acetyl-Neuraminsäure; N = Zellkern; rER = rauhes endoplasmatisches Reticulum; gER = glattes endoplasmatisches Reticulum; DR = DiSSE-Raum

Literatur

1. BAUER, C.H., LUKASCHEK, R., REUTTER, W.: Studies on the Golgi-Apparatus: Cumulative inhibition of protein and glycoprotein secretion by D-galactosamine. Biochem. J. 142, 221 (1974)
2. BERINGER, A., THALER, H.: Zusammenhänge zwischen Diabetes mellitus und Fettleber. Dtsch. med. Wschr. 95, 836 (1970)
3. BEST, C.H., HARTROFT, W.S., LUCAS, C.C., RIDOUT, J.H.: Liver damage produced by feeding alcohol or sugar and its prevention by choline. Brit. Med. J. 2, 1001 (1949)
4. BODE, CH., GOEBELL, H.: Zur Pathogenese der durch Alkohol induzierten Fetteinlagerung in die Leber. Klin. Wschr. 49, 1201 (1971)
5. BOVE, K.E., McADAMS, A.J., PARTIN, J.C., PARTIN, J.S., HUG, G., SCHUBERT, W.K.: The hepatic lesion in Reye's syndrome. Gastroenterology 69, 685 (1975)
6. CREUTZFELDT, W., FRERICHS, H., SICKINGER, K.: Liver diseases and diabetes mellitus. In: POPPER, H. and SCHAFFNER, F. (Eds.). Progress in liver disease. Vol. 3, p. 371. New York: Grune and Stratton 1970
7. DECKER, K., KEPPLER, D.: Galactosamine Hepatitis: Key role of the nucleotide deficiency period in the pathogenesis of cell injury and cell death. Rev. Physiol. Biochem. Pharmacol. 71, 78 (1974)
8. DIANZANI, M.U.: Toxic liver injury by protein synthesis inhibitors. In: POPPER, H. and SCHAFFNER, F. (Eds.). Progress in liver disease. Vol. 5, p. 232. New York: Grune and Stratton 1976
9. EGGSTEIN, M.: Diabetes und Fett. Med. Welt 18, 843 (1967)
10. VON EULER, L.H., WINDMUELLER, H.G.: Fatty liver in the rat after intravenous infusion of orotic acid. Proc. Soc. Exp. Biol. Med. 125, 1251 (1967)
11. VON EULER, L.H., RUBIN, R.J., HANDSCHUMACHER, R.E.: Fatty livers induced by orotic acid. II. Changes in nucleotide metabolism. J. Biol. Chem. 238, 2464 (1963)
12. FARBER, E.: Ethionine fatty liver. Adv. Lipid Res. 5, 119 (1967)
13. FISCHEL, P., OETTE, K.: Experimentelle Untersuchungen an menschlichen Leberpunktaten und Rattenleberschnitten zur Oxidation von Fettsäuren mit unterschiedlicher Kettenlänge und unterschiedlicher Zahl von Doppelbindungen. Res. Exp. Med. 163, 1-16 (1974)
14. GLASER, G., MAGER, J.: Biochemical studies on the mechanism of action of liver poisons. Biochim. Biophys. Acta 261, 500 (1972)
15. KATTERMANN, R., WOLFRUM, D.J.: Lipid metabolism in experimental hepatitis induced by D-galactosamine. In: Transactions of the 7. Internat. Congr. Clin. Chem., Geneva 1969; Vol. 3, 313. Basel, New York: Karger 1970
16. KATTERMANN, R., WOLFRUM, D.J.: Cholesterinstoffwechsel und Lecithin-Cholesterin-Acyl-Transferase im Plasma bei experimenteller Hepatitis und Cholestase an der Ratte. Z. Klin. Chem. u. Klin. Biochem. 8, 413 (1970)

17. KATTERMANN, R., ACHELIS, R., WOLFRUM, D.J.: Leberschaden und Lipidstoffwechsel. III. Lipidstoffwechsel bei der experimentellen Hepatitis an der Ratte. Acta hepato-splenologica 18, 153 (1971)
18. KLINGE, O., ROSS, W., STRÜDER, E.: Das Karyogramm normaler und verfetteter Lebern des Menschen. Virchows Arch. Path. Anat. Histol. 366, 203 (1975)
19. LEMARCHAND, Y., SINGH, A., ASSIMACOPOULOS, F., ORCI, L., ROUILLER, C., JEANRENAUD, B.: A role for the microtubular system in the release of very low density lipoproteins by perfused mouse livers. J. Biol. Chem. 248, 6862 (1973)
20. MAHLEY, R.W., HAMILTON, R.L., LEQUIRE, V.S.: Characterization of lipoprotein particles isolated from the Golgi-apparatus of rat liver. J. Lip. Res. 10, 433 (1969)
21. MÜTING, D., FISCHER, R., KORN, U., REIKOWSKI, J.: Pathogenese, Klinik und Biochemie der Fettleber. Dtsch. med. Wschr. 98, 733 (1973)
22. POTTENGER, L.A., GETZ, G.S.: Serumlipoprotein accumulation in the livers of orotic acid-fed rats. J. Lip. Res. 12, 450 (1971)
23. POTTENGER, L.A., FRAZIER, L.E., DUBIEN, L.H., GETZ, G.S., WISSLER, R.W.: Carbohydrate composition of lipoprotein apoproteins isolated from rat plasma and from the livers of rats fed orotic acid. Biochem. Biophys. Res. Comm. 54, 770 (1973)
24. RECKNAGEL, R.O., LOMBARDI, B.: Studies of biochemical changes in subcellular particles of rat liver and their relationship to a new hypothesis regarding the pathogenesis of carbontetrachloride fat accumulation. J. Biol. Chem. 236, 564 (1961)
25. REYE, R.D.K., MORGAN, G., BARAL, J.: Encephalopathy and fatty degeneration of the viscera: A disease entity in childhood. Lancet II, 749 (1963)
26. RUBIN, E., LIEBER, C.S.: Alcohol-induced hepatic injury in nonalcoholic volunteers. J. Med. 278, 869 (1968)
27. RUPPRECHT, E., HANS, C., LEONHARD, G., DECKER, K.: Impaired ganglioside synthesis in rat liver after D-galactosamine administration in vivo. Biochim. Biophys. Acta 450, 45 (1976)
28. SABESIN, S.M., KOFF, R.S.: D-Galactosamine Hepatotoxicity. IV. Further studies of the pathogenesis of fatty liver. Exp. and Mol. Pathol. 24, 424 (1976)
29. SICKINGER, K., KATTERMANN, R., HANNEMANN, H.: Zunahme von Lebergewicht und Leberglykogen unter Infusion von Cholinorotat und Adenosin. Acta Hepato-Splenologica 14, 88 (1967)
30. SIDRANSKY, H., FARBER, E.: Liver choline oxidase activity in man and several species of animals. Arch. Biochem. 87, 129 (1960)
31. STANDERFER, S.B., HANDLER, P.: Fatty livers induced by orotic acid feeding. - Proc. Soc. Exp. Biol. Med. 90, 270 (1955)
32. STEIN, O., SANGER, L., STEIN, Y.: Colchicine-induced inhibition of lipoprotein and protein secretion into the serum and lack of interference with secretion of biliary phospholipids and cholesterol by rat liver in vivo. J. Cell. Biol. 62, 90 (1974)

33. THALER, H.: Fatty liver, steatonecrosis, cirrhosis. Acta Hepato-Gastroenterol. 22, 271 (1975)

34. VERBIN, R.S., GOLDBLATT, F.J., FARBER, E.: The biochemical pathology of inhibition of protein synthesis in vivo. Lab. Invest. 20, 529 (1969)

35. WAGLE, S.R., STERMANN, R., DECKER, K.: Studies on the inhibition of glycogenolysis by D-Galactosamine in rat liver hepatocytes. Biochem. Biophys. Res. Comm. 71, 622 (1976)

36. WINDMUELLER, H.G.: An orotic-acid-induced, adenin-reversed inhibition of hepatic lipoprotein secretion in the rat. J. Biol. Chem. 239, 530 (1964)

W. Rick

Klinische Chemie und Mikroskopie

Eine Einführung

5., überarbeitete Auflage. 1977. 56 Abbildungen (davon 13 Farbtafeln), 29 Tabellen. XVI, 426 Seiten. DM 24,80; US $ 12.40
ISBN 3-540-08219-0

Inhaltsübersicht: Hämatologie. – Hämostaseologie. – Klinische Chemie. – Harn. – Liquor. – Stuhl. – Magensaft. – Pankreassekretion. – Resorption im Dünndarm. – Fehler bei der Laboratoriumsarbeit. Vermeidung bzw. Verminderung dieser Fehler. – Normbereiche. – Sachverzeichnis.

Die vorliegende Einführung gibt einen Überblick über die im modernen Laboratorium üblichen klinisch-chemischen und mikroskopischen Untersuchungen. Auch in der neuen Auflage wurde die Stoffauswahl und Gliederung nicht verändert, da es nur bei dieser Beschränkung auf das Wesentliche möglich ist, dem Lernenden ein dauerhaftes Basiswissen zu vermitteln, auf dem er weiter aufbauen kann. Auf den verschiedenen Gebieten sind in dem kurzen Zeitraum seit Erscheinen der letzten Auflage nur begrenzt Fortschritte erzielt worden, die bei der Überarbeitung berücksichtigt wurden.

Besonderer Wert wurde wiederum auf die übersichtliche Anordnung des Stoffes, anschauliche Abbildungen und einprägsame Tabellen gelegt. Das Buch vermittelt Medizinstudenten und MTA-Schülerinnen klare Grundkenntnisse in der klinischen Chemie und Mikroskopie. Weiterhin wird es bei der praktischen Arbeit im Laboratorium und insbesondere bei der sogenannten Qualitätskontrolle nützlich sein.

J. L. VanLancker

Molecules, Cells, and Disease

An Introduction to the Biology of Disease

Springer Study Edition

1977. 60 figures. XV, 311 pages.
DM 33,60; US $ 16.80
ISBN 3-540-90242-2

Contents: The Concept of Disease and Its History. – Development of Existing Knowledge. – Defense Mechanisms. – The Causes of Disease. – Injuries to Units of Specificity. – Injuries to Catalytic Units. – Hormonal Imbalances. –
Pathology of Cell Membranes. – Reflections on Cellular Death. – The Great Killers, Atherosclerosis and Cancer. – Aging.

Pathology is the study of mechanism producing disease at the molecular, cellular and organismal levels. An increasing number of biologists engage in research on disease mechanisms (i.e. the pathogenesis of cell death, inflammation, cancer, atherosclerosis, etc.), yet few biologists, though they may be candidates for advanced degrees receive a systematic education in pathology during their undergraduate years. Most available books are aimed at medical students. In contrast, this book is aimed at undergraduates who may later engage in one of a number of biomedical careers. Following descriptions of development of pathogenic theories, causes of disease, and defense mechanisms, the book synthesizes some of the modern knowledge of disease mechanisms according to a pattern with which the student of biology is familiar. Injuries are described at the level of the units of determination of specificity (damage caused by physical or chemical agents to DNA, RNA, proteins, etc., causing cell death, inborn errors of metabolism cancer, etc.); at the level of acatalytic units (effects of antimetabolites, vitamins, enzyme defects causing accumulation or deprivation of subtrates or products); at the level of the chemical messengers (hormonal inbalances); at the level of the cell membranes. The last three chapters deal directly with specific problems in modern pathology, cell death, atherosclerosis, cancer and aging.

Preisänderungen vorbehalten